Klaus Scheibe

EMV von Geräten, Systemen und Anlagen

Prof. Dr.-Ing. Klaus Scheibe

EMV von Geräten, Systemen und Anlagen

8. Energietechnisches Forum der Fachhochschule Kiel
vom 26. bis 27. Juni 2001

Organisation und Veranstalter:
Fachhochschule Kiel
Phoenix Contact GmbH & Co., Blomberg
VDE-Landesverband Schleswig-Holstein e. V., Kiel
Gesellschaft für Elektromagnetische Verträglichkeit (GEMV), Kiel

Schirmherrschaft:
Norbert Gansel
Oberbürgermeister der Landeshauptstadt Kiel

Fachhochschule Kiel

Phoenix Contact

Verband der Elektrotechnik Elektronik Informationstechnik e.V.
VDE-BV-Schleswig-Holstein

GEMV

VDE VERLAG GMBH • Berlin • Offenbach

Die Deutsche Bibliothek – CIP-Einheitsaufnahme

Ein Titeldatensatz für diese Publikation ist bei
Der Deutschen Bibliothek erhältlich

ISBN 3-8007-2710-2

© 2002 VDE VERLAG GMBH, Berlin und Offenbach
Bismarckstraße 33, D-10625 Berlin

Alle Rechte vorbehalten

Druck: PRIMUS SOLVERO digital publishing GmbH, Berlin   2002-05

Inhalt

Vorwort 7
Prof. Dr.-Ing. Klaus Scheibe, Tagungsleiter, Fachhochschule Kiel

Erfahrungen aus jahrzehntelangem Betrieb eines EMV-Labors
und als Auditor von EMV-Prüflaboratorien
Lessons learned from running and auditing EU EMC Labs 11
Dr.-Ing. Diethard Hansen, EURO EMC Service (EES), Berikon 2 (Schweiz)

Blitzschutz und EMV sind ein Thema – und mehr! 33
Dipl.-Ing. Erimar Chun, VDE-Prüfinstitut, Offenbach

Blitz- und Überspannungsschutz an Windenergieanlagen für 400/690-V-Systeme 59
Dipl-Ing. Bernd Fritzemeier, Phoenix Contact GmbH & Co. KG, Blomberg
Dipl.-Ing. Joachim Schimanski, Phoenix Contact GmbH & Co. KG, Blomberg
Dr.-Ing. Martin Wetter, Phoenix Contact GmbH & Co. KG, Blomberg

EMV-Störfestigkeitsnormen im Überblick 71
Prof. Dr.-Ing. Michael Ermel, Technische Fachhochschule Berlin und
EMV-Zentrum Berlin-Brandenburg e.V. (EMZ)

Qualität und Qualitätsverbesserung öffentlicher elektrischer Energieversorgungsspannung ... 91
Prof. Dipl.-Ing. Alwin Burgholte,
Fachhochschule Oldenburg/Ostfriesland/Wilhelmshaven, Standort Wilhelmshaven

Oberschwingungs- und Flickermessung 111
Frank Niechcial, EM Test GmbH, Kamen

Entstörkomponenten und Regeln für das EMV-gerechte Design 127
Dipl.-Ing. Alexander Gerfer, Würth Elektronic GmbH & Co., Kupferzell

Einsatzverhalten von Filterbausteckverbindern 139
Prof. Dr.-Ing. Jan Meppelink, UNI GH Paderborn, Soest

Messung leitungsgeprüfter Störaussendung an Telekommunikationsanschlüssen 167
Dipl.-Ing. Uwe Karsten, Schaffner-MEB, Berlin

Störfestigkeits- und Emissionsmessungen bei integrierten Schaltungen 181
Dr.-Ing. Wolfgang Pfaff, Robert Bosch GmbH, Stuttgart

Absorptive Methoden für die EMV von Leiterplatten 203
Prof. Dipl.-Ing. Christian Dirks, FH Furtwangen

EMV-Testzentren. Neues Hallendesign für Semi- und
Fully-Anechoic Chambers 217
Rudolf Schaller, Frankonia GmbH, Heideck

Akkreditierung von Prüflaboratorien im Umbruch (EN 45001 und EN 17025) 237
Dipl.-Ing. Ralf Egner, DATech e.V., Frankfurt am M.

EMV-Mobilfunkprüfungen in und an Kraftfahrzeugen 249
Prof. Dr.-Ing. T. Form, Volkswagen AG, Wolfsburg
Christian Hillmer, Volkswagen AG, Wolfsburg

EMV für den US-Markt: FCC-Zertifizierung in Europa 265
Dipl.-Ing. Holger Bentje, Phoenix Test-LAB GmbH, Blomberg

Die Überwachung der CE-Kennzeichnung in Bezug auf die
elektromagnetische Verträglichkeit sowie für Funkanlagen
und Telekommunikationsendeinrichtungen in Deutschland 273
Dipl.-Ing. Gerd Jeromin, LtdRegDir a.D.

Vorwort

Vor Ihnen liegt der Tagungsband des 8. Energietechnischen Forums der Fachhochschule Kiel. Die diesjährige Veranstaltung hat das Thema:

EMV von Geräten, Systemen und Anlagen

Die EMV mit all ihren Facetten im Rahmen der Produkte, Schutzmaßnahmen, Messeinrichtungen und Prüfverfahren, Normenaktualisierungen und -Harmonisierungen verdient zur Zeit noch immer große Beachtung, da sie uns unmittelbar in unserem Alltag begegnet.

Das gewählte Thema macht deutlich, dass es hier um vieles geht: Es dreht sich um das Zusammenwirken von elektrischen/elektronischen Geräten, Komponenten und Einrichtungen, die in ihrem Gesamtwirken die Schutzziele der EG-Richtlinie zur EMV erfüllen müssen.

Fragen zur Störfestigkeit von Geräten, zur Normenrelevanz und zur Störaussendung und der Interpretation der zugehörigen harmonisierten Normen werden heute ebenso diskutiert wie Fragen zu den unterschiedlichen Systemen.

Es handelt sich bei den elektrotechnischen Einrichtungen beispielsweise um Geräte bzw. Systeme, die in einem Kraftfahrzeug eingesetzt werden und dort möglicherweise durch Mobilfunk gestört werden können, oder es handelt sich um 400/690-V-Systeme, die in einem Windkraftwerk arbeiten und dort selbst bei Blitzeinwirkung einen sicheren Kraftwerksbetrieb gewährleisten sollen. Auch handelt es sich um Geräte oder Systeme aus dem Telekommunikationsbereich, für die allein schon die Störspannungsmessung nach CISPRE 22 diskutabel ist.

Durch die Gültigkeit der Oberschwingungsnorm EN 61000-3-2 seit dem 1.1.2001 haben sich bei vielen Herstellern Fragen zur Umsetzung dieser Norm ergeben, die im Rahmen dieses Forums diskutiert werden. Ganz allgemein wird die Frage nach der Qualität der Versorgungsspannung im Vordergrund stehen, und Möglichkeiten zu ihrer Verbesserung werden erörtert.

Der zunehmende Trend der Realisierung EMV-gerechten Gerätedesigns wird sich schwerpunktmäßig auf die Schaltungen und Leiterplatten konzentrieren. Störfestigkeits- und Emissionsmessungen sowie die Vorstellung absorptiver Methoden sind auf diesem Forum ein Schwerpunkt, ebenso wie Entstörkomponenten, Filter und die Vorstellung eines Regelwerkes für ihre geeignete Auslegung.

Ein solches EMV-Forum wäre nun vollkommen unvollständig, würden wir uns nicht
- um die Prüfungen all dieser Phänomene
- um die Akkreditierungsrichtlinien für die Prüflabore
- um die Möglichkeit der Durchführung spezieller Prüfungen für den US-Markt
- und last but not least um die Marktüberwachung kümmern.

Für dieses Energietechnische Forum hat der **Oberbürgermeister der Landeshauptstadt Kiel – Herr Norbert Gansel** – freundlicherweise die Schirmherrschaft übernommen. Die Veranstalter danken ihm hierfür aufrichtig. In seinem Grußwort an die Teilnehmer hob Herr Oberbürgermeister Gansel die Bedeutung der EMV hervor, zu der fast jeder bewusst oder auch unbewusst einen gewissen Kontakt hat. Sei es durch die CE-Kennzeichnung von Produkten oder durch die oftmals hitzig diskutierten Randprobleme der Einwirkung von Strahlung und Feldern auf den menschlichen Organismus.

Mitveranstalter des 8. Energietechnischen Forums sind die Unternehmen Phoenix Contact Blomberg, der VDE-Landesverband Schleswig-Holstein und die Gesellschaft für Elektromagnetische Verträglichkeit e. V., Kiel. Die Durchführung einer solchen Veranstaltung ist ohne Partner aus dem Industriebereich und den Ingenieurverbänden kaum möglich, da gerade diese Partner den praxisorientierten Akzent in die Themenstellung legen. Aus diesem Grunde sei auch den Mitveranstaltern des Energietechnischen Forums herzlich gedankt. In seinem Grußwort an die Teilnehmer wies **Herr Dipl.-Ing. Eisert, Geschäftsführer der Fa. Phoenix**, auf die rasante Entwicklung der EMV in den letzten Jahren hin. Als im Jahre 1986 das erste Energietechnische Forum der Fachhochschule Kiel durchgeführt wurde (übrigens ebenfalls in Kooperation mit der Fa. Phoenix-Contact, Blomberg), war der Begriff der EMV noch nicht so weit verbreitet wie heute. Früher prägten vielmehr Begriffe wie „Überspannungsschutz" und „Störschutz" bzw. „Filterung" die Bereiche Installation, Geräte-, System- und Anlagenentwicklung. Aber der Begriff „EMV" erhielt überdurchschnittlich schnell eine große Bedeutung – im Industriebereich und im EVU-Bereich wie auch im Hochschulbereich. Zwar sind die alten klassischen

Bezeichnungen des Störschutzes und des Überspannungsschutzes nie aufgegeben worden, aber die Begriffe Störfestigkeit und Störaussendung wurden recht bald intensiv in all ihren Facetten diskutiert und behandelt. **Herr Sigel, Geschäftsführer der Stadtwerke Neumünster und Vorsitzender des VDE-Landesverbandes Schleswig-Holstein,** erinnerte in seinem Grußwort an die erste Ausgabe der VDE 0100, die knapp und einfach gehalten und in jede Westentasche passte. Betrachtet man heute nicht einmal das gesamte Vorschriftenwerk zur Elektrotechnik, sondern nur das Vorschriftenwerk zur EMV, so ist leicht erkennbar, was für ein Veränderungsumfang in den letzten Jahrzehnten und ganz besonders im letzten Jahrzehnt erfolgt ist. Die EMV ist für alle elektrotechnischen Bereiche ein fächerübergreifendes Thema, das nicht erst dann Beachtung finden darf, wenn ein Gerät vermarktet wird, sondern schon dann, wenn es entwicklungsmäßig angedacht wird. Sinnvollerweise sollte man sich noch früher – nämlich in der Ausbildung – mit der EMV auseinander setzen, um im Rahmen der Entwicklung bereits Lösungen auf bestimmte EMV-Fragestellungen in die Entwicklung einfließen lassen zu können.

Die EMV in der Ausbildung ist ein Schwerpunktthema der Fachhochschule Kiel. **Herr Prof. Reimers, Rektor der FH Kiel,** wies in seinem Grußwort an die Teilnehmer anlässlich des Forums und der Einweihung des neuen EMV-Labors der FH Kiel hierauf hin. Ihm sei für die Unterstützung durch die FH hierfür herzlich gedankt.

Das neue EMV-Labor und Hochspannungslabor der FH Kiel wurde während des 8. Energietechnischen Forums der FH Kiel von der **Ministerin für Bildung, Wissenschaft, Forschung und Kultur des Landes Schleswig-Holstein, Frau Ute Erdsieck-Rave**, eingeweiht:

„Die neuen Labore für Elektromagnetische Verträglichkeit werten den Fachbereich Informatik und Elektrotechnik der Fachhochschule Kiel kräftig auf. Dies ist ein wichtiges Signal, um der steigenden Nachfrage nach Ingenieuren zu begegnen", sagte Kultusministerin Ute Erdsiek-Rave anlässlich der Eröffnung der EMV-Laborhallen der Fachhochschule (FH) Kiel. Entgegen dem bundesweiten Trend im Studierverhalten habe sich die Nachfrage in der Informatik deutlich ausgeweitet. „Hier ist seit vier Jahren ein Boom festzustellen, der zu einer Verdreifachung der Studierendenzahlen geführt hat. Von diesem Boom haben vor allem die elektrotechnischen Studiengänge profitiert."

Die Fachhochschule Kiel habe durch das Institut für Energietechnik Pionierarbeit in Lehre und Forschung geleistet, indem sie Prüf- und Mess-Einrichtungen entwickelt, konstruiert und entsprechende Pflichtlehrveranstaltungen eingeführt hat. Deshalb habe sich die Landesregierung für diesen Schwerpunkt in Forschung und Lehre entschlossen. Dieses Angebot soll dem Technologietransfer dienen und auch anderen Hochschulen zur Verfügung stehen.

Bund und Land haben gemeinsam knapp 32 Millionen Mark in die neuen Laborhallen investiert. Der Laborbereich gehört zum Institut für Elektrische Energietechnik des Fachbereichs Informatik und Elektrotechnik. Ute Erdsiek-Rave: „Das allein ist schon Indiz für die Bedeutung, die die Landesregierung der größten Fachhochschule des Landes zumisst. Die Gesamtbilanz des neuen Ostufercampus werden wir nach dem Abschluss des Umzugs im Frühjahr 2002 ziehen – sie wird gleichzeitig Auftrag und Impuls für die FH Kiel sein."

Der Veranstalter des 8. Energietechnischen Forums der FH Kiel dankt der Landesregierung für die großzügige Unterstützung beim Bau des neuen Hallenkomplexes für EMV und Hochspannungstechnik, einem Schwerpunkt für die Fachhochschule Kiel. Ferner dankt er den Mitveranstaltern des 8. Energietechnischen Forums sowie den zahlreichen Referenten für die Übernahme eines aktuellen, praxisorientierten Beitrages zu dem Thema „EMV von Geräten, Systemen und Anlagen" sowie den vielen Ausstellern. Den Besuchern der Veranstaltung bzw. den Lesern des vorliegenden Tagungsbandes sei für ihr Interesse an der Veranstaltung bzw. den Einzelthemen gedankt. Ihnen allen sei gewünscht, dass sie manch nützliche Informativen erlangen und weiterverwenden können.

Prof. Dr.-Ing. Klaus Scheibe

Lessons learned from running and auditing EU EMV Labs

Dr.-Ing. Diethard Hansen:
EURO EMC Service (EES), Berikon 2, Schweiz

Lessons learned from running and auditing EU EMC Labs

Diethard Hansen

EURO EMC SERVICE (EES) Dr.-Ing. D. Hansen
euro.emc.service@t-online.de
POB 64, CH-8965 Berikon 2, Switzerland

Abstract: Is EMC (CE) testing a business or just another regulatory requirement?

- Tricks of the trade in global EMC compliance for various sizes of enterprises with the focus on Germany will be demonstrated.
- Present EU EMC market requirements with strong competition will be discussed
- Latest accreditation issues and challenges (EN 45001 vs. ISO /EN 17025) will be highlighted, followed by practical and optimized solutions
- Requirements for good planning, investing, operating, marketing, managing, staffing, personnel training, including correct calibration of EM-fields and traceability, will be explained.

Non academic, real life, case studies of running and auditing EU test facilities, based on 10 years German lead auditor and 20 years test house management experience, will be given.

All this is embedded in a critical analysis and overview of latest political, market, service quality, business ethics as well as technological EMC issues. Practical advice is offered when ever applicable.

Introduction

Electromagnetic interference control (EMI) is often considered difficult, because most protection measures are not directly visible from outside of the equipment nor do they necessarily add any optical beauty. Rarely is the customer willing to pay an extra price for good EMC. Moreover, since 1996, the implementation of the legal European CE requirements, the manufacturer is obliged to declare conformity with the protective goal of the directive, namely a suitable degree of compatibility for emissions and immunity of the equipment. Knowing about these facts and considering the overall economy, which as always calls for prudent management concepts, implementing and controlling appropriate steps on all levels. In EMC, as we all know, international standards are governing the scene and their goal is harmonization of technical specifications for the sake of removing trade barriers.

Enforcement is a must. This is not new and was also realized in the United States by the FCC- art. 15 subpart J- when they found fines to increase slowly, and after several years jumped (3. - 4. year), because of more personnel and funds being allocated by politicians to booster the market screening process. Finally saturation or even a decline follows after 5 to 10 years.

Standards and regulations on the other hand are not necessarily the beloved child of all sectors of industry and unfortunately misconceptions about EMC Standards do exist.

Too expensive, we don't need it, we receive no complaints.

As a short introductory summary it seems legitimate to state, "EMC is a vicious circle".

Late implementation of protective EMC measures lead to cost explosions. Keeping the right balance between good legal and engineering decisions in a particular management and business environment is often a very big challenge, not totally appreciated by all parties concerned.

Offering EMC Lab Testing Services

EMC Market Analysis-the Business Case Germany: Is EMC a business or just another regulatory requirement? If the "EMC GURU" only performs some kind of band-aid and ad hoc actions without following sound technical concepts, negative scenarios will continue, this is no healthy business. Fundamental approaches in EMC are e.g. the zoning concept with systematic EMI Reduction in steps by filters and shields, prudently making use of given mechanical barriers.

The EMC business as such is more than 40 years old and was hardly ever a stand-alone item. EMC is simply a design criterion, like electrical safety or environmental tests. Changes in EMI protection, however, do exhibit far-reaching consequences by interaction with other design parameters. But the EMC experts apply the same system design principles over and over again. Most of the changes in EMC were introduced by major technological developments. After the second world war, sensitivity in radio reception and color TV demanded better signal to noise ratio. The car industry started taking care of EMI emission suppression from the spark plugs of the engine. Mass-produced household products and fluorescent lighting needed EMC fixes to avoid massive high frequency spectrum pollution. It was that time, when German EMC legislation became mandatory and the regulation authorities, including semi government institutions like VDE and TUV, became driving forces behind EMC. Major corporations and a few privately owned EMC labs set the scene. With the introduction of faster microprocessors and large-scale integrated circuits, electronics industry became more and more aware of EMC problems. Slowly but surely immunity issues started to become evident. Finally with the vast proliferation of mobile telephones operating below 1 GHz susceptibility issues increased dramatically and already led to product liability cases. With the introduction of the common market in Europe, national legislation had to be harmonized by Brussels to enable free circulation of goods and services throughout the European Union. The EMC directive was born in 1989,to be finally implemented in 1992. Quite a number of people in EMC industry started now seriously thinking of setting up their own EMC test labs. Outside Europe the technical emphasis was still on emission control. Product liability with EMC focus on immunity started increasingly, shifting the pressure from the military into the commercial world. At this time Germany had about 20 EMC labs and the prices for testing a desktop PC for emission and immunity sometimes exceeded 5 k$ US. This is a figure close to military EMC testing prices. The CE marking was at the horizon and hopes were flying high to do good EMC business in the years to come. There was a strong believe among EMC people that CE marking could finally trigger a breakthrough in EMI-control, based on strong and hopefully effective government enforcement. It was the United Kingdom, where management consultants, venture capitalists and banks generated an overwhelmingly enthusiastic report about the prosperous future of the EMC business. In the early '90s this ATKINS report led to a strong increase in EMC test houses throughout the United Kingdom. In Germany this process was delayed by several years, mainly due to major political events, like the reunification between East and West. Nevertheless exactly in this process, many young entrepreneurs looked at Germany as the future goldmine. Additionally a clear move of daring pioneers set off towards the eastern part of the country. By this time, however, serious changes took place in the German electro technical industry. Industry was right in the middle of a strong recession, unemployment was high and everybody in engineering in general was struggling for survival. Only a few sectors of this industry experienced a strong growth, which was mainly driven by the opening of the East German market. Textile and food industry, satellite dishes, VCRs, stereo equipment and automobiles started flying high. On the other hand due to the financial collapse of the government-owned GDR industry, unemployment figures in some areas exceeded 30 percent. Industrial compounds with thousands of employees had no more East block export markets, because the West German political leaders introduced the Deutsch Mark overnight. Public, financial subsidies at this time did exist, but their administration was sheer chaos. An unhealthy mix of letting go and harsh, bureaucratic controlling interaction was common.

Early '90s, the official government accreditation system started working. The regulation authorities BAPT/RegTP, however, were right in the middle of a deregulation process in which the ministry of post and telecommunication finally disappeared. The Ministry of economics took over. The newly acquired "field offices" in the east had to be integrated. EMC legislation and the final implementation of the directive started therefore delayed in 1996. For a period of almost one year the European labs had now some kind of monopoly position throughout the world. Picking up the phone and telling a client "sorry, we are fully booked" was the usual answer in this gold rush period. Hundredths of unfinished test reports started piling up in the labs. The level of lab instrument automation as well as report generating automation was relatively low. Prices were quite reasonable and the profit margin substantial. Competition was no major issue. Many international clients, from all over the world, were flying in at nighttime and working through a three shifts system, which got quickly installed in some labs to met the demand. Such labs operated close to 22 hours a day. Furthermore it was difficult to rapidly buy extra test equipment, because even the EMC equipment manufacturers underestimated the extra need in the market by a factor of 2 to 4. Before these days, not too much effort went into very detailed planning. Years of box testing experience were normally sufficient to successfully run and manage an EMC lab. Management in extraordinary times however requires new steps and visions. About 10% of the labs started expanding into EMC of larger machines and systems, which did no longer fit onto the turntable. Their background was mostly military EMC requirements. Here they learned EMC system planning as an art of systematic break down of large, complex systems *and* environments into blocks that can be tested in the lab. The testable interface threat conditions are calculated, estimated or simulated from total system analysis. This is economically cost effective and leads to meaningful, tailored test procedures, if one sets the priorities right. Conducted EMI is always to be treated before attacking the radiated part. Not too many test house managers knew this in the beginning. System business is slower in acquisition, but can be financially attractive in the long run.

An interesting side effect, in the German EMC market in particular, was to see public institutions and universities jumping onto the EMC bandwagon. High-voltage engineering started lacking funds. Well-trained telecommunication engineers faced all of a sudden many discussions with engineers coming in from the power and high-voltage domain. At the same time the German government decided to dedicate research money for EMC. Soon after this, big programs, mostly well targeted and coordinated, came to light. The first graduate students enrolled in specific EMC Ph.D. work. Some consultants and test labs got into bitter fights over clients, because some universities used dumping prices. Students don't cost much, however, their assignment is only of limited nature and time to market was getting more important in Central Europe. So most of the labs could somehow survive.

After 1998 mergers and acquisitions dominated the German EMC test house market place. Many small and independent labs disappeared or had to be sold cheaply to bigger organizations. A critical shake out period started. On the other hand the number of newly accredited labs still continued to grow. The majority of these labs, however, represent major or medium corporations. Here EMC is taken more seriously, due to long term over all business strategies. Conflicts with regulations, liability cases are bad PR and ought to be avoided.

Again all it takes is long-term experience, financial resources, courage, a little bit of luck and certainly very detailed planning, before running of a lab becomes the issue.

Lessons learned

EMC is not a stand-alone item; EMC requirements are permanently changing due to regulations and standards, which are both driven by the rapidly changing technology in modern electronics industry. The basic technical EMI protection concept is stepwise reduction by zoning. Changes in the German political scene, mainly the reunification with high unemployment rates in the former GDR, makes the choice of the business location and the size/type of EMC lab to be implemented decisive. After the boom year of 1996, the EMC market growth is now down to max. 5% per year. This lowers the chance to attract investors. EMC awareness in small enterprises is low and directly regulation enforcement driven. Some EMC labs moved into EMC system engineering after 1997, to break away from the main box testing competition. Setting up an EMC lab is very capital intensive and is therefore, nowadays, potentially going to be a high-risk business.

Planning to start an EMC Lab: After having established the strategy and found the financial resources as well as location to start the company, the question arises of how quickly can one get the necessary test equipment and further office equipment delivered from the various suppliers. Using public financial support by the government for this is very tricky, because a lot of unnecessary bureaucracy is introduced into the process. Value added tax problems must be considered and the project may not be started before the government approves the support. This can become a very serious issue, because time to market is extremely critical in the real world, but not for government people. On the other hand receiving millions of Deutschmark in support has most definitely to be considered. But governments may change over time and former mainstream political activities may change very quickly after elections. Banks are normally not supporting High Tech EMC startup projects, mostly because they have no clue, and no figures about such business.

Many compromises have to be accepted by the young startup company and its CEO, including key people. Time to delivery of most EMC equipment in the '90s was approximately three to six months. At least 6 to 12 months must be planned, where no external revenues for the company can be expected.

Moving into the new German territories and being grown up in the western part of the world is another potential problem. Separated from the family for considerable time, living off very small budgets for several years and only following the burning desire to start the own company is not an easy job.

Independent of all emotional and financial factors the young entrepreneur has to face reality and install his delivered equipment technically correct and economically wise. It also becomes extremely important to think about cost-effective alternative test facilities and their applications as well as inherent restrictions [1]. GTEM cells and fully Anechoic Chambers (d = 3 m) need to be evaluated.

Let's assume for the time being everything has been installed. Next is, naturally recruiting the first test engineers and training these people of how to use this type of brand new equipment. It goes without saying, the recruiting process is essential for the future success of the company. This is not necessarily EMC specific, but many times finding good people and only having small budgets for recruiting and advertising is also not an easy job. Moreover the recruitment situation strongly changes over time. During a recession or close to that, unemployment may be high and consequently one can find EMC experts more easily. In the past decade this market has undergone extreme changes, from many to almost no available EMC engineers. Furthermore, there are however additional, interesting things happening in certain geographical market segments. For example some people in the East German workforce, with 40 years of continuous influence under the communist regime, have mentalities and attitudes that are not necessarily identical with western people. It does not become immediately evident for somebody from the western world of how to read resumes issued in the former German Democratic Republic. What you see is not necessarily what you get. This is by no means to generally say that people from this area are not qualified to become top-notch people in EMC. A young entrepreneur and CEO is in such case well advised to possibly recruit a sound mixture between eastern and western people. Personal initiative, making decisions in due time and not waiting for the boss to decide is in some cases very difficult for people grown up behind the former iron curtain. All this should be part of the business plan, because it adds cost. But for almost everybody in the EMC business in Germany e.g. it was a very big shock to see the start of the EMC act and its enforcement, which was originally scheduled for 1992 to be moved to 1996. One can easily imagine how this shift in government policy triggered an outcry in the test house industry and turned the market place upside down overnight. All the planning with the firm belief, the government will do the enforcement in due time and effectively, all of a sudden became obsolete. Business plans are certainly very important, but what is even more important is an escape strategy. Any good merchant knows these potentially negative scenarios.

Fact is, starting a lab will range, depending on size, in between 500.000 dollars and a multimillion-dollar investment. Such activity falls definitely under high-risk business. Why is this so? It is simply due to the nature of expensive EMC instrumentation. Covering a wide range of EMC areas in a lab, like household, telecommunications, ISM, ITE, automotive or even military testing, requires extensive instrumentation that is not necessarily used all the time. Consequently there is equipment, which from an economical point of view, is not effectively used. On the other hand, in order to meet the market needs, one has to have a wide range of tests in the scope to be offered. As start-up strategy, coming in at 50 percent of the usual market price, can be a very serious issue for existing EMC labs. On the other hand if somebody undercuts market prices for a long time, consequently using unfair business practices, one can easily suspect this company to be either subsidized from major financial resources or even fostered by questionable government support. The price is certainly very important and an attractive point in establishing professional services, but it is not the only criterion for long-term success. Quality and reliability is hopefully going to prevail in the long run. May be it is also not necessarily evident to everybody, not directly familiar with some business practices in the eastern part of Germany, but cases of deliberate, well targeted, official support, to kill well positioned competitors did exist in some cases! The East German scenario does exhibit peculiarities, which are difficult to understand in the first place. Most of them are based on old party relationships and military related camaraderie and old boys networks like NVA or STASI. This is extremely hard to fight and in some cases even hopeless.

Back to planning, what is the correct test sequence for a particular piece of equipment? To please the customer and to get the most information out of the equipment under test, this calls for nondestructive tests in the beginning and critical once like ESD, surge, electromagnetic field illumination or radio frequency current ejection, at the end.

It is an illusion to believe external renting services are in the position to supply such parts of equipment timely and cost effectively. Furthermore insurance may well cover damaged equipment and a certain degree of lost time in testing, but never covers future business and having lost a key customer, because the power amplifier was down.

When determining the size of the equipment to be tested, experience teaches that most of the time, this type of equipment will fit onto a turntable with 1.2 m in diameter. Such equipment is hardly ever to exceed 2 m in height and may well fit into smaller anechoic chambers. On the other hand, if somebody shoots for big system tests, like testing complete vehicles, a full-blown 10 m anechoic chamber, or bigger, is definitely needed.

Let it be a small or large EMC lab with whatever annual revenues. How much profit is left over in Germany? With 50 % taxation, profit after tax becomes quite small!

Raising test prices? There are different strategies in different labs. But in general it is justified to say the desktop computer tested according to the genetic standard will be in the range of 1300 $ US. A test report, from an accredited lab could range anywhere from 200 to the 400 dollars U.S. The complete day in a large test facility like 10 m anechoic chamber, including the test engineers, could be typically around 2000 to 4000 US$.

From these figures it becomes immediately evident that testing has to be planned very carefully. The throughput is very similar to what happens on the production line in a factory and there are today about 130 accredited EMC test labs throughout Germany! Munich, Stuttgart, Frankfurt and Dusseldorf are the major locations. The northern part of Germany and particular the eastern part of Germany are anything else but showing strong industrial growth in electronics industry.

Lessons learned

Good planning starts with a solid business plan, outlining the strategy. Good planning, however, can quickly become obsolete, because of rapid market changes and the lack of speedy implementation of European legislation into international law. This happened in 1992, where the implementation of the German EMC acts was delayed and shifted to 1996. As a general concept, the size of the company small, medium or large, has to be determined. The corresponding, substantial investment ranges from 0.5 to multimillion-dollar U.S. This is a critical figure, because the individual price for EMC tests has become relatively low. Consequently everything is based on throughput and optimized operations. Be aware of considerable, ongoing instrumentation investment, to meet newly developed standards. The choice of the location for the company is the prime factor in strongly competitive markets. A healthy industrial infrastructure in the chosen area is extremely important. As a startup company, financial reserves for at least twelve months without external revenues must be planned for, to survive the setup phase of the lab. Investing into full-blown EMC facilities or using smart, alternative test sites need to be evaluated very carefully. Even with substantial financial government support, in particular in the new territories in Germany, the former German Democratic Republic, this location and some employee's work ethics are not easy to deal with. The EMC test facilities must be fully automated. The work/accreditation scope must be carefully selected, based on local industry needs and economical constrains. Test prices are very competitive. Recruiting good EMC staff is quite difficult today, because of shortage of engineers in general. Marketing may include direct mailings or more successfully finding pilots clients from the region. The typical radius of the 130(!) German test labs, to attract clients, is about 50 miles. Most of the labs are concentrated in the southern part of Germany. This is exactly where most of the German electronics industry is situated and the test house density is the highest in the Republic.

Running an EMC Lab: Following the outlined considerations in planning a lab, running an EMC lab is again quite a challenge. Let's assume for the time being, the location is situated in the optimal area, the test stands are all in place, people are well-trained, management established and marketing has just started to bring in the first customers. Very soon the test house manager will realize how important good planning and precise performing of the EMC tests is. Scheduling the tests is often not an easy job to do, because some customers tend to make appointments, but this will not necessarily mean that they will show up at the schedule test time. Quite often the customers are delayed for various reasons or bring in their equipment with almost no preparation for the actual test. In this case the assigned test engineer must demonstrate his talent for improvisation. Connectors will have to be quickly soldered; some cables have to be cut to fit them to the filters of shielded rooms. In addition to this, the test engineer is quickly trying to get familiar with the fundamental design of the circuit to be tested. He's basically condemned to grasp all the design ideas and layout considerations in an extremely short period of time compared to the development process. The accompanying development engineer is sometimes very helpful because he knows his equipment inside out. In other cases this is not so, because the boss told somebody in the research and development department, at the very end of the design phase, to finally get the boxes tested at the EMC lab, assuming that everything will go fine the first place. If EMC is not considered in the early stage of the project the chances of wasting time and money are quite high. Consequently if anything fails in such a project, this might easily lead to a disaster, a revision of the circuit boards, extra money and possibly jeopardize the whole project, due to time delay. It is natural in this case for the design person to fear negative consequences and he or she is therefore not immediately willing to accept a negative result from the test house. It takes quite a bit of psychological expertise for the test engineer to present negative test results to the client. Nobody likes to receive and pay for a negative test report. Very often the test house manager has to decide to put the project on hold, not issuing a report and an invoice, because the project is not completed yet. That's a dangerous process in terms of cash flow. But since the customer is always right, many test houses act accordingly.

Even worse, the client does not appreciate the quality work being done and decides to go to the competitor, hoping to get away with nothing. In this case it is legitimate to say the client goes shopping for the best and most pleasing results. How can this happen, when labs are accredited? More to this in the second part of auditing labs. Legally speaking, the lab can hardly do anything, because it is the manufacture to declare compliance with the EMC directive and other applying regulations. Exactly this procedure will become more and more accepted by certain cycles in industry, if market enforcement by the authorities is not appropriately conducted. The effective chances of getting caught are fractions of a per mill. But on the other hand, if, the authorities start picking on you all the time! Now big trouble is ahead.

Without exaggeration, running an EMC test house does certainly not stop here. Since we already feel how important automation is, it's time to speak about software. They're all different kind of software programs out in the marketplace, including those that are homebrew. Asking the leading EMC test equipment manufacturer of EMI-receivers and spectrum analyzers, they will definitely recommend their own-easy to use-EMC software. How does this work out in reality? In many cases labs have spent 50.000 or more dollars until the test house management realizes that the software has been written more than 10 years ago with a databank system that is simply no longer appropriate for use under windows 9x, NT or similar. The database is programmed in such a strange way that this will automatically lead to major problems in handling the software. The program is enormously big, can do almost anything, but practical default solutions are mostly missing (e.g. R&S ES K-1).

Harsh requirements were lately set by new accreditation guidelines (ISO/EN 17025) in Europe. Now software needs to be validated!

Solutions of technical difficulties in running an EMC lab is only one side of the coin. Administration problems are the other one. The nature of EMC testing is mainly defined by many small jobs. It is therefore extremely important to have a system in place which allows speedy documentation of the process, well engineered integration of test data output into preformatted, standardized test reports. The test report is the actual product sold by EMC test labs. All these beautifully arranged activities, however, be worth nothing, if management is not in the position to organize accounting. To the author's knowledge, no suitable, commercially available software system exists to integrate all these jobs. It is up to the lab to subcontract with an external software house or start building its own EMC management software system. The efficiency of the lab strongly depends on this function.

Lessons learned

Scheduling test time in EMC labs is a difficult job, loaded with uncertainties.

Customers and the very testing process of products itself introduce unforeseen delays. The customer should do preparation of EMC tests upfront, very carefully. Otherwise time and money is lost unnecessarily. Strictly subdividing the tests in compliance and development testing is sometimes unrealistic. The reason lies in the unpredictability and failures of the equipment under test. Experience, however, teaches things go often wrong the first time in testing and take one round of fixing. About 50 percent of the client's have a psychological problem in accepting bad news as an outcome of EMC testing. It is a big challenge for the test house manager and the test engineers to cope with that. Being in the service business, even the demanding customer is always right; but there are of course some technical and legal limits. A prudent choice of test sequence, starting with nondestructive tests, will certainly help the process. Aside from good fixing capabilities, high-quality EMC testing and meaningful test reports, EMC labs have to invest now heavily into new micro-wave measurement instrumentation, calibration, reporting and general EMC management software. To keep everything updated and current, continuous efforts and financial resources are needed.

Auditing of EMC Labs

Background and History of the German Accreditation System for EMC: The German EMC accreditation started in the early '90s. Prior to this accreditation for EMC was only an issue in the military world and in some parts of the automotive/ aeronautical industry. In Germany, at this time, there were three different accreditation organizations operating, namely the PTT government body BAPT, later RegTP in Mainz, a private body DATech in Frankfurt/M and Dekitz for Telecom Software Protocols, now integrated into DATech. The roof organization is the German accreditation council (DAR). A UK equivalent is NAMAS or presently UKAS. A US equivalent could be NIST/NAVLAB or A2L. From the beginning the RegTP focused on legally mandatory accreditation like competent bodies (CB), notified bodies (NB) and nowadays conformity assessment bodies (CAB) under the mutual recognition agreements between the EU with North America, Australia and New Zealand. The authorities mostly performed laboratory accreditations in those cases, where the client requested the accreditation of his certification body as CB under the German EMC act. This activity started 1992/93.

Since 2001 the picture has changed in the way that only one organization in Frankfurt – DATech e.V. – is now handling all lab accreditations. The organization is not only accrediting EMC labs but rather deals with all areas of electro technical activities. The regulation authorities (RegTP) concentrate now entirely on their legal mandate. With a change of legislation, in particular in telecommunications, the emphasis is now on certification bodies (CB/NB) according to the EN 45011 March 1998. It is not a lab standard and describes the managerial as well as specific technical requirements and evaluation procedures, including quality management issues.

Confidentiality, documentation records, qualification criteria of the personnel and their independence from third parties are just a few important highlights. At the end of the day this accreditation leads to legal assessment of compliance with the national EMC act. As one can well imagine, product liability is certainly an issue. The decision-making process must be clear, justified and repeatable. It is very important in this respect to consider complaints by clients and formalize all steps in that procedure. For the auditor or assessor this requires very detailed technical experience, assessment training, and knowledge in quality assurance systems combined with the latest information about the corresponding EMC legislation both in Germany as well and on as on European level. Speaking about EMC labs and their accreditation, EN45001 " General requirements for the competence of testing and calibration laboratories" was the rule in the beginning. The standard spelled out requirements regarding the quality management system and put some emphasis on technical details related to competence and technical procedures of performing EMC tests. Traceability of test results to national and international standards and norms, as well as test report requirements are outlined. In practice, however, one has to admit EN 45001 is more of a formal than a detailed technical requirement.

This scenario has changed dramatically with the mandatory introduction of ISO/EN 17025 finally at August 1. 2001 by DATech. Now, there is a good balance between formal quality management and detailed technical requirements.

Management requirements include: organization in quality system document control review of requests, tenders and contracts, subcontracting of tests and calibrations, purchasing services and supplies, service to the client, complaints, control of nonconforming testing and/or calibration work, corrective action, preventive action, internal audits, management reviews.

Technical requirements include: general, personnel, accommodation and environmental conditions, test and calibration methods and method validation, equipment measurement traceability, sampling, handling of tests and calibration items, assuring the quality of test and calibration results.

In this respect it is important to exactly understand technical procedures to estimate and control expanded measurement uncertainty. Technical training of all people involved in EMC testing therefore gains increasing importance. Generally speaking one can state the standard making bodies did now recognize the complexity as well as the dominating technical issues to the full extent. Disappointing consistency and accuracy in laboratory tests made this step imperative. In particular in EMC test business, it is not uncommon to see test result variations, from one lab to another, under almost the same conditions, to exceed one order of magnitude! Round Robin tests between the labs are one solution. Performing sophisticated EMC tests in the presence of the auditor, during the lab assessment, is another solution.

The accreditation organizations RegTP and DATech have a pool of about 20 auditors, which is subdivided into two parts, the lead auditors (QM) and EMC auditors (technical expert). The Author is both, QM as well as Technical Expert and lectures at the annual assessor and technical expert trainings. In case of an annual (or now 18 month assessment interval) surveillance audit, the assessor will spend one day on-site for the lab or certification body evaluation, going through quality management and technical issues, based on a questionnaire. Half a day is spent on preparation and half a day is spent on writing the assessment report. This report is then submitted to the accreditation organization, which also issues the certificate for the client.

Only in cases that involve reaccreditations after five years or disputes, it is the job of the sectorial committee, with a special little working group, to finally decide on granting accreditation. If no agreement can be reached, the case is taken up to the German accreditation council (DAR) for decision. The final step after DAR is appellation of German courts.

The schedule for any actual assessment on-site is always very tight and there is no way of doing a 100 percent examination. A positive attitude, experience, psychology and some guts feeling combined with outstanding technical expertise may lead the way to fair, successful audits. In spite of having studied the Q. M. manual intensively in advance, there will always be surprises.

Even very experienced assessors, with several decades of professional hands-on experience, both in practical and theoretical issues, will certainly, and once in a while be deluded in an assessment. It is part of the human nature to pass an audit, if possible, with the minimum amount of work and effort needed. Hardly anybody would lead the auditors to the weak spots.

Therefore it is very important for the auditor to establish good, friendly and trustful relationship to the people and lab to be assessed. The auditor's training will certainly include a lot of psychology. If the lab and its management are convinced about the advantages of accreditation, the job becomes a lot easier. Normally one can already tell from the way the quality assurance manual is written, what kind of attitude can be expected from the candidate lab. A good quality management system is tailored in such a way to optimally meet the client's individual workflow and quality/performance criteria. There are naturally big differences between small labs with three to five people, all working in one place, and big international test organizations, which are global players. Their Q. M. system can easily be measured in meters by lining up the many written files and folders. It is quite obvious that this kind of the system cannot be sent to the auditor in advance. There's a lot of confidential, company internal, data in those files, which should for security reasons not be distributed outside the organization.

How good are the descriptions of the various QM work procedures? Is it written in a practical way, with due consideration of the appropriate standards to be applied?

The list of test equipment and calibration dates and intervals normally reveals quite a bit. Is it new equipment that is being used or old stuff? Is it fully automated? Is the software validated, and if so, how? How does the lab perform the calibration jobs? Will it entirely rely on external calibration services? Is it in the position to judge the quality of these services? In many big organizations there's a clear trend to outsourcing of any service not being part of the core business. The core business, however, is testing. This means it is very difficult to predict the type of products to be presented to the test lab tomorrow, if the test lab has a large accreditation scope.

In general, traceable calibration could follow relatively simple rules. The calibration tree of traceability to national, international standard, basically calls for just a handful of truly traceable test equipment. If amplitude, frequency, time and RF-impedance traceability is established, then it is not too difficult to refer the other jobs to this. The test lab itself can now measure these deduced quantities. This procedure is quite time-consuming and certainly does require a deep inside into the functioning of the test instruments. It is the author's experience from running medium-sized labs that this calibration cycle will cost about two to four man months. By no means at all does calibration stop at box level. Calibration according to EN 17025 has to consider the whole chain of test instrumentation within a test stand. It is exactly this point, where most of the labs presently have their biggest problems. Following the EMC standards word by word does not present a solution, because some of the standards are not clearly and explicitly written. Their interpretation is sometimes quite difficult.

Bizarre Cases of EMC Lab Assessment: This chapter is meant to be illustrative, but not negative. In a period of 10 years assessment experience one can well imagine to come across some wild cases. On the other hand this does by no means at all say these cases are representative for the average German accredited EMC Lab. It is important to stress the fact of the following cases to be true and non-academic. Confidentiality and secrecy agreements however do not permit to reveal traceable facts that would involve names, organizations or locations!

Case 1: In one of the first audits as a technical expert, the author had to assess a large anechoic chamber of a commercial and military EMC test facility. The quality management audits went very well and it was only the practical evaluation of the test facility left over. By looking at some of the measurements data, it became quickly evident there was some sort of sensitivity problem below 100 MHz, measuring radiated emissions from the 10 m site, inside the anechoic chamber. Technical discussions could not answer questions asked, so the decision was made to have a life demonstration of the emission of a small test radiator. The outcome of the test was very surprising, because it did not match reality. Emissions where far too low at low frequencies from 30 to 100 MHz. A detailed technical analysis revealed the actual problem. The inner pin of the N connector in the coaxial feed through (RG 214) between the measurement room and the control room was broken. Consequently there was only weak capacitive coupling in that frequency range. This had not been detected for at least 10 years. The calibration procedure, however, included software offset for this effect in the low frequency range!

The second surprising effect in the same facility was demonstrated using a small battery driven broadcast receive. In spite of the totally shielded facility, radio reception was possible in the short wave and FM radio bands. A detailed technical investigation followed and revealed the problem area was the filter arrangements of the chamber. The very expensive filters for power/signal lines had no more ground contact to the metal and chassis of the anechoic chamber. Corrosion had settled in and the contact was virtually gone. This additionally represents a major safety hazard problem!

The zoning concept was entirely violated in this area. The cables just penetrated the protecting shield.

It almost sounds unbelievable, that the client's test engineers took two more weeks to confirm the findings. It took another three months to finally fix the problem. Therefore accreditation was awarded after four months. (Note, today the outcome would probably be different.)

Case 2: One Lab in the southern part of Germany had successfully passed the re-audit with some minor deviations. The assessors left and were accompanied to their cars and off they went. Then all of a sudden, one assessor realized he had left one part in the lab, including the test instrumentation list with the newly delivered test equipment. When he arrived at the test house a big truck just finished collecting and up loading the brand-new test equipment, recently delivered to the lab. It goes without saying, this trick of teasing the auditors by only showing temporarily available test equipment, was not a good idea and based on the sheer coincidence, the incidence triggered major problems in granting re-accreditation.

Case 3: An EMC test lab in a major corporation was reevaluated after five years. Previous audits revealed the very high level of professionalism and good engineering practice. All lab personnel were highly qualified, motivated and technically very competent. The big event in the organization, however, was reorganization throughout the German company group. In essence it was only one person left over from the old crew who was fully competent. All others were brand-new test engineers with not even six months of professional experience. Needless to say, this spelled trouble. The young, innocent test engineers had no clue how to run the tests in detail, nor did they know anything about calibration. Even worse everybody relied on external calibration services and was unable to re-evaluate the equipment before using it. There was no written plan how to qualify the new engineers by sending them to EMC symposia, lecturers or seminars. Corporate top management had decided from the ivory tower cost of running the EMC lab had to be cut back dramatically. Old equipment could not be repaired and new equipment, to meet latest expanded standard requirements, could not be bought. The single, old professional crewmember was not the position to train the engineers, because his new responsibility included marketing and sales. A detailed analysis of the external calibration service and its traceability by the technical expert resulted in complete disaster. This service was a DKD calibration lab, which was only, calibrate (traceable) up to 100 kHz. The lab, however, did perform receiver and subcontracted antenna calibrations up to 1 GHz. The DKD calibration certificates were falsified, except for multi-meters, and the external service firm pretended to be traceable. Almost 20 k$ US had been spent on a useless contract, worth nothing. The lab had fully trusted the statements of the sales people in calibration. Even worse, since the lab had not done any plausibility tests in between calibration intervals, they had to recall all products tested during the last year. Reaccreditation was not possible at that time.

Case 4: An EMC lab in Asia requested official German EMC laboratories accreditation and recognition. The parent company in Germany had successfully been accredited for many years. The quality management manual looked fine and the procedures seemed to be in place. After a long business trip to ASIA, the assessment was performed on-site. Technical competence was given. The equipment was installed and operated in a professional manner. It was time to check traceability of the test results. This turned out to be not an easy job. The lab mainly used secondhand EMC test equipment, which is fine, in principle. The difficulty resulted in all different kinds of test certificates and calibration certificates for the key test equipment, being presented in Chinese language! Nothing was traceable to European or North American national metrology labs. The lab fully relied on some old equipment manufacturer's calibration data. This included U.S. companies from which we knew they had major traceability problems. The field probe was finally re-calibrate by the parent company in Germany and was traceable to the German PTB or NPL London, respectively. All other test equipment was only traceable to Chinese speaking sources. That presented an enormous problem to the auditors not being able to speak or understand anything in that language.

In a very tedious effort, consuming almost two extra days on site, it was finally possible to trace back the calibration through the official Chinese sources, all the way to the U.S. NIST in Boulder CO. The biggest problem resulted in establishing the measurement uncertainty in the chain of all parameters needed. Chinese mentality and the fear of "losing their faces" was a major obstacle. Finally the case resulted in a lot of enthusiastic hand waving and joy on the customer side and made the assessor happy to be able to help effectively.

Lessons learned

German EMC accreditation started around 1992. RegTP is focusing on CB/NB/CABs (EN 45011), while DATech covers EMC labs (EN45001, now ISO/EN17025). There is a pool of about 20 auditors, subdivided in lead QM and technical EMC experts. The roof accreditation organization forms DAR. In cases of dispute, the last decision is made by German court appellation. A typical audit takes 1 day on-site and 1 day for preparation /report. Audits are always done under time constrains; therefore no 100% check is possible. Calibration and expanded measurement uncertainty for the complete test stands and not only the individual equipment is presently giving the labs the most headache. The lab itself, using just a view traceable and very accurately calibrated key instruments can principally do calibration. All other boxes and quantities can be deduced hereof. This procedure is a good training but requires a deep knowledge of EMC.

Bizarre cases are illustrative but not always representative for the average EMC lab. Case 1 boils down to radiated emission instrumentation -cable calibration problems. A broken connector pin determines the low frequency measurement sensitivity. The corrosion under the filters in the shielded room makes the penetrating cables violate the shielding integrity and the zoning concept. Case 2 shows how bad the tricks can be. The auditors almost got fooled by the lab about the real status of their test equipment installed. Case 3 demonstrates corporate decision-making impact on lab quality and how serious a problem in calibration can be without save fall-back positions by establishing sanity checks in between calibration intervals. In any case must the lab be technically competent enough to check external calibration service quality. Case 4 is a calibration, traceability problem in ASIA dramatized by Chinese language problems for the auditor.

References:

[1] D. Hansen et al., 2000, http://www.euro-emc-service.de GTEM, OATS, FAR-Chamber, complete, technical articles in English for free download available or contact the author in Switzerland by phone/fax +41 566 337381.

Blitzschutz und EMV sind ein Thema – und mehr!

Dipl.-Ing. Erimar Chun:
VDE-Prüf- und Zertifizierungsinstitut, Offenbach

Blitzschutz und EMV sind ein Thema – und mehr!

Erimar A. Chun, VDE Prüf- und Zertifizierungsinstitut

Die drei Schutzziele Blitzschutz, elektrische Sicherheit und elektromagnetische Verträglichkeit (EMV) wurden lange Zeit geradezu unabhängig voneinander in Planung und Ausführung von elektrischen Anlagen und Gebäudeinstallationen verfolgt. Die Anwendung komplexer elektronischer Einrichtungen der Automatisierungs- und Kommunikationstechnik sowie gesetzliche Regelungen bedingen eine gesamtheitliche Behandlung der drei Themen zum Wohle eines technisch und wirtschaftlich optimalen Ergebnisses. – Die VDE/VDI Gesellschaft GMM hat einen Leitfaden erarbeitet, der diesem Ziel dient. Er wird hier vorgestellt.

1 Elektromagnetische Verträglichkeit

Der Definition gemäß ist Elektromagnetische Verträglichkeit eine multilaterale Herausforderung, wie sie in **Bild 1** zu erkennen ist. Eine elektrische Einrichtung bzw. ein System wird in ihrer/seiner elektromagnetischen Umgebung dahingehend beurteilt, ob sie/es die einwirkenden Störgrößen erträgt und zufriedenstellend funktioniert und in diese Umgebung keine unzulässigen Störgrößen einbringt.
Die elektromagnetische Umgebung ist mit der Menge der in ihr herrschenden elektromagnetischen Phänomene zu beschreiben. Hierzu gehören die technisch erzeugten Störgrößen, aber auch die Nutzgrößen, wie sie z. B. von Sendefunkgeräten ausgehen. Auch die natürlichen Störgrößen gehören dazu. Sie entstehen mit nur bedingt kontrollierbareren Pegeln:
- Der nukleare elektromagnetische Impuls entsteht in großer Höhe (120 km) durch Zündung einer Kernwaffe und wirkt sich in terrestrischen Systemen aus.
- Elektrostatische Aufladung entsteht durch Ladungstrennung zwischen bewegten Teilen und führt zur Entladung statischer Elektrizität (ESD).
- Der Blitz infolge einer atmosphärischen Entladung hat eine hohe elektrische Feldänderung zur Folge; insbesondere aber ist es der hohe Impulsstrom, der direkt und indirekt Störgrößen in elektrischen Installationen erzeugt.

Elektromagnetische Verträglichkeit ist dann erreicht, wenn die Störgrößen an einer Störsenke (siehe Bild 2) unterhalb deren Störschwelle bleiben und vice versa wenn die Störaussendung einer Störquellen unter dem vereinbarten zulässigen Maß liegt.

Für die von technischen Betriebsmitteln ausgehenden Störgrößen kann heute gesagt werden, daß die Phänomene bekannt sind und entsprechende Gerätenormen sowohl die Begrenzung der Störgrößen, als auch die notwendigen Störfestigkeitsanforderungen gegen sie festlegen.

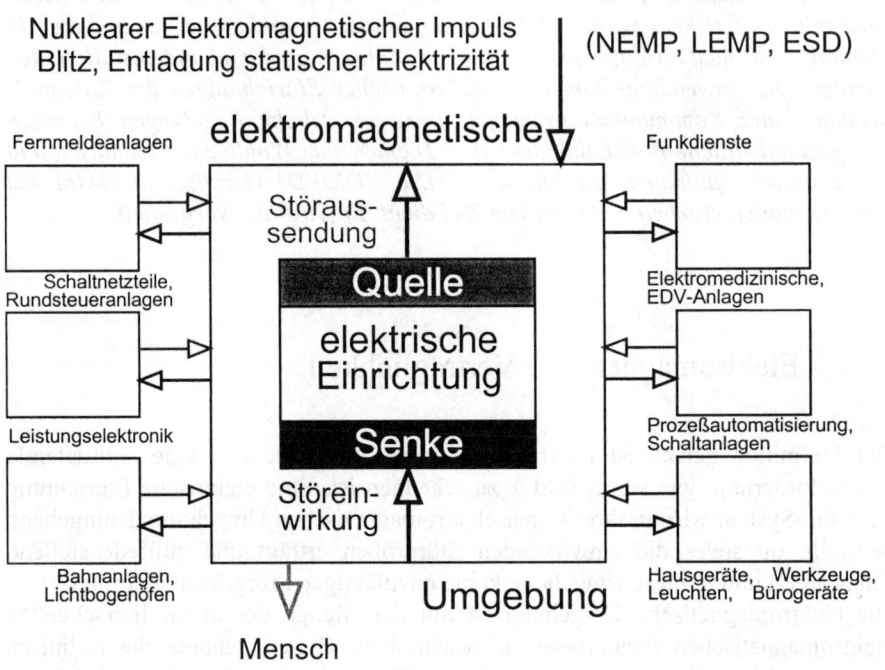

Bild 1 Multilaterales Beeinflussungsmodell

Zwischen zwei Einrichtungen besteht eine Kopplung, deren Eigenschaften durch die Infrastruktur der Umgebung, durch die elektrische Installation und die ausbreitungsrelevanten Gebäudestrukturen gegeben sind.
Bild 2 zeigt auch auf, daß im Prinzip drei Freiheitsgrade bestehen, um elektromagnetische Verträglichkeit herzustellen:
Entkopplungsmaßnahmen
- an der Störquelle,
- in der Infrastruktur,
- an der Störsenke.

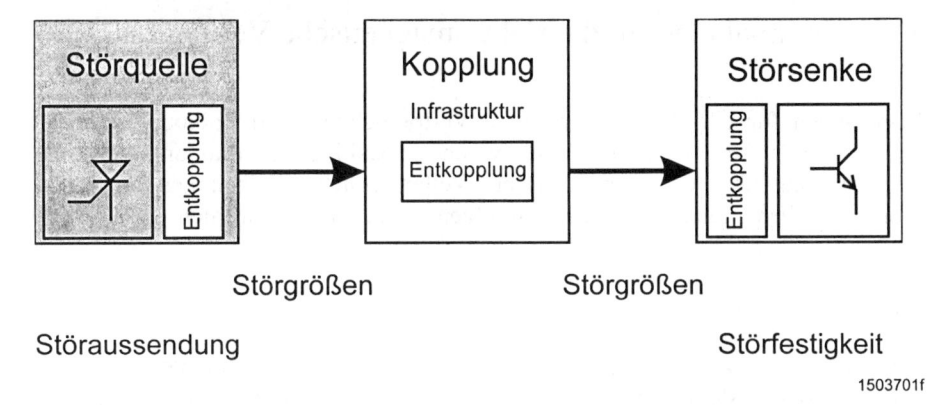

Bild 2 Bilaterales Beeinflussungsmodell

Die Normen zur Begrenzung der Störaussendung und für die Störfestigkeit von Geräten sind so bemessen, daß zwischen Geräten, die in einer bestimmten elektromagnetischen Umgebung üblicherweise vorkommen, elektromagnetische Verträglichkeit besteht, natürlich auch mit dieser Umgebung.
Elektromagnetische Verträglichkeit ist eine Produkteigenschaft, die unter wirtschaftlichen Gesichtspunkten optimiert werden muß. Das bedeutet, daß elektromagnetische Verträglichkeit in der Vielzahl der Geräteanwendungen und für eine angemessene Nutzungszeit sichergestellt sein muß. Umgekehrt heißt das:

- Es gibt Konstellationen, in denen EMV aufgrund der genormten Produkteigenschaften nicht sichergestellt sein muß.
  Beispiele: Ein leistungsstarker Sender wird in enger Nachbarschaft betrieben; ein System wird über einen weiteren Bereich der Infrastruktur installiert als üblich, Geräte werden in einer Umgebung betrieben, für die sie nicht bestimmt sind.

- Es gibt Ereignisse, bei denen EMV aufgrund der genormten Produkteigenschaften nicht sichergestellt sein muß.
  Beispiel: Phänomene im Zusammenhang mit atmosphärischen Entladungen

In solchen Fällen sind besondere Maßnahmen für die elektromagnetische Verträglichkeit nötig. Sie werden sich nicht auf die Gerte beziehen können, und es bleibt nur noch der einzige Freiheitsgrad: Gestaltung der Infrastruktur in der Weise, daß eine möglichst gute Entkopplung zwischen Störquellen und Störsenken innerhalb und außerhalb der Infrastruktur geboten ist.

2 Maßnahmen für die elektromagnetische Verträglichkeit

Maßnahmen für die elektromagnetische Verträglichkeit sind Entkopplungsmaßnahmen gegen die galvanische, induktive und kapazitive Beeinflussung sowie die Beeinflussung über elektromagnetische Wellen. Solche Maßnahmen führen zu grundsätzlichen Konzepten, wie sie im folgenden beschrieben werden.

2.1 Begrenzung

Spannungsbegrenzende Bauelemente werden vorteilhaft an Schnittstellen zu langen Übertragungsleitungen, die energiereichen Störgrößen ausgesetzt sind, zum Abbau der Energie angewandt werden.

Das in **Bild 3** gezeigte Anwendungsbeispiel zeigt zwei Begrenzungsmaßnahmen: Zunächst wird davon ausgegangen, daß außerhalb des zu schützenden Systems eine Leitung durch einen direkten Blitzschlag getroffen werden kann, dessen Strom sie zu tragen grundsätzlich imstande ist. Am Systemeingang – und dies sollte grundsätzlich die Gebäudegrenze sein – wird dieser Strom über den Blitzstromableiter wenigstens zum größten Teil gegen Erde abgeleitet. Ein Blitz-Teilstrom wird mit der entsprechenden Potentialanhebung in das Tiefere des Systems eindringen. Hierbei wird auch das Feld des primären Blitzstromes eine Rolle spielen und im inneren Systemteil eine Störspannung induzieren.

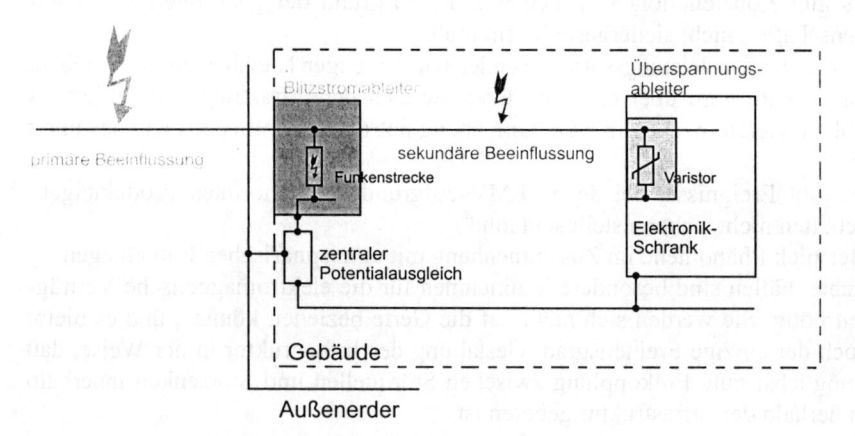

Bild 3 Blitzstromableitung und Überspannungsbegrenzung

Diese sekundäre Blitz-Störgröße wird nun am Eingang zur eigentlichen Signalverarbeitungseinrichtung begrenzt. Auch hier gilt, daß der Übespannungsableiter möglichst am Schrank- bzw. Geräteeingang anzuordnen ist, damit der Strom nicht tiefer in die Einrichtung eindringen kann, sondern den äußeren Weg zum Potentialausgleich nimmt.
Begrenzung ist Schutzmaßnahme! Beim Ansprechen des Schutzes werden die Signale der entsprechenden Stromkreise gestört:
- Es ist hinzunehmen, daß die Signalübertragung für die Ansprechdauer der Begrenzung unterbrochen ist. Redundanz der Übertragung möge diesen Verlust ausgleichen.
- Die entstehenden symmetrischen und verbleibenden asymmetrischen Störgrößen dürfen die Funktion der elektronischen Einrichtung nicht unzulässig beeinflussen.

2.2 Leitungstrasse

Leitungen unterschiedlicher Systemzugehörigkeit sind getrennt von einander zu verlegen. – Leitungen, die zum selben System gehören sind gemeinsam zu verlegen. Eine Trennung dieser Leitungen würde eine Fläche aufspannen, über die unnötig Störgrößen in das System eingekoppelt würden (**Bild 4**). Ansonsten möge die alte Regel, Starkstrom- bzw. Hochspannungsleitungen getrennt von Nachrichtenleitungen zu verlegen, ihre Gültigkeit behalten.

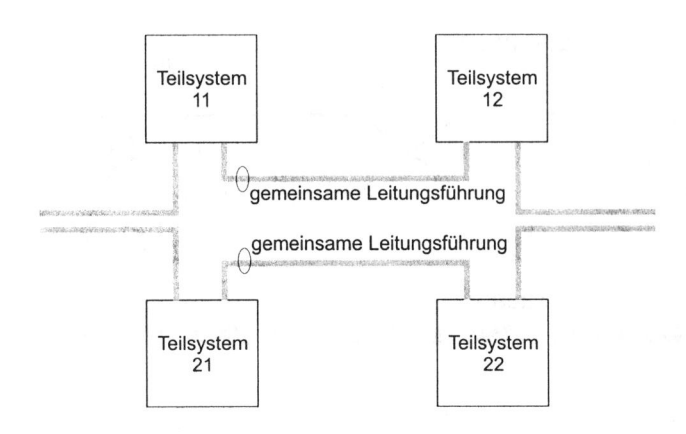

Bild 4 Gemeinsame Trassenführung systemidentischer Leitungen

2.3 Leitungsbetrieb

Symmetrisch betriebene Leitungen haben eine höhere Entkopplungsdämpfung als unsymmetrisch betriebene. Unberührt hiervon ist allerdings die asymmetrische Kopplung, die nicht direkt im Signalkreis wirksam werden muß, sondern tiefer in die Schaltung vordringt bzw. herausführt. Dies gilt für jede Art von Leitung, Stromversorgungsleitungen, wie Signal- und Datenleitungen.

Bild 5 zeigt eine symmetrische Leitung; sie besteht aus einem verdrillten Leiterpaar, das bezüglich induktiver und kapazitiver Kopplung die bekannten günstigen Eigenschaften besitzt: Die Störspannung U_d wird beliebig klein sein. Genauso wichtig wie die Symmetrie der Leitung selbst ist ihr symmetrischer Betrieb, d. h. beide Leiter müssen gegenüber Masse gleich große Impedanzen finden. Dies ist in Bild 5 der Fall. Der Verstärker hat einen geringen Ausgangswiderstand, beide Leiter haben also auf der linken Leitungsseite eine geringe Quellimpedanz. Der symmetrische Betrieb bleibt auch erhalten, wenn der Signalkreis über die Brücke PA mit Masse verbunden wird.

Auf der rechten Seite ist die Leitung mit hoher Impedanz gegen Masse abgeschlossen. Bei geschlossener Brücke PA entsteht am rechten Leitungsende die gesamte induzierte Störspannung U_{20}. (Die kapazitiv eingekoppelte Störspannung ist wegen des Kurzschlusses PA null!) Die asymmetrische Störspannung U_{20} fällt über der Potentialtrennung durch den sekundärseitig mit Masse verbundenen Übertrager ab, längs zur Leitungsrichtung: als sogenannte Längsspannung.

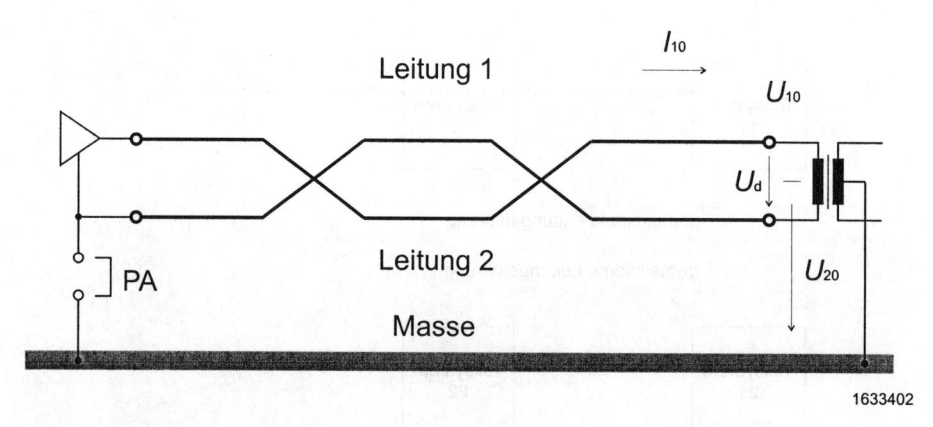

Bild 5 Symmetrisch betriebene Leitung

Geht die Überlegung bei Bild 5 eher in die Richtung, daß durch eine zweite (hier rechtsseitige) Verbindung zur Masse die Symmetrie der Leitung gestört würde, daß ein Strom, der über die Masse fließt, auch zum Teil durch den einen Leiter der Leitung 2 flösse, vermeidet die dem Fall in Bild 6 zugrunde gelegte Forderung die Auskopplung einer Störgröße aus dem Nutzstromkreis in das Massesystem. ·

Gilt diese Betrachtung zunächst für **Signalleitungen**, so ist sie auch auf **Netzleitungen** anzuwenden. Das Prinzip ist in beiden Fällen dasselbe:
- Der Nutzstrom soll in seinem Leitersystem erhalten bleiben, Hin- und Rückleiter tragen denselben Strom;
- die Verquickung von Stromkreisen ist zu vermeiden.

Nicht nur im Zusammenhang mit Stromrichtergeräten, sondern auch mit "ganz normalen" Lasten spielen vagabundierende Lastströme eine wesentliche Rolle bei der Beeinflussung fremder Gewerke; sie verursachen Potentialverschiebungen im Massesystem und konzentrierte magnetische Felder.

Bei Neuplanungen und bei Änderungsplanungen ergibt sich die Gelegenheit, ein konsequentes TN-S-System aufzubauen. Die Betonung liegt bei dem Wort *konsequent*! Die Bestimmungen aus VDE 0100 betrachten die Netzform nur aus dem Gesichtspunkt der elektrischen Sicherheit. In der praktischen Ausgestaltung führt dies dann meist zu folgender der Bestimmung nach durchaus zulässigen Struktur:
- Erdung des Mittelpunktleiters (N) direkt am Verteilungstransformators,
- Vier-Leiter-Verbindung (L1, L2, L3, PEN) zur Niederspannungs-Hauptverteilung: Das ist eine TN-C-Verbindung!
- Bildung eines lokalen TN-S-Systems (L1, L2, L3, N, PE), Erdungsanschlüsse von Massestrukturen,
Abgänge zu Niederspannungs-Unterverteilungen in Vier-Leiter-Verbindungen (L1, L2, L3, PEN): Das ist wieder eine TN-C-Verbindung!
- Bildung lokaler TN-S-Netze (L1, L2, L3, N, PE) in den Unterverteilungen, Erdungsanschlüsse von Massestrukturen. In diesem Fall spricht man insgesamt von einem TN-C-S-System.

Die Konsequenz ist, daß N-bezogene Lastströme aus den Verbrauchern der Unterverteilungen nicht nur den Weg über die PEN-Leiter zurück zur Hauptverteilung finden, sondern zu einem erheblichen Teil auch über die untereinander und mit den PE-Schienen der Unterverteilungen verbundenen Massestrukturen (Rohrsysteme, Zwischenböden, Handläufe) fließen. Diese vagabundierenden Ströme fehlen aber im Leitungssystem und führen zu einem entsprechenden Magnetfeld um die Leitung und um die Leitungsstruktur der Masse. Magnetische Feldstärken von 5 A/m längs Heizungsrohren sind keine Seltenheit.

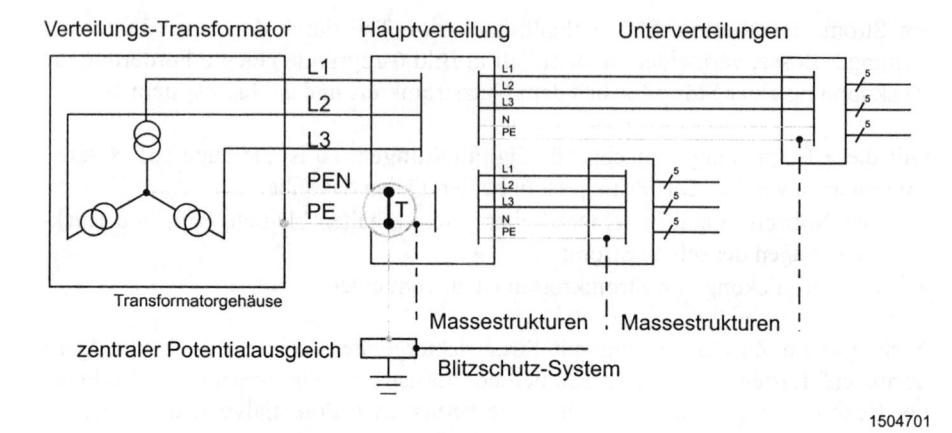

Bild 6 Konsequente Anwendung des TN-S-Systems

So ist es richtig (**Bild 6**):
Grundsätzlich werden Fünf-Leiter-Verbindungen ausgeführt (L1, L2, L3, N, PE): vom Transformator zur Hauptverteilung, von hier zu den Unterverteilungen.
Der zentrale Potentialausgleich wird in der Hauptverteilung durchgeführt.
Dieses Prinzip läßt sich auch für weitere Einspeisungen (**Bild 7**) mit einem oder mehreren zusätzlichen Verteilungstransformatoren und einem oder mehreren Generatoren fortführen. Dabei ist darauf zu achten, daß der mit dem Sternpunkt verbundene Neutralleiter (N) immer als aktiver Leiter zu behandeln ist. Er ist im TN-System in der Hauptverteilung mit dem Erdungssystem verbunden. Einen PEN-Leiter **scheint** es in diesem Sinne nicht zu geben. Dennoch hat der Neutralleiter zwischen dem Sternpunkt des Transformators und der zentralen Erdverbindungsstelle (T) **Schutzfunktion**, weil sie im Fehlerfall der Schutzklasse I den Auslösestrom für die Sicherung tragen muß und weil eine Unterbrechung dieser Leitung zu einem unbestimmten Potential der Außenleiter führen würde. Die Normung sieht vor, den N-Leiter in diesem Bereich als PEN-Leiter zu bezeichnen.
In Bild 7 sind keine Schalt- und Schutzvorrichtungen eingezeichnet, um das Prinzip deutlich erkennbar zu erhalten.

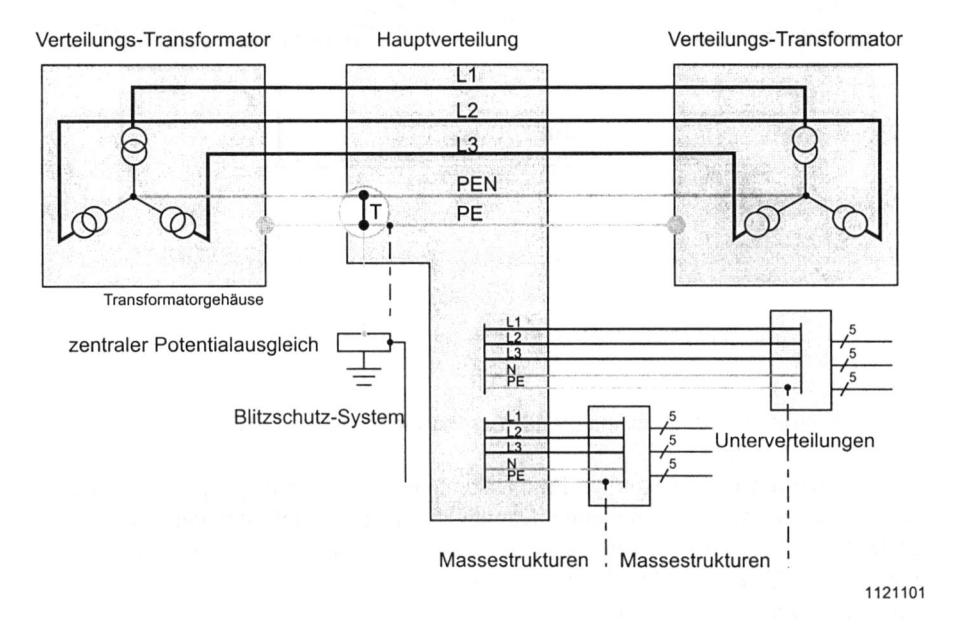

Bild 7 Konsequente Anwendung des TN-S-Systems mit mehreren Einspeisungen

2.4 Schirmung

Ein elektromagnetischer Schirm hat die Aufgabe, entweder ein in seinem Innern erzeugtes elektromagnetisches Feld zu schließen und an seiner Ausbreitung zu hindern oder einen Raum frei von außen wirkenden Feldern zu schaffen. Dies gilt für Gehäuseschirme wie für Leitungsschirme, die man sich gleich am besten als die Fortsetzung von Gehäusen vorstellen möge (**Bild 8**).

Einseitig mit Masse verbundene **Leitungsschirme** wirken nur gegen kapazitive Kopplungen und bringen einen nennenswerten Erfolg nur, wenn der geschirmte Stromkreis wenigstens auf einer Seite der Leitung keine Verbindung zur Masse hat. Beidseitig aufgelegte Schirme wirken auch gegen die induktive Kopplungskomponente. Nur bei niederfrequenten Signalen geringer Spannung ist die einseitige Schirmung mit Potentialtrennung zu bevorzugen.

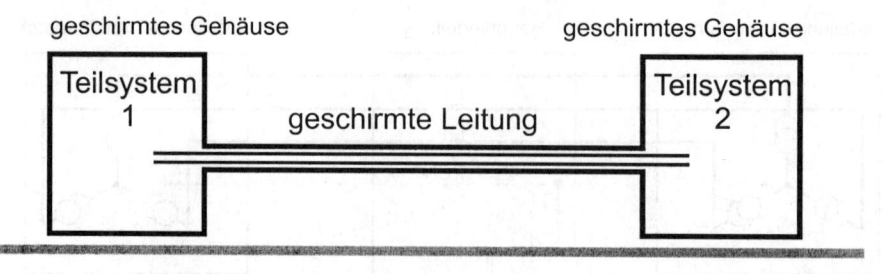

Bild 8 Gehäuse- und Leitungsschirme

Gehäuseschirme, die auch magnetisch entkoppeln sollen, müssen aus gut leitendem Material bestehen.
Schirme wirken nur gegenüber Frequenzen, deren Wellenlänge groß gegenüber der Schirmabmessung (Kabellänge, Kantenlänge) ist! Je nach Stehwellenverhältnis ist der Stromfluß je nach Frequenz groß oder verschwindend klein, die Schirmwirkung also im Zweifelsfall nicht mehr erheblich.
Bei Leitungsschirmen erscheint diese Einschränkung zunächst erschreckend. Doch in der Realität kommt zu dieser Einschränkung der Schirmwirkung, daß die Signalleitung im Innern der geschirmten Leitung bei hohen Frequenzen außerordentlich stark gedämpft wird: Was „unterwegs" eingekoppelt wird, hat keine Chance, die Störsenke mit nennenswertem Pegel zu erreichen. Was am Ende der Leitung innen noch wirksam geleitet werden sollte, müßte am Ende eingekoppelt werden. Und hier darf der Schirm als elektrisch kurze Leitung betrachtet werden. Er wirkt, so gut der Schirm selbst ist und so gut er mit der Masse am Eingang der Störsenke verbunden ist.
Die analoge Betrachtung gilt freilich auch für die Aussendung.

2.5 Schaltschrank

Das Prinzip des einzigen Schnittstellenorts ist auch im Schaltschrank fortzuführen. In **Bild 9** befindet sich unten an der Einführung zunächst die PE-Schiene, an die alle inneren und äußeren Schutzleiter angeschlossen werden. In nächster Nachbarschaft befindet sich die Schiene für die Überspannungsableiter. Dann kommt die Schiene zum Auflegen der Leitungsschirme. Alle drei Schienen sind mit der Montageplatte impedanzarm verbunden. Auf diese Weise entsteht im Schaltschrank ein flächiges Massesystem.
Von unten nach oben folgen die Bereiche der Schalt- und Schutzgeräte, dann die Ein- und Ausgabegeräte, zu denen prinzipiell auch die Netzteile und leistungselektronische Betriebsmittel gehören.

Ganz oben sind die Signalverarbeitungsgeräte angeordnet. Oft führen zu ihnen die geschirmten Leitungen. Es ist sinnvoll, den unten aufgelegten Schirm nach oben weiterzuführen und dort an dem dafür vorgesehenen Anschluß nochmals aufzulegen. So entsteht die Schirmwirkung für hohe Frequenzen, die z. B. in den Schaltgeräten unten entstehen.

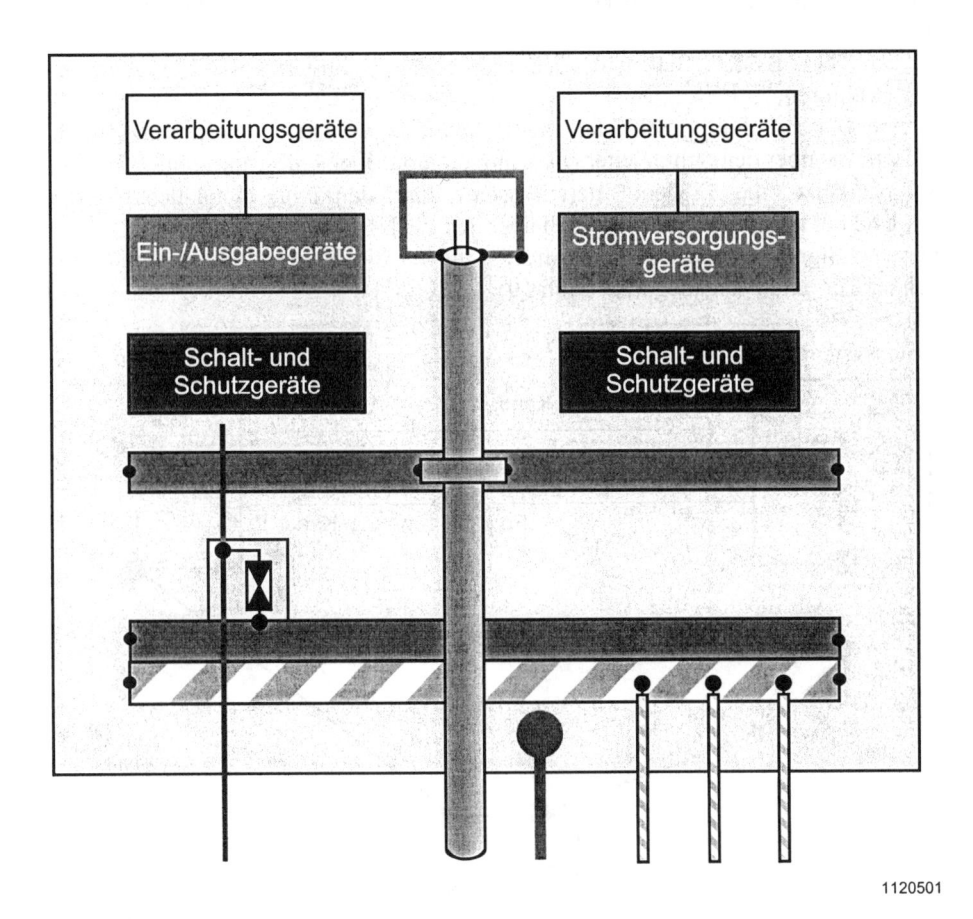

Bild 9 Prinzipielle Einteilung eines Schaltschranks

2.6 Sternförmige Massesysteme

Um systemfremde Ströme fernhalten zu können, muß die Sternform verfolgt werden, mit der Konsequenz, daß zwischen den Teilsystemen Potentialunterschiede entstehen.
Solche Potentialunterschiede können auf unterschiedliche Weise zustande kommen:
- Im TN-C-System fließen Betriebsströme über elektrisch leitfähige Gebäudestrukturen;
- bei Masseschluß im Fehlerfall fließen in allen TN-Systemen hohe Kurzschlußströme über den Schutzleiter (PE) und leitfähige Gebäudestrukturen;
- bei Blitzschlag fließen Blitz(teil)ströme durch leitfähige Gebäudestrukturen und bei allen TN-Systemen auch über den PE(N)-Leiter.

Für den Signalaustausch bedeutet dies zwingend die Verwendung potentialtrennender Ein- und Ausgabegeräte (**Bild 10**).

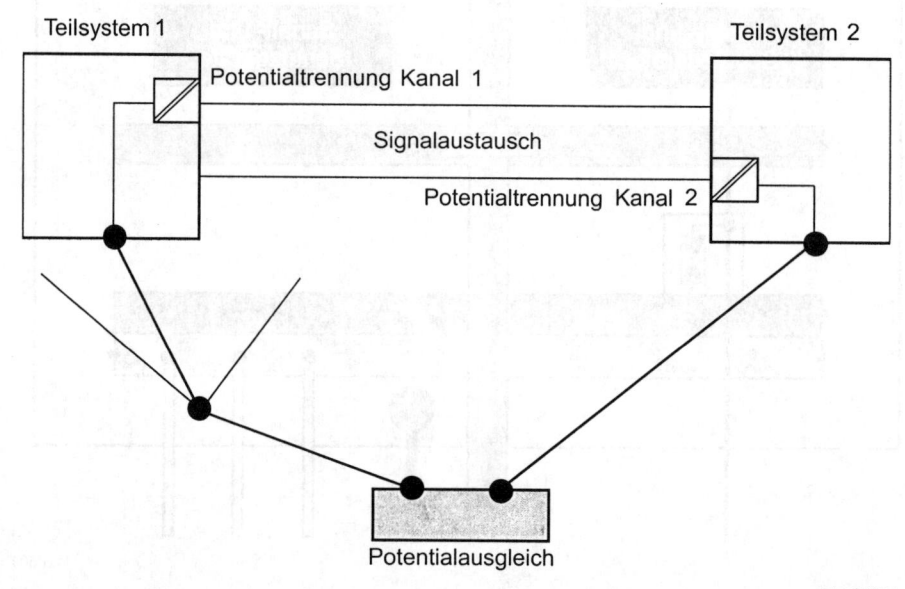

1136401
Bild 10 Signalaustausch zwischen Teilsystemen mit sternförmig zentraler Erdung

Sollen zur Datenverbindung zwischen diesen Systemen **geschirmte Leitungen** verwendet werden, dürfen diese **nur einseitig** mit Masse verbunden werden. Sonst würden Potentialausgleichströme über diese Schirme fließen, und das sternförmige

System würde vermascht. Es wäre somit seine Struktur im Sinne einer Revision nicht mehr nachzuweisen. In besonderen Fällen könnte es zu einer thermischen Zerstörung der Schirme kommen.

2.7 Gestuftes Massesystem

Bedenkt man die Probleme, die bei einem sternförmigen Massesystem alleine schon durch die Induktivität der langen Potentialausgleichsleiter entstehen, wird man in einem flächenförmigen oder maschenförmigen Massekonzept das Optimum für eine der EMV förderliche Infrastruktur erkennen. Nach dem Schalenmodell wird dasselbe Prinzip vom Gebäude bis auf die Leiterplatte angewandt. In **Bild 11** ist das Prinzip veranschaulicht.

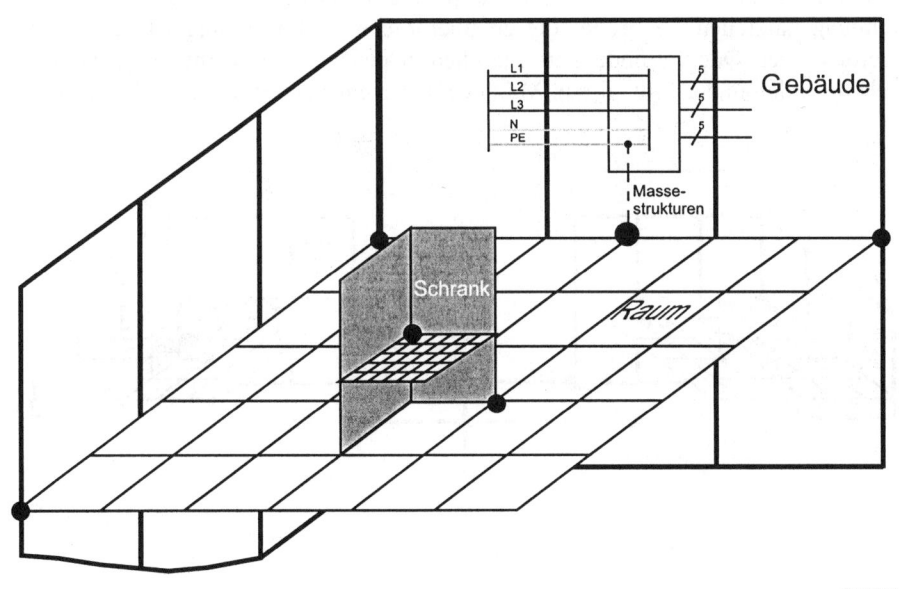

Bild 11 Gestuftes Massesystem mit Unterverteilung

Indem jede Fläche zum Potentialausgleich genutzt wird, wirkt das Gebäude mit seinen genutzten Armierungen bereits als „geschirmter Raum", allerdings nur im Bereich der niedrigen Frequenzen, entsprechend der Maschenweite in der Größenordnung von 10 m. Doch in diesem Frequenzbereich liegen die energiereichen Anteile eines Blitzimpulses.

Wird in einem Raum insbesondere vernetzte Elektronik betrieben, kann im Doppelboden mit einfachen Mitteln eine Massefläche mit einer Maschenweite von ca. 2 m realisiert werden. Dieses Massesystem ist mit dem Gebäude-Massesystem direkt zu verbinden. Es ist sinnvoll, die Leitungen längs dieser Masseleiter zu verlegen.
Die nächst kleinere Schirmgröße ergibt sich durch die Abmessungen der Schaltschränke, die ihrerseits mit dem Boden-Massesystem verbunden sind. So setz sich die Verkleinerung der Maschenweite nach innen fort, an die Stellen im System, die als Quelle oder Senke für hohe und höchste Frequenzen relevant sind.
Beinhalten benachbarte Gebäude Anlagen, die mit einander elektrisch verbunden werden sollen, ist dem Potentialausgleich zwischen den Massesystemen der beiden Gebäude besondere Aufmerksamkeit zu zollen. Die Konsequenz ist in **Bild 12** zu sehen. Hier sind die beiden Potentialausgleichssysteme mit einander verbunden. Die Verbindung ist über mehrere Leiter parallel hergestellt, die eine flächige Verbindung darstellen. Je größer die zu überbrückende Entfernung ist, desto öfter werden über Querverbindungen Maschen realisiert. Die Verbindungsleitungen selbst werden in der Mitte dieser Maschen, längs einem Verbindungsleiter verlegt.

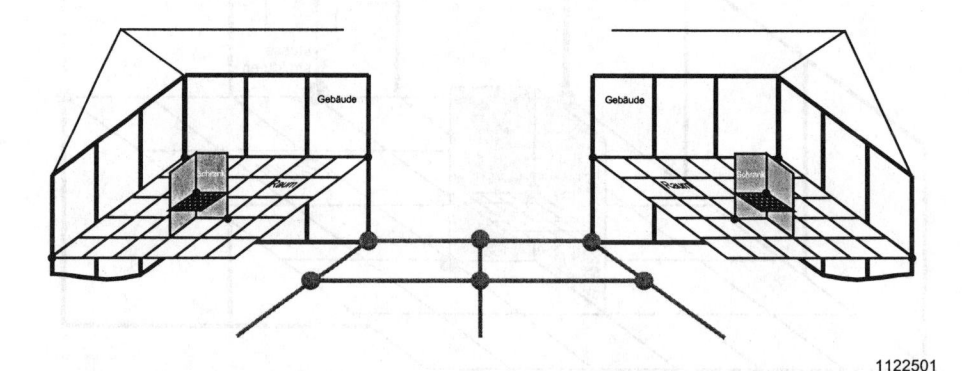

Bild 12 Potentialausgleich zwischen Gebäuden

3 Planung der elektromagnetischen Verträglichkeit

Die drei Schutzziele Blitzschutz, elektrische Sicherheit und elektromagnetische Verträglichkeit (EMV) wurden lange Zeit geradezu unabhängig voneinander in Planung und Ausführung von elektrischen Anlagen und Gebäudeinstallationen verfolgt. Die Anwendung komplexer elektronischer Einrichtungen der Automatisierungs- und Kommunikationstechnik sowie gesetzliche Regelungen bedingen eine gesamtheitliche Behandlung der drei Themen zum Wohle eines technisch und wirtschaftlich optimalen Ergebnisses.
Die VDE/VDI-Gesellschaft GMM hat einen Leitfaden erarbeitet, der diesem Ziel dient. Er wird hier vorgestellt.

3.1 Wirtschaftliche Bedeutung

Ein Bauvorhaben, einerlei ob es sich um eine Produktionseinrichtung oder um eine komplexe Gebäudeanlage handelt, verursacht während der Bauphase Kosten, denen keine Einnahmen gegenüberstehen. Also ist es das Bestreben des Bauherrn, diese Phase so kurz wie möglich zu halten. Zwei Ziele werden verfolgt:
- nutzungsgerechte Errichtungskosten,
- termingerechte Indienststellung.

3.2 Technische Bedeutung

Die klassische Anlagenplanung kennt die beiden Schutzziele
- elektrische Sicherheit,
- Blitzschutz, Überspannungsschutz.

Das jüngste Schutzziel
- elektromagnetische Verträglichkeit

hat zwar durch das EMV-Gesetz an Bekanntheit gewonnen, ihre rechtzeitige und durchgängige Beachtung bei der Planung von Anlagen ist aber noch nicht hinreichend zur Selbstverständlichkeit aller Projektbeteiligten geworden. Die Folge ist, daß insbesondere heterogene Anlagen spätestens bei der Inbetriebnahme der einzelnen Gewerke Probleme aufwerfen.

3.3 Planungslogistik

Vom Wesentlichen zum (durchaus nicht unwesentlichen) Detail führt die Topdown-Methode. Hierbei handelt es sich aber in erster Linie um eine Analyse-Methode. Sie bezieht sich also von ihrem Prinzip her auf bestehende, fertige Sachverhalte. Der Planer darf aber nicht warten, bis Fakten geschaffen sind, bedenkt man doch, daß die eigentlichen Detailplanungen erst im Laufe des Baufortschritts vorgenommen werden, wenn also gewisse Details bereits im wahrsten Sinne des Wortes fest betoniert und damit optimale Lösungen verbaut sein können. „Hätte man das früher gewußt, wäre es ganz einfach und vor allem billiger gewesen ..."
Bild 13 verschafft einen Eindruck über die mögliche Kostenentwicklung für EMV-Maßnahmen, wenn diese erst spät im Projektfortschritt (siehe 3.4) aufgegriffen werden.

Maßnahmen für die EMV müssen möglichst frühzeitig im Projektablauf wahrgenommen werden. EMV-Maßnahmen werden um so teurer, je später ihre Notwendigkeit erkannt wird und je mehr Hindernisse bzw. – im wörtlichen Sinn – verbaute Chancen einer technisch und wirtschaftlich optimalen Lösung im fortgeschrittenen Projekt entgegenstehen.

Eigentlich ist es die Aufgabe des Generalunternehmers, Einzelforderungen zu einem Gesamtkonzept zusammenzuführen, Einzelmaßnahmen mit gemeinsamen Auswirkungen aufeinander abzustimmen. Aber es ist auch die Aufgabe jeden Fachmannes, auf die Zusammenhänge der Einzelmaßnahmen hinzuweisen, die in seinem Verantwortungsbereich liegen und Auswirkungen auf die Gestaltungsmöglichkeiten seines Nachfolgers im Projekt haben. Entsprechend muß ein Fachmann die optimalen Vorbedingungen einfordern, solange sie noch realisierbar sind. Ein kleines Beispiel:

Die Vorteile des Blitzschutz-Potentialausgleichs durch Verbinden der Armierungen sind bekannt. Das Durchverbinden aller elektrisch leitfähigen Konstruktionsteile ist eine Notwendigkeit, ebenso die Verbindung zum Blitzschutz-Potentialausgleich. Auch die elektrische Installation braucht die Verbindung des Schutzleiters mit Erde. Auch die elektronischen Gewerke benötigen einen wirkungsvollen Potentialausgleich. – Wie schön wäre es, wenn der Errichter des Blitz-Schutzsystems an den richtigen Stellen seinen Nachfolgern den Zugang zum Potentialausgleichsystem geschaffen hätte. Hätte man es ihm doch gesagt, *daß* und *wo*. Warum hat er nicht danach gefragt?

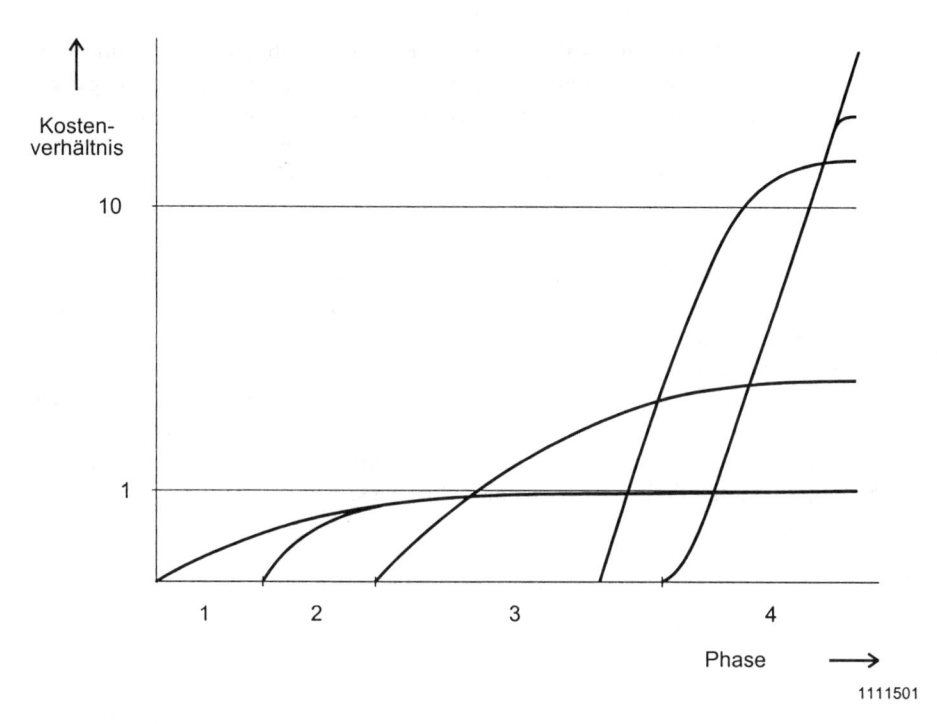

Bild 13 EMV – Je später, desto teurer!

Zur rechten Zeit planen heißt, von Anfang an daran gedacht zu haben. Gewiß ist da ein bißchen Kunst dabei, aber im Deutschen ist ja die Rede von Ingenieuren und Technikern: Beide haben es mit Geist und Kunst zu tun. Geist und Kunst lassen sich nicht bevormunden, aber zum Erfolg mag ein roter Faden willkommen sein: Das will der *Leitfaden zur Planung der EMV von Anlagen und Gebäudeinstallationen* der VDE/VDI GMM leisten.

3.4 Projektphasen

Eine Anlage entsteht in vier Phasen:
1. Die **Vorprojektphase** dient zur Klärung der Aufgabenstellung und führt zur Ausschreibungsunterlage.
2. Die **Angebotsphase** dient zunächst der Prüfung, ob mit den Angaben der Ausschreibung die Aufgabenstellung für die Erstellung eines verläßlichen Angebots hinreichend beschrieben ist, und führt schließlich zu einem verbindlichen Angebot.

3. Während der **Realisierungsphase** werden Einzelmaßnahmen geplant und umgesetzt. Hierbei spielen technische, wirtschaftliche und terminliche Vorgaben, ihre Umsetzung und entsprechende Prüfungen eine hervorragende Rolle.
4. Die **Betriebsphase** ist geprägt durch gegebenenfalls notwendige Nachbesserungen und durch Erweiterungen der Anlage. Hierbei ist eine vorangegangene und gut dokumentierte EMV-Planung unbedingt wichtig.

Es gilt, in allen Projektphasen die spezifischen Aufgabenstellungen für die EMV zu erkennen und zu formulieren. In dieser Weise fördert dieser Leitfaden den notwendigen Informationsfluß im gesamten Projekt. Durch die Thematisierung für die EMV bedeutsamer Fragen wird die Planung der EMV systematisiert und damit kontrollierbar. Der Aufbau des Leitfadens orientiert sich am üblichen Ablauf des Projekts, entsprechend den vier Phasen. Bewußt zwingt er der Bearbeitung der EMV keinen organisatorischen Rahmen auf, sondern ermöglicht die Anpassung an Umfang und Besonderheiten des einzelnen Projektes.

4 etz-Report 33: Leitfaden zur Planung der EMV von Anlagen und Gebäudeinstallationen

Der GMM-Leitfaden zur EMV-Planung von Anlagen und Gebäudeinstallationen wird in seinem Aufbau vorgestellt:

4.1 Struktur des Leitfadens

Die Struktur des Leitfadens folgt den vier Projektphasen (Hauptabschnitte 1 bis 4), also dem zeitlichen Ablauf des Projekts. Hierzu sei auch auf Bild 14, im oberen Teil verwiesen. Die Untergliederung der Hauptabschnitte orientiert sich dann aber nicht an einer zeitlichen Untergliederung, sondern an technischen Inhalten. Das bedeutet, daß immer der ganze Hauptabschnitt zur selben Zeit relevant ist.

4.2 Inhalte des Leitfadens

Der Leitfaden führt den Benutzer durch die planungsrelevanten Fragen und gibt so dem auf dem Gebiet der EMV-Planung schon erfahrenen Anwender die Sicherheit, alle wichtigen **Fragen** aufgegriffen zu haben; für den Einsteiger geben die **Hinweise** eine grundsätzliche Information über die technischen Zusammenhänge. Verträglichkeit ist zu einem hohen Maße Vereinbarungssache, auch die elektromagnetische Verträglichkeit. Deshalb können in den **Verweisen** vielfach Normen im weitesten Sinne angegeben werden, die den anerkannten Stand der Technik wiedergeben, in Lieferbedingungen zitiert und der eigenen Arbeit zu Grunde gelegt werden können.

4.3 Zur Anwendung des Leitfadens

Die Anwendung des Leitfadens begleitet das ganze Projekt. Dabei wird der Leitfaden nicht einmal, sondern der Detaillierung des Projektes folgend immer wieder durchgearbeitet:
- von jedem neuen Projektbeteiligten,
- auf jeder neuen Planungsebene.

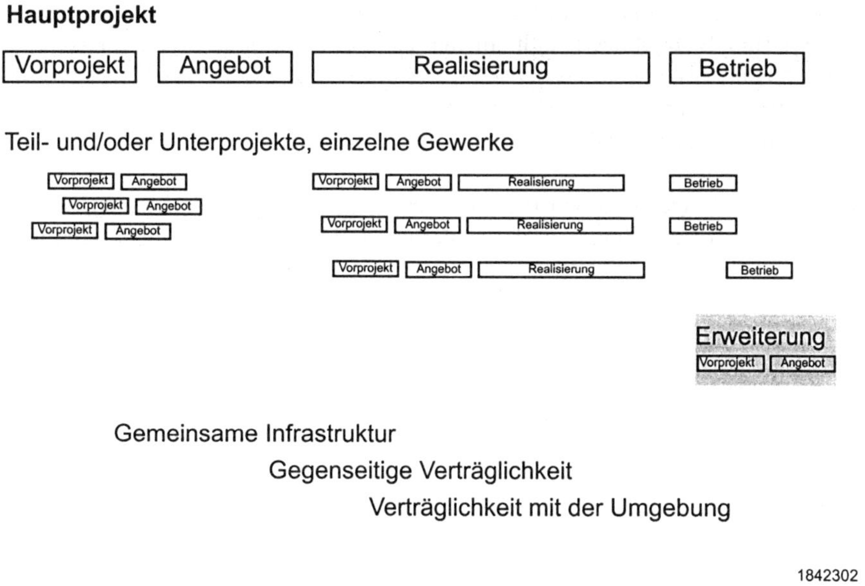

Bild 14 Die Anwendung des fraktalen Prinzips auf die EMV-Planung

Das bedeutet, daß die Belange der EMV immer wieder auf die im wesentlichen gleiche Weise durchgearbeitet werden, jedoch mit einem zunehmenden Grad der Detaillierung. **Bild 14** zeigt die Anwendung dieses Prinzips auf die EMV-Planung eines gesamten Projekts. Ob einem Generalunternehmer das gesamte Projekt übertragen wird und dieser Unterprojekte mit Unterauftragnehmern bildet, oder ob der Bauherr selbst verschiedene Teilprojekte vergeben will, es geht immer darum, daß alle Gewerke eine gemeinsame Infrastruktur haben werden, untereinander und mit der gesamten Umgebung verträglich sein müssen.

4.4 Das Arbeiten mit dem Leitfaden

Der Einstieg für jedes (Teil)Projekt ist immer der Leitfaden. Die im Leitfaden aufgeworfenen Fragen stellen eine weitestgehende Umsicht sicher, und anhand der Hinweise wird ein Verständnis für die technischen und formalen Zusammenhänge so geschaffen, daß Maßnahmen abgeleitet werden können, wo Handlungsbedarf erkannt wird.
Der Leitfaden soll nicht als Lehr- oder Handbuch verstanden werden. Er soll dem Planer als Arbeitsblatt dienen, in das er seine Vermerke direkt einträgt. **Bild 15** zeigt einen Auszug aus dem Leitfaden, der sich noch in der Vorprojektphase mit Fragen zum Blitzschutz befaßt. In der letzten Spalte sind Erledigungsvermerke einzutragen, z. B.
- klären mit Herrn X oder Konsorten,
- dokumentiert in XYZ,
- erledigt oder ✓.

Hinter jeder Frage sollte vor der Ausschreibung also ein ✓ erscheinen. Wo nicht, bleibt ein „*Claim*" offen, über das später im Hinblick auf Kosten gestritten werden könnte.

Frage	Hinweis	Verweis	Erl.
1.3.2 Blitzschutz			
1.3.2.1 Gebäude-Blitzschutz			
• Welche Blitzschutzklasse ist zu berücksichtigen?	Abstimmung mit Eigentümer und allen Fachgewerken	IEC 61662 (E DIN VDE 0185 Teil 101 in Vorbereitung)	*?*
• Besteht eine Fangeinrichtung - Fangmasche, - Fangstangen, - isoliert, - teilisoliert, - gebäudeintegriet?	Bei isolierter bzw. teilisolierter Fangeinrichtung lassen sich die Anforderungen an die Sicherheitsabstände vereinfacht sicherstellen.	DIN VDE 0185 Teil 100	*ja* *Plan* *4711*
• Werden Betonbewehrungen oder Metallfassaden als elektromagnetische Schirmungen ausgeführt?	Mit einer durchverbundenen Betonbewehrung bzw. Metallfassade kann eine sehr wirksame elektromagnetische Schirmung erreicht werden.	E DIN VDE 0185 Teil 104	*nein*
• Werden Ableitungen in der Fassade integriert nach unten geführt?	Ableitungen hinter einer elektromagnetischen Schirmung heben deren Wirkung vollständig auf.	E DIN VDE 0185 Teil 100, Teil 104	*ja*
• Ist ein Fundamenterder installiert?	Mit einem Fundamenterder lassen sich niedrige Erdungswiderstände erreichen.	DIN VDE 0185 Teil 100, DIN 18014, DIN EN 50114 DIN VDE 0151	*ja* *Plan* *4711*
• Sind alle von außen kommenden metallenen Systeme in den Potentialausgleich / Blitzschutz-Potentialausgleich einbezogen?	Hierzu gehören Kabelarmierungen, Kabelschirme, metallene Rohrleitungen, Kabeltrassen usw..	DIN VDE 0100 Teil 444 DIN VDE 0185 Teil 100	*nein* ¹⁾
• Sind alle von außen kommenden elektrischen Systeme in den Potentialausgleich / Blitzschutz-Potential-ausgleich einbezogen?	Das Einbeziehen dieser leitfähigen Systeme muß den Beanspruchungen von erheblichen Blitzteilströmen standhalten (Klemmen, Verbinder, Blitzstrom-Ableiter).	DIN VDE 0100 Teil 444 DIN VDE 0100 Teil 534/A1 DIN VDE 0185 Teil 100 DIN VDE 0675 Teil 6	

1942403

Bild 15 Auszug aus dem Leitfaden

5 Schlußbetrachtung

Damit zusammenwächst, was zusammengehört!

Die Planung des Blitzschutzes und die Planung der elektromagnetischen Verträglichkeit hat gemeinsame Wurzeln. Ihre Grundlagen zeigen sich in den beiden nachfolgenden Bildern:
Bild 16 zeigt Blitzschutzzonen mit der Beziehung zu ihrer Exposition zum originären Phänomen, dem Blitz. Er selbst ist nicht planbar, aber man kann Bedrohungsdaten zugrundelegen und durch Entkopplungsmaßnahmen Zonen geringerer Beanspruchungen schaffen.

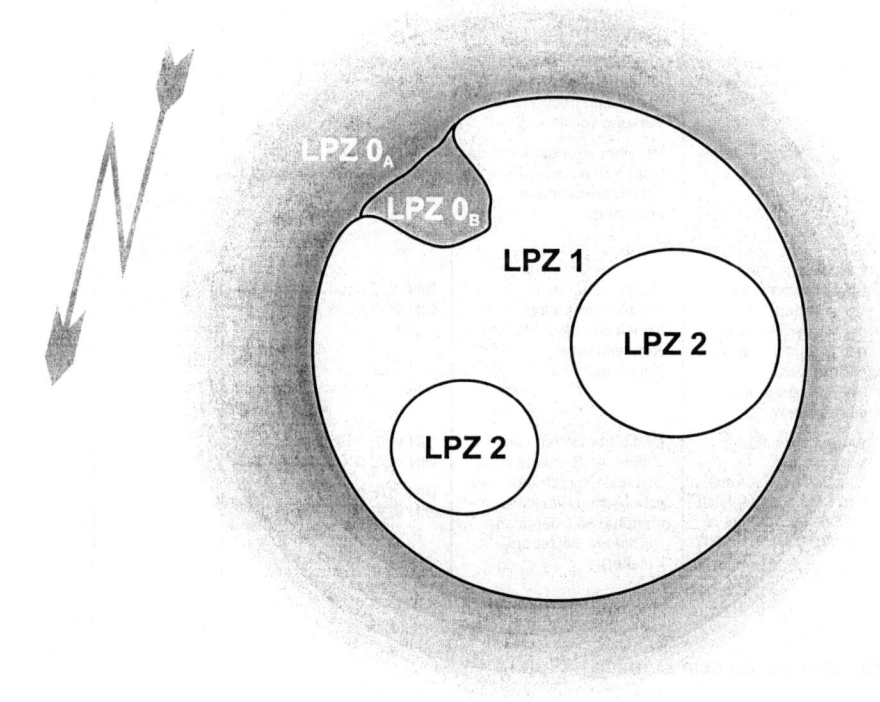

Bild 16 Blitzschutzzonen nach VDE 0185 Teil 103

Bild 17 zeigt Bereiche, in denen für elektromagnetische Verträglichkeit gesorgt ist, in der Weise, daß entsprechend der Störfestigkeit angewandter Technologien die Störaussendung von Funktionseinheiten gegrenzt wird. Dieses Verfahren von innen nach außen funktioniert natürlich nur, solange die Systemumgebung planbar ist. Es stößt nach außen an seine Grenzen, wenn Störgrößen einfach so herrschen, wie sie entstehen, z. B. der Burst am Lichtschalter.
Hier ist dieselbe Situation wie beim originären Blitz erreicht.

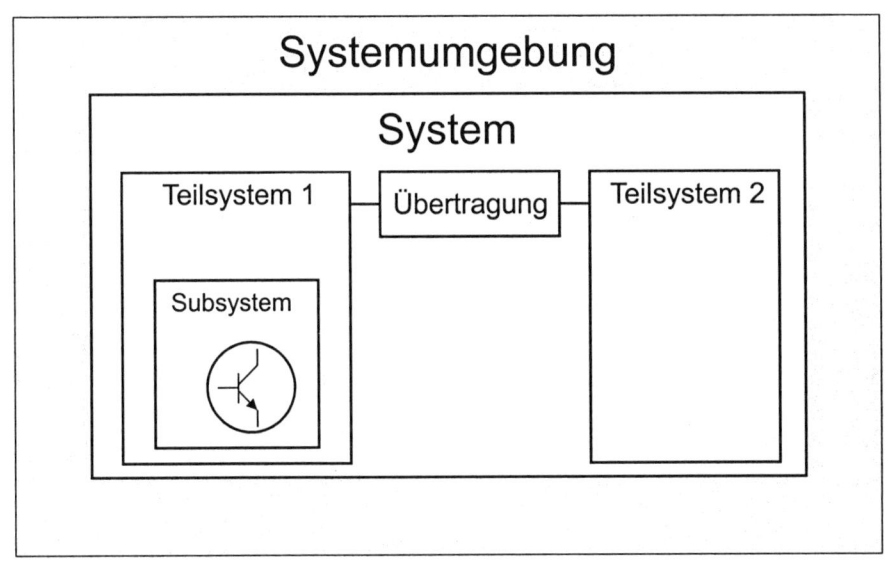

Bild 17 Prinzip der EMV-Bereiche

Mit dieser Betrachtung ist abzusehen, wie die beiden Planungsprozesse grundsätzlich zusammenwachsen. Vertrauen wir auf die Kraft des Faktischen.

Blitz- und Überspannungsschutz an Windenergieanlagen unter besonderer Berücksichtigung der Anforderungen an Blitzstromableiter für 400/690-V-Systeme

Dipl-Ing. Bernd Fritzemeier
Dipl.-Ing. Joachim Schimanski
Dr. Ing. Martin Wetter
Phoenix Contact GmbH & Co.

8. Energietechnische Forum der FH Kiel

Blitz- und Überspannungsschutz an Windenergieanlagen unter besonderer Berücksichtigung der Anforderungen an Blitzstromableiter für 400/690-V-Systeme.

Dipl.-Ing. Bernd Fritzemeier, Phoenix Contact GmbH & Co. KG, Blomberg
Dipl.-Ing. Joachim Schimanski, Phoenix Contact GmbH & Co. KG, Blomberg
Dr. Ing. Martin Wetter, Phoenix Contact GmbH & Co. KG, Blomberg

1 Einführung

Windenergieanlagen – im folgenden WEA genannt – sind Systeme, die auf sehr beengtem Raum mit umfangreicher elektrischer und elektronischer Technik ausgestattet sind. Die Anlagen beinhalten Leistungskomponenten wie Schaltanlagen, Motore und Antriebe, Frequenzumrichter oder Thyristorstarter sowie auch die Aktorik und Sensorik der Steuerungstechnik. Der interne Datenaustausch der Steuerungstechnik wird durch Bussysteme und in Windparks anlagenübergreifend durch Modemstrecken für Zählerauslesung, Messwertübertragung und Parametrierung realisiert. WEA's sind aufgrund ihrer Standorte und Bauhöhe direkten Blitzeinwirkungen ausgesetzt. Da alle Komponenten der E-Technik auch in „Standard"-Industrieanlagen wiederzufinden sind, können Lösungsansätze für den Überspannungsschutz der 230/400-V-Stromversorgung und der Signaltechnik entsprechend übernommen werden.

Für den Schutz des Stromversorgungssystems zwischen Generator und Transformatorstation in der Spannungsebene 400/690 V sind besondere Anforderung an Blitzstromableiter und Überspannungsableiter zu berücksichtigen. So sind Sicherheitsabstände zum geerdeten Montageblech oder Schaltschrankrahmen zu beachten, die hohen Kurzschlussströme zu bewerten und die Luft- und Kriechstrecken für das 400/690 V-System zu berücksichtigen.

2 Aufbau von Windenergieanlagen

Die **Bilder 2.1** und **2.2** zeigen den typischen Aufbau von WEA's größerer Leistung. Die Transformatortation dient der Anpassung der Generatorspannung von typischerweise 690V an das Mittelspannungsnetz. Sie ist bei vielen Windergieanlagen in unmittelbarer Nähe zum Turmfuß angeordnet. Einige Hersteller ordnen sowohl die Mittelspannungsschaltanlage als auch die Transformatorstation mit im Turm an. Der Anschluss auf der Mittelspannungsseite zum Umspannwerk

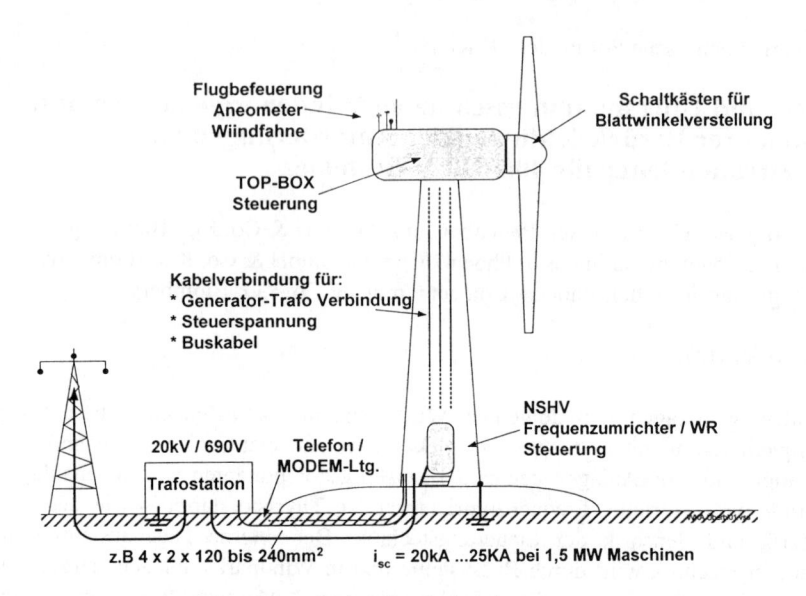

Bild 2.1 Windenergieanlage mit Transformatorstation

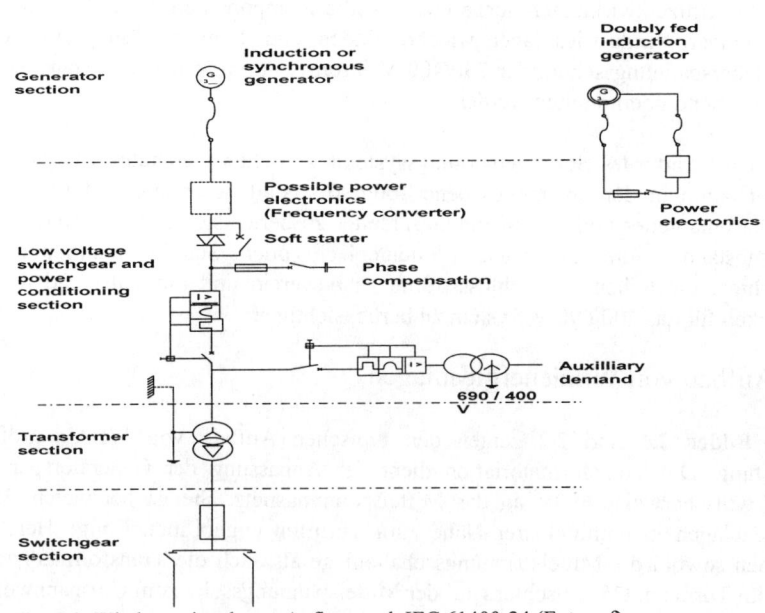

Bild 2.2 Windenergieanlagen-Aufbau nach IEC 61400-24 (Entwurf)

erfolgt in Windparks durch Erdkabel. Die Verbindung von der Trafostation zur Wind-energieanlage wird ebenfalls über Erdkabel realisiert. Im Turmfuß befindet sich die Niederspannungshauptverteilung mit den Hauptschaltungselementen, der Frequenzumrichter zur Frequenzanpassung des Generators an das 50-Hz-System und die Steuerungstechnik. In der Topbox bzw. Gondel sind sowohl die Steuerungstechnik für die Sensorik und Aktorik, die Getriebe- und Generatorüberwachung, als auch Antriebe für die Windnachführung der Gondel installiert. Weitere Steuerungstechnik und Antriebstechnik befindet sich bei Pitchanlagen in der Rotornabe zur Rotorblatt-Verstellung. Ein großer Teil der E-Technik ist für sicherheitsrelevante Aufgaben zuständig. Bei zu starkem Wind ist die Anlage aus dem Wind zu fahren. Das muss auch bei Netzausfall funktionieren. Mit den verwendeten mechanischen Bremssystemen lassen sich die Massen – Rotorblätter – nur schwer beherrschen. Somit kommt der Verfügbarkeit der elektrischen Sicherheitseinrichtung eine besondere Bedeutung zu. Damit wird der Blitz- und Überspannungsschutz ein wichtiger Bestandteil der WEA's. Einige Hersteller verwenden auch hydraulische Systeme zur Rotorblatt-Verstellung. Die Kommunikation der Steuerungen untereinander – Turmfuß zur Topbox – wird über Bussysteme realisiert, die oftmals per LWL-Technik ausgeführt ist.

3 Blitzschutzzonen in Windenergieanlagen

Richtlinien des Germanischen Lloyd [4] und die IEC 61400-24 – WIND TURBINE GENERATOR SYSTEMS, Lightning Protection – geben wertvolle Hinweise zur Blitzschutzzonen-Einteilung in Windenergieanlagen. **Bild 3.1** stellt einen Überblick der Blitzschutzzonen-Einteilung dar. In der Transformatorstation sind die Blitzschutzzonen 1 und 2 zu realisieren. Der Übergang 0 zu 1 betrifft den Übergabepunkt des 400/690-V-Stromversorgungssystems zur Transformatorstation. Die Zone 2 wird realisiert, sofern Steuerungstechnik für die Datenfernübertragung der Leistungsparameter, Zählerauslesung oder Fernschaltungen der Energieversorger an diesem Installationsort zu finden sind. Bei einem separaten Aufbau von Transformatorstation und WEA ist in der Niederspannungshauptverteilung im Turmfuß der Blitzschutzzonen-Übergang von 0 zu 1 nochmals zu berücksichtigen. Für die weitere Steuerungstechnik als auch für Frequenzumrichter oder Thyristorstarter ist eine Schutzzone 2 zu realisieren. Die Gondel wird in die Schutzzonen 1 und 2 unterteilt. Der Zonenübergang von 0 zu 1 und 2 ist in jedem Fall für die außen liegenden Sensoren – Windfahne und Windgeschwindigkeits-messung – und für die Flugbefeuerung zu berücksichtigen.

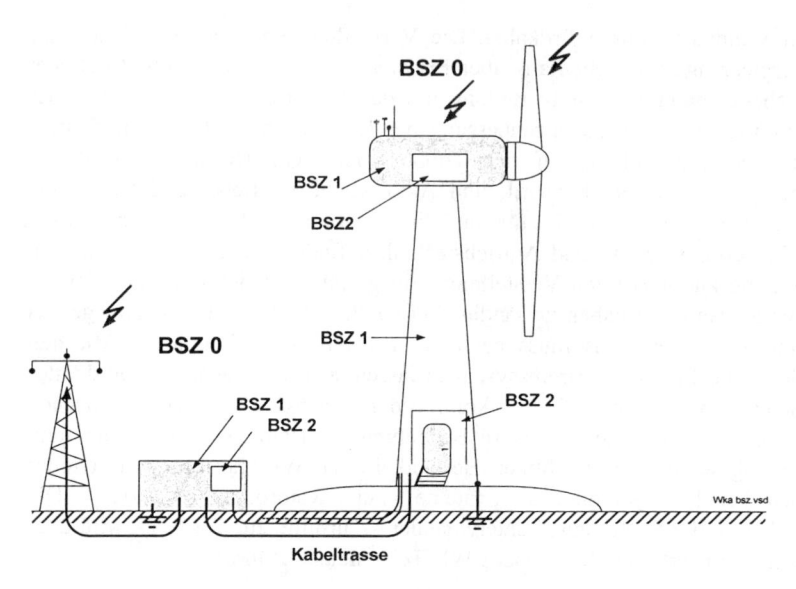

Bild 3.1 Blitzschutzzoneneinteilung von Trafostation und Windenergieanlage

Die IEC 61400-24 bezieht sich auf die Blitzschutznormen [1; 2] mit den dort genannten Blitzstromgrößen und Blitzschutzklasseneinteilungen. Als Durchschnittswert wird für die Blitzstrombedrohungsgröße aber 30 kA angegeben. Laut Richtlinien des Germanischen Lloyd [4] werden WEA's mit Nabenhöhen < 60 m in die Blitzschutzklasse III und bei Nabenhöhen > 60 m in Blitzschutzklasse II eingruppiert.

4 Blitzstromableiter am 400/690-V-System

Das Stromversorgungssystem zwischen Generator und Transformatorstation wird als 400/690-V-TN- oder 690-V-IT System ausgeführt. Bei zunehmend größeren Leistungen der WEA's sind auch höhere Systemspannungen zu erwarten, um die Baugröße der Generatoren zu begrenzen. Zur Zeit existieren keine Blitzstromableiter, die speziell für die o. g. Systemspannungen entwickelt wurden. Überspannungs-Schutzgeräte jedoch, die im üblichen 230/400 V-System Verwendung finden und eine Ableiter-Bemessungsspannung von $U_c = 440$ V besitzen, können unter Berücksichtigung entsprechender Einbaubedingungen auch in 400/690-V-Systemen verwendet werden. In **Bild 4.1** ist für den Blitzschutz-Zonenübergang 0 zu 1 in der Niederspannungshauptverteilung der Windenergieanlage der typische Installationsort der Blitzstromableiter im 400/690-V-System skizziert. Je nach Anlagengegebenheiten und Erfordernissen werden die Blitzstromableiter vor oder nach dem Hauptschalter installiert. Der Vorteil der Installation vor dem Hauptschalter liegt darin, dass auch bei geöffnetem Schalter der Blitzstrompotentialausgleich gewährleistet ist.

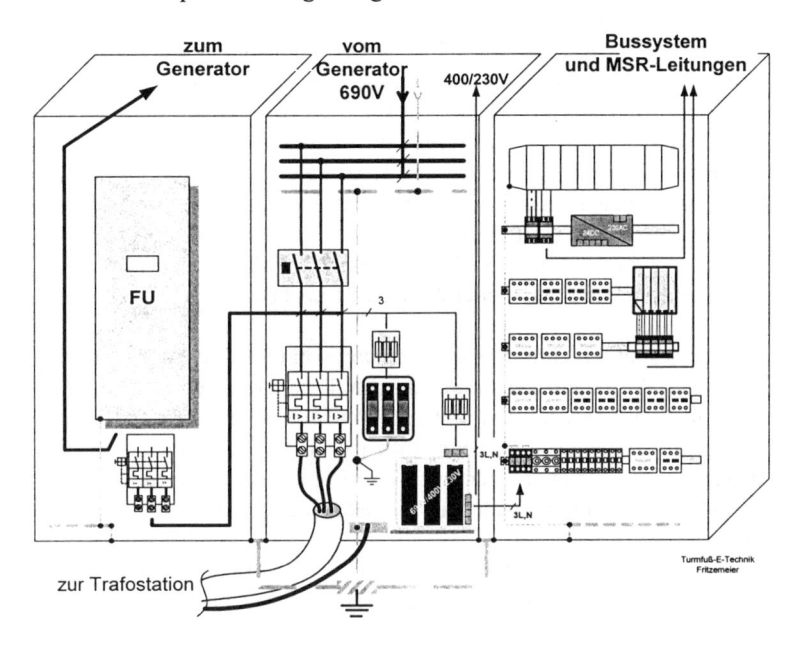

Bild 4.1 Typischer Aufbau der Schaltschränke im Turmfuß

Blitzstromableiter haben die Eigenschaft, aufgrund ihrer Funktionsweise einen impedanzbehafteten Kurzschluss nach dem Ansprechen im Stromversorgungssystem zu verursachen. Dieser wird aber von leistungsfähigen Blitzstromableitern selbst wieder unterbrochen. Damit wird eine hohe Verfügbarkeit erreicht, weil vorgeschaltete Sicherungsorgane nicht ansprechen. Bei WEA's der derzeitigen typischen Leistungsklassen von 600 kW bis 2,5 MW sind am dargestellten Installationsort Kurzschlussströme von ca. 8 kA bis 30 kA zu erwarten. Es stehen dem Anwender Blitzstromableiter mit einem Blitzstromableitvermögen von 50 kA (10/350)µs und einem U_c = 440 V zur Verfügung. Diese Ableiter sind zusätzlich in der Lage, einen prospektiven Kurzschlussstrom/Netzfolgestrom von 50 kA 50/60 Hz zu beherrschen, d. h. sicher abzuschalten [6]. Vorsicherungen der Größenordnung 160 A gl bis max. 250 A gl lösen nicht aus.

Die für das 230/400-V-System festgelegten Einbaubedingungen haben im 400/690 V-System nur noch eingeschränkt Gültigkeit. Die Luft- und Kriechstrecken sind der Betriebsspannung von 690 V anzupassen. Das lässt sich durch einen zusätzlichen Abstand zwischen den Überspannungs-Schutzgeräten erreichen. Idealerweise lassen sich hier zwei Endhalter mit der Baubreite je 9,5 mm zwischen den Überspannungs-Schutzgeräten einsetzen. Somit können Standard-Verdrahtungsbrücken, z. B. MPB 18/... zur PE/PA-Brückung am Ableiterfußpunkt, verwendet werden. Da nach [4] die Anforderung besteht, WEA's mit Nabenhöhen > 60 m in die Blitzschutzklasse II (150 kA/75 kA, (10/350) µs) einzugruppieren und auch die IEC 61400-24 [3] bezogen auf die Blitzschutznormen [1; 2] diese Werte fordert, sind Blitzstromableiter auf die maximale Blitzstrombedrohungsgröße von 75 kA der Windenergieanlage auszulegen. Im TN-C-System, mit den drei Leitern besteht somit die Anforderung, dass das Summen-Blitzstromableitvermögen der Ableiter mindestens 75 kA (10/350 µs) betragen muss. Bei einer symmetrischen Stromaufteilung muss jeder Ableiter 25 kA (10/350) µs tragen.

Die Blitzstromableiter sind bei einer Systemspannung von 690 V in ein Isolationsgehäuse oder auf eine PVC-Unterlage zu installieren. Die Tragschiene, auf der die Blitzstromableiter montiert werden, darf nicht geerdet sein. Damit wird verhindert, dass sich ein ungewollter Überschlag beim Ableiten eines Stoßstromes von den Ausblasöffnungen der Blitzstromableiter zum geerdeten Montageblech ereignet. **Bild 4.2** zeigt mögliche Applikationen für die Haupteinspeisung und für den Generatorschutz.
In **Bild 4.3** ist die Installation des Blitzstromableiters FLT PLUS in der Niederspannungshauptverteilung des Windenergieanlagen-Herstellers NORDEX gezeigt.

Besteht die Aufgabe, auf der 690-V-Seite Komponenten der Leistungselektronik – Frequenzumrichter, Thyristorstarter – mit geringerer Spannungsfestigkeit gegen Blitzteilströme und transiente Überspannungen zu schützen, so werden getriggerte Funkenstrecken mit parallel geschalteten Varistorableitern eingesetzt. Diese nach dem AEC-Prinzip – Active Energy Control – aufgebaute Kombination [5.1; 5.2; 5.3; 5.4] ist in **Bild 4.4** dargestellt. Hiermit lassen sich Schutzpegel je nach verwendeten Überspannungs-Schutzgeräten zwischen 1,5 kV und 2,5 kV erzielen.

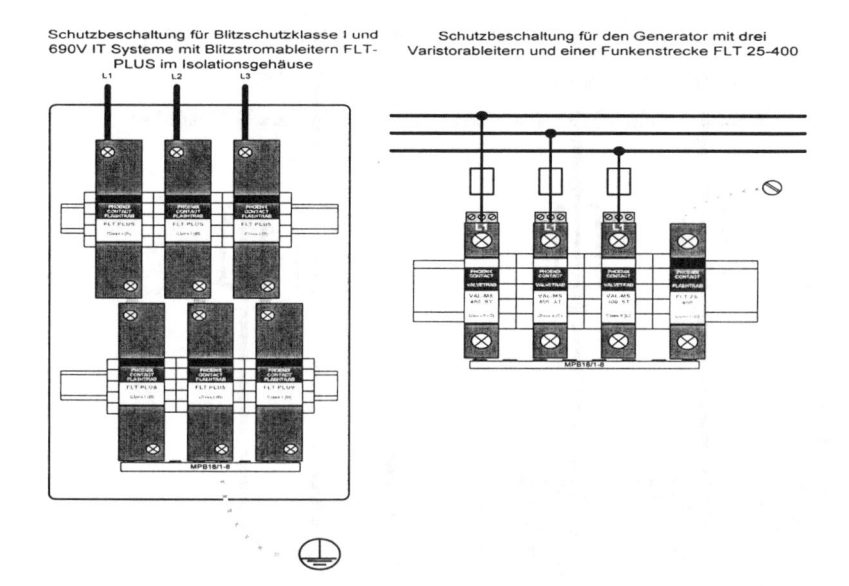

Bild 4.2 Applikationen für Ableiter im 690-V-System

Bild 4.3 Schaltschrank des Anlagenherstellers Fa. NORDEX mit FLT-PLUS für 690 V Anwendungen. Die Ableiter sind in einer PVC-U-Schale installiert.

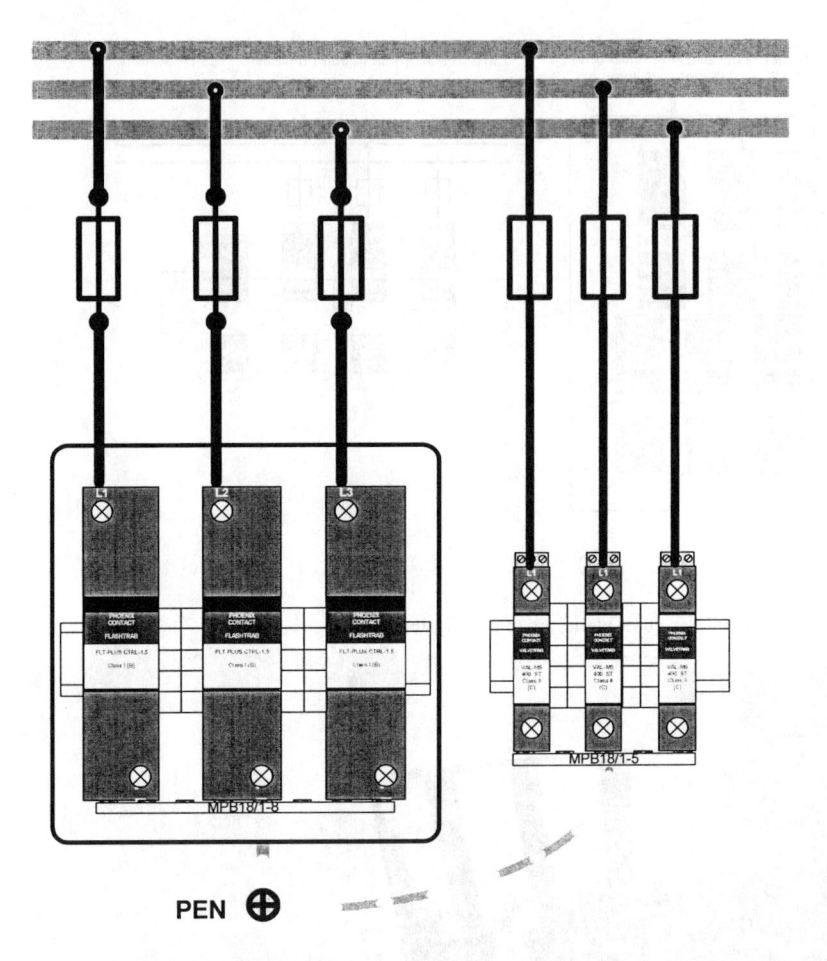

Bild 4.4 FLT-PLUS CTRL in direkter Parallelschaltung mit Varistorableitern nach dem AEC-Prinzip

5 Zusammenfassung

Überspannungs-Schutzgeräte mit einer Bemessungsspannung von 440 V, die für das 230/400-V-System entwickelt wurden, lassen sich unter Berücksichtigung von speziellen Einbaubedingungen auch an höheren Systemspannungen einsetzen. Zum Einhalten der Luft- und Kriechstrecken sind die Überspannungs-Schutzgeräte auf Abstand zueinander zu installieren. Da sich bei Spannungen von 690 V das Ausblasverhalten der Blitzstromableiter stark ändert, müssen sie in ein Isolationsgehäuse oder auf einer PVC-Montageplatte installiert werden. Dem Blitz- und Überspannungsschutz kommt aufgrund der notwendigen hohen Verfügbarkeit der Windenergieanlagen besondere Bedeutung zu. Die Anlagen müssen die Investitionskosten innerhalb weniger Jahre wieder einspielen. Stillstandszeiten aufgrund von technischen Ursachen müssen auf ein Minimum reduziert werden.

Literatur

[1] IEC 61024-1 Protection of structures against lightning
[2] IEC 61312-1 Protection against lightning electromagnetic impulses
[3] IEC 61400-24 Wind Turbine Gererator Systems Lightning Protection
[4] Germanischer Lloyd IV Nicht maritime Technik, 1 Windenergieanlagen, 7 Elektrische Systeme
[5.1] de 12/98 S1080 Blitzstromableiter mit frei wählbarer Zündspannung und hohem Netzfolgestrom-Löschvermögen
Prof. Dr. K. Scheibe, Dipl. Ing. J. Schimanski
[5.2] ep 7-2000 Blitzstromableiter und Überspannungsableiter aktiv koordiniert
Dr. Martin Wetter
[5.3] de 18/2000 AEC, Neue Wege in der Blitzstromableiter-Technologie
Dipl. Ing. V. Danowsky
[5.4] ep 5-2001 Blitz- und Überspannungsschutz in Mobilfunkanlagen
Dipl. Ing. J. Schimanski
[6] etz 13-14/1998 Blitz- und Überspannungsschutz für die Niederspannungsinstallation
Prof. Dr. K. Scheibe, Dipl. Ing. J. Schimanski

EMV-Störfestigkeitsnormen im Überblick

Prof. Dr.-Ing. Michael Ermel
EMV-Zentrum Berlin-Brandenburg,
Technische Hochschule Berlin

EMV-Störfestigkeitsnormen im Überblick

Prof. Dr.-Ing. Michael Ermel
EMV-Zentrum Berlin-Brandenburg e.V. (EMZ)
und Technische Fachhochschule Berlin
Luxemburger Str. 10
13353 Berlin
E-Mail: ermel@emv-zentrum.de

1 Vorwort

Die EMV-Störfestigkeitsnormen, genauer die EMV-Grundnormen zur Störfestigkeit, zählen mittlerweile über 30 Dokumente, die Entwürfe neuer Normen und neue Editionen eingerechnet. Sie alle sind in der Normenreihe EN (bzw. IEC) 61000-4-„n" zusammengefasst, in der so bekannte Prüfverfahren wie die Burst-, ESD-, oder Surge-Prüfung beschrieben sind.

- Welche Dokumente sind inzwischen als Normen angenommen und veröffentlicht,
- welche Überarbeitungen bestehender Normen sind im Gange,
- welche Entwicklungen weiterer neuer Normen sind absehbar?

Der folgende Beitrag geht auf diese Fragen ein und gibt einen aktuellen Überblick – vom aktuellen Stand der Störfestigkeitsnormen bis zu den in Diskussion befindlichen Entwürfen – .

2 Die Störfestigkeitsnormen im übergeordneten Zusammenhang

Das Sicherstellen der elektromagnetischen Verträglichkeit bedeutet immer zweierlei:
1. Begrenzen der Störaussendung, so dass der Betrieb anderer Geräte nicht beeinträchtigt wird und
2. Erzielen einer angemessenen Störfestigkeit gegenüber Störgrößen, so dass die Geräte bestimmungsgemäß an ihrem Einsatzort betrieben werden können.

Diese obersten Schutzziele nennt sowohl die für den freien Warenverkehr auf dem Binnenmarkt des europäischen Wirtschaftsraumes (EWR) geschaffene EMV-Richtlinie als auch deren inhaltliches Abbild in Deutschland, das EMV-Gesetz [1], als wesentliche technische Anforderungen.

Diese Anforderungen finden ihren Niederschlag in Normen. Zunächst steht dabei hinsichtlich der Störfestigkeit die Frage im Vordergrund, welche der diversen möglichen Störphänomene/Störgrößen am Einsatzort als relevant betrachtet werden müssen. Normen zur Störfestigkeit von Geräten enthalten also konkrete Angaben

- welche Prüfstörgrößen anzuwenden sind, deren Prüfschärfegrade (Prüfpegel),
- unter welchen produktspezifischen Bedingungen geprüft werden muss sowie
- Bewertungskriterien (*Performance criteria*) für das Betriebsverhalten.

Man kann sich vorstellen, dass diese Angaben sehr produktspezifisch getroffen werden müssen. Daher sind für deren Festlegung Produktkomitees der Normung zuständig. Selten wird diese aufwendige Arbeit für ein einzelnes Produkt getan (Produktnorm), überwiegend gleich für eine ganze Produktfamilie (Produktfamiliennorm). Zwölf wichtige Produktfamilien nennt das EMV-Gesetz in seiner Anlage I.

Als Beispiel für eine derartige Produktfamiliennorm zur Störfestigkeit sei die Norm EN 55024 [2] für informationstechnische Geräte (ITE) genannt. Man findet dort die oben genannten Anforderungen beschrieben, die genormten Prüfverfahren zur Störfestigkeit allerdings nicht. Hinsichtlich der Prüfstörgrößen und der zugehörigen Prüfmethoden wird auf die sogenannten **EMV-Störfestigkeits-Grundnormen** verwiesen. Diese sind unter „Normative Verweisungen" im Abschnitt 2 aufgeführt und im Abschnitt 4.1 heißt es: „Der Inhalt dieser Grundnormen wird hier nicht wiederholt; es sind jedoch in dieser Norm die für die praktische Anwendung bei den Prüfungen erforderlichen Abänderungen und zusätzlichen Informationen angegeben."[2]

Welche Aufgabe haben diese Grundnormen? Die Grundnormen (*Basic Standards*) – zusammengefasst in der Reihe EN (bzw. IEC) 61000-4-„n" – sind Teil eines Normengebäudes der weltweiten (IEC) und der europäischen (CENELEC) EMV-Normung [3] mit folgenden Säulen:

- **Produktnormen (*Product Standards*),**
- **Produktamfiliennormen (*Product Family Standards*),**
- **Fachgrundnormen (*Generic Standards*),**
- **Grundnormen (*Basic Standards*).**

Ihre Aufgabe ist es, die für den Nachweis des Einhaltens der beiden Schutzanforderungen notwendigen Prüf- bzw. Meßverfahren zu beschreiben. Es gibt also Störfestigkeits-Grundnormen und Störaussendungs-Grundnormen.

Produkt-/Produktfamilien-/Fachgrund-Normen **verweisen** hinsichtlich der normgerechten Erzeugung der Prüfstörgrößen bzw. der normgerechten Messverfahren zur Störaussendungsmessung auf die Grundnormen.

Sie enthalten – im Unterschied zu den Produkt-/Produktfamilien-/Fachgrund-Normen – **keine Anforderungen/Grenzwerte für Geräte!** Die Störfestigkeits-Grundnormen beschreiben
- **das Störphänomen und die Prüfstörgröße,**
- **den Prüfgenerator,**
- **den Prüfaufbau und**
- **das Prüfverfahren.**

3 Die Störfestigkeitsnormenreihe EN/IEC 61000-4-„n"

Innerhalb der Normengruppe 61000-m-n ist die Ziffer m = 4 für die Grundnormen vergeben. Der Teil 4 (*Part 4*) ist in „n" Hauptabschnitte (*Sections*) unterteilt. Die Ziffer „n" reicht derzeit bis 33.

Etliche der 33 Hauptabschnitte sind noch im Entwurfstadium und werden im Kapitel 5 vorgestellt.

Es gibt auch einige Hauptabschnitte (Ziffern n = 18, 19, 22, 26, 31), unter denen kein Normprojekt aktiv betrieben wird.

Nicht alle Hauptabschnitte sind Störfestigkeitsnormen. In der Regel geben sich jene Normen als Störfestigkeitsnormen zu erkennen, die im englischen Titel den Begriff „*Immunity*" führen. Die Hauptabschnitte mit den Ziffern n = 7, 15, 30 und 33 sind Normen zur Störaussendungs-Messtechnik und als solche nicht Gegenstand dieses Beitrags.

4 Die derzeit gültigen Störfestigkeitsnormen

Tabelle 4.1 im Anhang zeigt, welche Hauptabschnitte „n" derzeit gültig sind. In der Tabelle sind nebeneinander die Ausgaben der Normeninstitutionen CENELEC, IEC und DIN VDE aufgeführt. Die Jahresangabe kennzeichnet die aktuell gültige

Fassung. Die angegebenen Titel sind den deutschen Normenüberschriften entnommen. Zwei der neunzehn Normen sind keine Störfestigkeitsnormen, sie sind in der **Tabelle 4.1** besonders gekennzeichnet.

Man beachte, dass der wie ein Inhaltsverzeichnis aller Grundnormen verwendbare erste **Hauptabschnitt 61000-4-1: „Übersicht der Reihe 61000-4"** nun in der zweiten Ausgabe (*Edition 2*) vorliegt. Die erste Ausgabe (*Edition 1*) von 1992 wurde vollständig überarbeitet, Einzelheiten hierzu siehe [4]. Der 50-seitige informative Teil zur Beschreibung aller Prüfstörgrößen ist entfallen. Alle Hauptabschnitte der Reihe 61000-4 bis n = 30 sind auf dem Stand des Jahres 2000 aufgelistet mit tabellarischer Anleitung zur Auswahl geeigneter Störfestigkeitsprüfungen je nach Umgebungsbedingungen oder Art der Anschlüsse am Gerät. Es sind in der neuen Übersicht alle Grundnormen, nicht nur die Störfestigkeitsnormen, berücksichtigt.

Ein Blick auf Tabelle 4.1 zeigt, dass hinter der Vergabe für die Ziffern keine technisch-fachliche Ordnung steht, die Ziffern geben weder eine Priorität an noch eine thematische Zusammengehörigkeit der Störphänomene/Störgrößen. Etwas mehr Ordnung entsteht, wenn man die Normen in drei Gruppen zusammenfasst, die auch die Einteilung der Zuständigkeit in den nationalen und internationalen Normungsgremien widerspiegeln. So ist bei der IEC das Technical Committee TC 77 mit den drei Subcommittees SC 77 A, B und C für die Erarbeitung und Betreuung der Normen gemäß folgender Einteilung zuständig.

- **Niederfrequente Störgrößen:** *(Zuständiges IEC-Gremium SC 77A)*
  Hauptabschnitte **4-11, 4-14, 4-16, 4-17, 4-28** gemäß Tabelle 4.1,
  außerdem die Hauptabschnitte: **4-7, 4-13, 4-15, 4-27, 4-29, 4-30**.
  Diesen Normen ist gemeinsam, dass die Störgröße in der Regel aus dem Stromversorgungsnetz als Störquelle oder Kopplungsweg herrührt.

- **Hochfrequente Störgrößen:** *(Zuständiges IEC-Gremium SC 77B)*
  Hauptabschnitte **4-2 bis 4-10, 4-12** gemäß Tabelle 4.1,
  außerdem die Hauptabschnitte: **4-20, 4-21**.
  Als hochfrequente Störgrößen werden nicht nur Dauerstörquellen, sondern auch breitbandige, impulsartige Störgrößen verstanden. Die Grenze zur Niederfrequenz ist bei 9 kHz vereinbart.

- **Energiereiche Impulse als Störgrößen:** *(Zuständiges IEC-Gremium SC77C)*
  Hauptabschnitte **4-23 und 4-24** gemäß Tabelle 4.1,
  außerdem die Hauptabschnitte: **4-25, 4-32, 4-33**.
  „Energiereich" bedeutet Feldstärke $E > 100$ V/m. Bisher widmete sich das Gremium insbesondere dem HEMP (*High-altitude electromagnetic pulse*).

Die einzelnen Störphänomene und deren Nachbildung als Prüfstörgrößen können in diesem Bericht nicht ausführlich erläutert werden, es wird auf die einzelnen Normentexte verwiesen, die detaillierte Informationen enthalten.

5 Der Stand der Weiterarbeit an den gültigen Normen

5.1 Die Überarbeitungsprozedur

Im Rahmen der „*Maintenance cycles*" werden die internationalen Normenausgaben turnusmäßig in einem etwa fünf- bis zehnjährigen Abstand auf eine notwendige Überarbeitung hin kritisch durchgesehen. Mancher Verbesserungsvorschlag wird also im Hinblick auf die bevorstehende Revision bis dahin zurückgestellt und dann erst eingearbeitet.

Das IEC-Gremium SC 77B hat beispielsweise im Juni 1999 beschlossen, so zu verfahren mit einigen Überarbeitungsvorschlägen seitens des deutschen Komitees UK 767.3 der DKE zu den Normen EN/IEC 61000-4-3 und -4-6 hinsichtlich der Auslegung von Durchlaufzeit und Verweildauer sowie zur EN/IEC 61000-4-5 hinsichtlich der Zahl und Art der sog. Prüfpunkte (*selected points*), ausführlicher hierzu siehe [5].

Um den Entwicklungsstand des jeweiligen IEC/CENELEC-Normprojekts besser einschätzen zu können, ist die Kenntnis der internationalen Normprozedur hilfreich. Die Abkürzung am Ende der Dokumentbezeichnung verrät den Status. In der chronologischen Reihenfolge ergibt sich vereinfacht folgender Ablauf.

Ein Normprojekt wird mit einem „*New work item proposal* (NWIP)" begonnen. Das zugehörige Dokument erhält die Kurzbezeichnung
- „**NP**". Wird diesem Vorschlag eines neuen Normprojekts zugestimmt, so erarbeitet das Normkomitee ein
- „**CD** (*Committee draft for comment*)", das zur Begutachtung zirkuliert. Zur Abstimmung wird dann nach Einarbeiten von Verbesserungsvorschlägen (*comments*) ein
- „**CDV** (*Committee draft for vote*)" gebracht. Daraus wird nach Abstimmung durch die nationalen Komitees ein
- „**FDIS** (*Final draft international standard*)" angefertigt. Dieser Entwurf ist die letzte Vorstufe vor der endgültigen Fassung der zukünftigen Norm. Nach der Annahme (*approval*) dieses Dokuments wird es als Norm veröffentlicht.

Alle Abkürzungen sind in **Tabelle 5.1** noch einmal zusammengestellt.

Hier nun die Überarbeitungen bestehender Normen im Detail.

5.2 Hauptabschnitt 61000-4-2 Ed. 1:1995 mit Änderung A1:1998

Störgröße: Entladungen statischer Elektrizität (ESD).
Prüfverfahren: Störfestigkeitsprüfung auf das Gehäuse der Prüflinge. Bis 8 kV als Kontaktentladung bei max. 30 A Impulsstrom mit < 1 ns Anstieg, bis 15 kV als Luftentladung.
Änderung A1: Betrifft Abschnitt. 8.3.2.1 „Horizontale Koppelfläche (HCP)" neu; Fig. 5 neu. Nebeneffekt: bei indirekter Entladung reduziert sich die Prüfschärfe um etwa Faktor 2 (bei direkter Entladung kein Effekt), allerdings wird dadurch nun die Prüfschärfe für HCP und VCP einander angeglichen.
Weiterarbeit: 1. Es wird eine weitere Änderung A2 geben.
2. Im Rahmen der „Maintenance" wird an einer zweiten Ausgabe gearbeitet.

Es handelt sich um folgende Dokumente:

Dokument: IEC 61000-4-2 Amendment A2 Ed.1 ist im Nov. 2000 erschienen.
Titel: Änderung A2 zur IEC 61000-4-2.
Inhalt: a) Neuer Abschnitt 7.1.3 – Prüfverfahren für ungeerdete Geräte.
Bei diesen Geräten besteht die Gefahr von Ladungsakkumulation, deshalb wird die Entladung zwischen den einzelnen ESD-Impulsen vorgeschrieben: Das zu prüfende Metallteil soll während des Tests über ein Kabel mit zweimal 470 kΩ geerdet werden.
b) Geänderter Abschnitt 8.3.1.
Für die direkte Entladung auf das Gerät wird festgelegt, welche Punkte/Oberflächen, z.B. von Anschlüssen, getestet werden sollen.
Status: Parallelabstimmung bei IEC und CENELEC. Entwurf E VDE 0847 Teil 4-2/A3:1999-07 liegt vor.

Dokument: Ein NP wird erwartet. Ein erster Vorschlag 77B/307/CD wurde im April 2001 abgelehnt.
Titel: 61000-4-2 Edition 2.

5.3 Hauptabschnitt 61000-4-3 Ed. 1:1996 mit Änderung A1:1998

Störgröße: Gestrahlte hochfrequente Felder.
Prüfverfahren: Störfestigkeitsprüfung des Gehäuses gegenüber gestrahlter elektromagnetischer Energie (bis 10 V/m) zwischen 80 MHz und 1000 MHz. Die EN enthält gegenüber der IEC-Empfehlung eine veränderte Feldkalibrierung im Abschnitt 6.2..

Änderung A1: a) Die geänderte Feldkalibrierung wurde in der Änderung A1:1998 zur EN wieder rückgängig gemacht.
b) Die Prüfung wurde für digitale Funktelefone erweitert bis 2,0 GHz.

Weiterarbeit: 1. Ergänzung für Frequenzen oberhalb 1 GHz,
2. Änderung der Kalibrierprozedur,
3. Ergänzung A2 (siehe Abschnitt 5.5),
4. Beginn einer zweiten Ausgabe im Rahmen der „Maintenance".
Details zu den ersten beiden Projekten nachstehend:

Dokument: 77B/296/CDV bzw. E VDE 0847 Teil 4-3/A2:2000-11.
Titel: Änderung zu IEC 61000-4-3 – Prüfung der Störfestigkeit gegen hochfrequente elektromagnetische Felder oberhalb 1 GHz.
Inhalt: Beschreibt Maßnahmen zur Ertüchtigung des Prüfverfahrens der 61000-4-3 für > 1 GHz. Die Kalibrierung ist davon auch betroffen. Allerdings ist in diesem Dokument noch keine Übereinstimmung mit dem Kalibrierverfahren gemäß Dokument 77B/303/CDV hergestellt!

Dokument: 77B/303/CDV.
Titel: Amendment to IEC 61000-4-3: Revision of the calibration procedure and verification of the correct application of the modulation during the test.
Inhalt: Geänderter Abschnitt 6.2: Kalibrierung mit 1,8-facher Prüffeldstärke. Alternativ auf konstante Feldstärke oder auf konstante HF-Speiseleistung an den 16 Messpunkten einstellen. 12 von 16 Messwerten müssen innerhalb der 6-dB-Streuung liegen. Von deutscher Seite wurde für die Beratung des Themas eigens ein Adhoc-AK des UK 767.3 gebildet. Eingehende Beratung, insbesondere, ob die geänderte Auswahl des Kalibrierpunktes ein etwaiges „Overtesting" oder „Undertesting" zur Folge hat.

5.4 Hauptabschnitt 61000-4-4 Ed.1:1995

Störgröße: Schnelle elektrische Transienten (Burst).
Prüfverfahren: Störfestigkeitsprüfung gegenüber Bursts, eingekoppelt über Leitungen. Prüfung bis 4 kV bei 5/50-ns-Impulsen mit maximal 5 kHz Wiederholrate.
Weiterarbeit: 1. Eine erste Ergänzung IEC 61000-4-4:1995/A1:2000 zur Festlegung der klimatischen Bedingungen (siehe Abschnitt 5.5).
2. Eine wichtige Ergänzung A2 dieser Norm betrifft die Kalibrierung.
3. Im Rahmen der „Maintenance" liegt ein erster Entwurf einer Edition 2 vor.

Dokument: 77B/314/FDIS.
Titel: Amendment 2 to IEC 61000-4-4 (1995).
Inhalt: Ersetzt die Abschnitte 6.1.1 und 6.1.2 durch eine verbesserte Kalibrierprozedur bei 50 Ω und 1000 Ω.

Dokument: IEC-Entwurf noch ohne Dokumentnummer, verteilt im Jan.2001.
Titel: IEC 61000-4-4 Edition 2.
Inhalt: Enthält die verbesserte Kalibrierprozedur bei 50 Ω und 1000 Ω, neu: auch 100 kHz Wiederholfrequenz, neu: Prüfaufbau bei Überkopfanschlüssen, eindeutige Festlegung des Abstandes von 10 cm zur Erdplatte (GRP).

Nicht zum Hauptabschnitt 4-4, aber inhaltlich zur Störgröße „Burst" gehörig war der Vorstoß zur Normung eines weiteren Bursts als eigene Prüfstörgröße für die Umgebung der Hochspannungsschaltanlagen. Der Vorschlag wurde inzwischen abgelehnt.

Dokument: 77B/302/NP.
Titel: Electrical fast transient immunity test for electrical and electronic equipment in power system installations.
Inhalt: Definition zweier neuer Burst-Einzelimpulsformen: ansteigende „Sägezahn"-Treppen bzw. Impulsschwingungen (10 MHz, 25 MHz) zunehmender Amplitude.

5.5 Für mehrere Hauptabschnitte geltende Überarbeitungen

Für 61000-4-3 und 4-6:

Dokumente: IEC 61000-4-3 A2 Ed. 1 und IEC 61000-4-6 A1 Ed. 1, Nov. 2000, sowie der deutsche Entwurf E VDE 0847 Teil 4-244:1998-11.
Titel: Revision of Clause 9: Test results and test report.
Inhalt: Eine Neufassung der Bewertungskriterien der Prüfergebnisse und der Anforderungen an den Prüfbericht.

Für 61000-4-4, 4-5, 4-8 bis 4-12:

Dokument: Entwurf E VDE 0847 Teil 4-245:1998-11 sowie seit Nov. 2000 zu jeder der obengenannten Normen gültige IEC-Dokumente als Ergänzungen A1.
Titel: Amendment to IEC 61000-4-xx-Subclause 8.1.1: Climatic conditions.
Inhalt: Festlegung der klimatischen Bedingungen während der Prüfung.

5.6 Hauptabschnitt 61000-4-5 Ed. 1:1995

Störgröße: Stoßspannung (Surge), infolge von Schalthandlungen und Blitzeinwirkungen.
Prüfverfahren: Störfestigkeitsprüfung gegenüber energiereichen Transienten, die auf Leitungen eingekoppelt werden. Prüfung bis 4 kV bei 1,2/50 µs sowie bis 2 kA bei 8/20 µs Impulsform.
Hinweis: In der deutschen Ausgabe sind die Unterschriften von Bild 6 und Bild 7 vertauscht!
Weiterarbeit: Änderungen und Verbesserungen sind in der Diskussion. Sie betreffen eine Reduzierung der Prüfzeiten, die Verbesserung des Prüfaufbaus für geschirmte Leitungen, Lösung des Problems beim Prüfen schneller Datenleitungen. Ein CD ist frühestens für September 2001 geplant.

5.7 Hauptabschnitt 61000-4-6 Ed. 1:1996

Störgröße: Durch hochfrequente Felder induzierte Störgrößen auf Anschlussleitungen der Geräte.
Prüfverfahren: Störfestigkeitsprüfung gegenüber elektromagnetischen Feldern von 9 kHz bis 80/230 MHz, die leitungsgeführt (d. h. über Zuleitungen) in die Geräte eingekoppelt werden.
Weiterarbeit: Eine zweite Ausgabe wird 2001 im Rahmen der „Maintenance" begonnen.

Dokument: 77B/310/CD.
Titel: 61000-4-6 Edition 2.
Inhalt: Ergänzung des Prüfaufbaus „über Kopf", nicht alle Leitungen müssen mit $R = Z$ abgeschlossen werden, Messzeiten wie in Teil 4-3 definiert.

5.8 Hauptabschnitt 61000-4-11 Ed.1:1994

Störgröße: Vom Wechselstrom-Versorgungsnetz herrührende Netzspannungseinbrüche, Kurzzeitunterbrechungen und Spannungsschwankungen.
Prüfverfahren: Störfestigkeit von Geräten (< 16 A/Leiter) gegenüber Spannungseinbrüchen, -unterbrechungen, -schwankungen an ihren 50/60-Hz-Wechselspannungs-Stromversorgungseingängen.
Weiterarbeit: Im Rahmen der „Maintenance" wird eine neue Ausgabe 2 erarbeitet.

Dokument: 77A/336/CD.
Titel: 61000-4-11 Edition 2.
Inhalt: Überarbeitung mit einer Erweiterung für dreiphasige Geräte sowie für Geräte bis 75A.
Status: Parallelabstimmung bei IEC und CENELEC. Die Kommentare zum CD liegen seit April 2001 vor. Weitere Schritte frühestens im Nov. 2001.

5.9 Hauptabschnitt 61000-4-16 Ed.1:1998

Störgröße: Asymmetrische Störgrößen von 0 Hz bis 150 kHz.
Prüfverfahren: Störfestigkeit gegenüber leitungsgeführten asymmetrische Störgrößen an den Anschlüssen von Geräten mit langen Zuleitungen (>20m). Spezifiziert die 3 Prüfgeneratoren (a: DC, b: Betriebsfrequenz $16^2/_3$-50-60-Hz, c: 15Hz bis 150kHz), Prüfpegel (1 bis 4 und X), die Koppelnetzwerke, die Prüfprozedur.
Weiterarbeit: **Achtung:** die deutsche Norm gibt fehlerhaft eine Koppelkapazität von 10 µF an! Hierzu gibt es ein deutsches Corrigendum mit der richtigen Kapazität von 1 µF:
DIN EN 61000-4-16 Berichtigung 1, Februar 2001.

6 Entwürfe *neuer* Normen

Mit welchen zukünftigen Normen kann man rechnen, in welchem Status befinden sie sich?

Die folgende Auflistung stellt die Normprojekte mit ihrem derzeitigen englischen Arbeitstitel, der aktuellen Dokumentenbezeichnung des IEC-Entwurfs sowie Kurzinformationen zum Inhalt und zur weiteren Entwicklung des Projekts vor. Eine zusammenfassende Übersicht hierzu gibt **Tabelle 6.1**.

6.1 Entwurf IEC 61000-4-13 Ed. 1

Dokument: 77A/323/CDV.
Titel: Harmonics and interharmonics, including mains signalling at a.c. power port, low frequency immunity tests.
Inhalt: Prüfung der Störfestigkeit gegenüber leitungsgeführten Störgrößen bis 2400 Hz, die überlagert auf der 50/60-Hz-Netzstromversorgung von Geräten auftreten können. Die Prüfprozedur und Prüfpegel werden

spezifiziert, ebenso der Prüfgenerator (50 Hz – 2400 Hz) für Geräte bis 16A/Phase speziell in 50/60-Hz-Netzen.
Status: CDV angenommen.

6.2 Entwurf IEC 61000-4-20 Ed. 1

Dokument: CISPR/A/308/CD (IEC 77B/316/DC).
Titel: Emission and immunity testing in transverse electromagnetic (TEM) waveguides.
Inhalt: Richtlinien zur Dimensionierung und zu den Einsatzgrenzen (Frequenzbereichen) von Wellenleitern sowohl zur Störfestigkeitsprüfung als **auch zur Störaussendungsmessung**. Allgemeine Hinweise zu den Prüflingen, den Prüfaufbauten, der Feldhomogenität.
Status: Verantwortlich ist eine Joint Task Force von IEC SC 77B und CISPR/A. Der Teil „Emission" wird von CISPR/A betreut, der Teil „Immunity" von IEC. Federführend ist CISPR/A, veröffentlicht wird aber als Grundnorm 61000-4-20. Entwurf E VDE 0847 Teil 4-212:1998-07.

6.3 Entwurf IEC 61000-4-21 Ed. 1

Dokument: CISPR/A/285/CD (77B/304/DC).
Titel: Reverberation Chamber Test Methods.
Inhalt: Der Entwurf spezifiziert sowohl die Störfestigkeits-Prüfverfahren als **auch die Störaussendungs-Messverfahren** für gestrahlte Störgrößen. Umfangreicher Anhang zum Entwurf einer Modenverwirbelungskammer.
Status: Verantwortlich ist eine Joint Task Force von IEC SC 77B und CISPR/A. Der Teil „Emission" wird von CISPR/A betreut, der Teil „Immunity" von IEC. Federführend ist CISPR/A, veröffentlicht wird aber als Grundnorm 61000-4-21. Entwurf E VDE 0847 Teil 4-215:1999-04.

6.4 Entwurf IEC 61000-4-25 Ed. 1

Dokument: 77C/94/CDV.
Titel: HEMP immunity test methods for equipment and systems.
Inhalt: Prüfung der Störfestigkeit von Geräten gegenüber gestrahlten und leitungsgeführten HEMP-Störgrößen mit Angaben zu Prüfpegeln.
Status: CDV angenommen.

6.5 Entwurf EN 61000-4-27 Ed. 1

Dokument: IEC 61000-4-27 Ed. 1:2000-08.
Titel: Unbalance, immunity test.
Inhalt: Störfestigkeit von Geräten bis 16 A bei unsymmetrischer 50/60-Hz-Drehstromversorgung. Prüfgenerator, Prüfpegel und Prüfprozedur werden beschrieben. Nicht gedacht für Geräte, die am Drehstrom nur getrennt einphasig betrieben werden.
Status: Entwurf E VDE 0847 Teil 4-27:1999-04. IEC hat bereits publiziert!

6.6 Entwurf EN 61000-4-29 Ed. 1

Dokument: IEC 61000-4-29 Ed. 1:2000-08.
Titel: Voltage dips, short interruptions and voltage variations on d.c. input power ports, immunity tests.
Inhalt: Störfestigkeit von Geräten gegenüber Spannungseinbrüchen (40 % bzw. 70 % v. U), -unterbrechungen, -schwankungen (80 % od. 120 % v. U) an ihren Gleichstrom-Netzeingängen. Prüfpegel, Prüfgenerator, Aufbau und Prüfprozedur werden definiert.
Status: Entwurf E VDE 0847 Teil 4-29:1999-04. IEC hat bereits publiziert!

6.7 Entwurf IEC 61000-4-32 Ed. 1

Dokument: 77C/100/CD.
Titel: Immunity to high altitude nuclear electromagnetic pulse (HEMP) – HEMP simulator compendium.
Inhalt: Übersicht von HEMP-Simulatoren weltweit.
Status: CDV in Vorbereitung.

Die den Hauptabschnitten 4-26 und 4-31 zu Grunde liegenden Projekte werden zur Zeit nicht verfolgt. Die Hauptabschnitte 4-30 und 4-33 betreffen die Störaussendungs-Messtechnik.

7 Nach welchen Regeln kommen die Störfestigkeitsnormen zur Anwendung?

Bekanntlich werden nach dem EMV-Gesetz die Schutzanforderungen dann als erfüllt angesehen, wenn das Gerät **den** jeweils anwendbaren harmonisierten CENELEC-Normen genügt, **die im Amtsblatt der europäischen Gemeinschaften (OJEC) gelistet sind.** Diese Normen werden durch die DKE in DIN-VDE-Normen umgesetzt und dann im deutschen Amtsblatt der Regulierungsbehörde für Post und Telekommunikation (RegTP) ebenfalls veröffentlicht.

Gibt es für das Gerät eine spezielle Produktnorm oder gehört es zu einer Produktfamilie, so kommen diese Normen vorrangig zur Anwendung. Die Fachgrundnormen werden dann herangezogen, wenn für das Gerät keine Produkt- oder Produktfamiliennorm vorliegt.

Die Störfestigkeitsnormen enthalten, wie bereits gesagt, keine produktspezifischen Anforderungen und Grenzwerte und
➜ sind daher auch **nicht in diesen Amtsblättern gelistet!**

Es stellt sich also die berechtigte Frage, wie und wo zu erfahren ist, welche der angenommenen und publizierten Grundnormen anzuwenden sind. Antwort gibt die sogenannte „**Verweis-Regel**":

➜ Solange keine der in den Amtsblättern gelisteten Produkt-/Produktfamilien-/Fachgrundnormen **im normativen Teil** auf eine derartige neue Norm verweist, ergibt sich keine Pflicht zur Anwendung.

Hinsichtlich der in **Kapitel 5** dargestellten Ergänzungen und der in Aussicht gestellten neuen Ausgaben bestehender Normen ist die Kenntnis folgender Regelung wichtig:

➜ Wird auf eine bestehende Norm im normative Teil **ohne zusätzliche Datenangaben** verwiesen, d. h. ohne Angabe des Erscheinungsdatums, einer Tabelle, eines Bildes o. ä., so gilt die jeweils neueste Edition zuzüglich aller dazu verabschiedeten Ergänzungen, allerdings unter Berücksichtigung der bekannten Übergangsfristen bis zum „Date of withdrawal (dow)".
Wird dagegen auf eine Norm im Kapitel „Normative Verweisungen" **datiert** verwiesen, so bezieht sich diese Verweisung ausschließlich auf die genannte Ausgabe, unabhängig von späteren Überarbeitungen.

8 Schlusswort

Aus der Zahl der vorgestellten Normprojekte wird die Fülle der noch anstehenden Arbeiten am Normengebäude deutlich. Dieser Beitrag zu den EMV-Störfestigkeitsnormen der Reihe EN/IEC 61000-4-„n" konnte den aktuellen Stand und die Entwicklungstendenzen nur in sehr knapper Form darstellen.

Ausführlichere fachliche Informationen zu den Themen im Einzelnen können beispielsweise bei den zuständigen Komitees der DKE (Komitee K767 und dessen Unterkomitees) eingeholt werden, die aufgeführten Dokumente sind über den Schriftstückservice der DKE-Geschäftsstelle [6] in Frankfurt am Main zu beziehen. Ebenso können einige Internetseiten als Informationsquelle empfohlen werden [7].

Literatur

[1] Gesetz über die elektromagnetische Verträglichkeit von Geräten (EMVG) vom 18. September 1998.
[2] EN 55024:1998 bzw. VDE 0878 Teil 24:1999-05
„Einrichtungen der Informationstechnik – Störfestigkeitseigenschaften – Grenzwerte und Prüfverfahren."
[3] Kohling, A.: Die EMV-Normung im Überblick.
EMC Kompendium 1998, S. 51-57.
[4] Möhr, D.: Licht ins Dickicht der EMV-Normen bringen.
EMV-ESD (1999) H. 4, S. 38-40.
[5] Chun, E.A.: EMV-Prüfungen nach geltenden Normen.
etz (1999) H. 1-2, S. 32-37.
[6] Schriftstückservice der DKE-Geschäftsstelle, Tel.: 069/6308-382
[7] www.dke.de >Normenwerk aktuell
www.vde-verlag.de > Normen
www.iec-normen.de

Tabelle 4.1: Die derzeit gültigen Grundnormen der Reihe 61000-4-n im Überblick

Stand: Mai 2001. - Grau abgesetzte Hauptabschnitte sind keine Störfestigkeitsnormen.

IEC	CENELEC	DIN und VDE
4-1: Übersicht der Reihe 61000-4.		
IEC 61000-4-1:2000	EN 61000-4-1:2000	DIN EN 61000-4-1 (VDE 0847 Teil 4-1): im Druck
4-2: Prüfung der Störfestigkeit gegen die Entladung statischer Elektrizität.		
IEC 61000-4-2:1995	EN 61000-4-2:1995	DIN EN 61000-4-2 (VDE 0847 Teil 4-2):1996-03
Ergänzung zu 4-2: Störfestigkeit gegen die Entladung statischer Elektrizität.		
IEC 61000-4-2/A1:1998	EN 61000-4-2: 1995/A1:1998	DIN EN 61000-4-2/A1(VDE 0847 Teil 4-2/A1):1998-10
4-3: Prüfung der Störfestigkeit gegen hochfrequente elektromagnetische Felder.		
IEC 61000-4-3:1995 + A1:1998	EN 61000-4-3:1996 + A1:1998	DIN EN 61000-4-3 (VDE 0847 Teil 4-3):1999-06
4-4: Prüfung der Störfestigkeit gegen schnelle transiente elektrische Störgrößen/Burst.		
IEC 61000-4-4:1995	EN 61000-4-4:1995	DIN EN 61000-4-4 (VDE 0847 Teil 4-4):1996-03
4-5: Prüfung der Störfestigkeit gegen Stoßspannungen.		
IEC 61000-4-5:1995	EN 61000-4-5:1995	DIN EN 61000-4-5 (VDE 0847 Teil 4-5):1996-09
4-6: Störfestigkeit gegen leitungsgeführte Störgrößen, induziert durch hochfrequente Felder.		
IEC 61000-4-6:1996	EN 61000-4-6:1996	DIN EN 61000-4-6 (VDE 0847 Teil 4-6):1997-04
4-7: Allgemeiner Leitfaden für Verfahren und Geräte zur Messung von Oberschwingungen und Zwischenharmonischen in Stromversorgungsnetzen und angeschlossenen Geräten.		
IEC 61000-4-7:1991	EN 61000-4-7:1993	DIN EN 61000-4-7 (VDE 0847 Teil 4-7):1994-08
4-8: Prüfung der Störfestigkeit gegen Magnetfelder mit energietechnischen Frequenzen.		
IEC 61000-4-8:1993	EN 61000-4-8:1993	DIN EN 61000-4-8 (VDE 0847 Teil 4-8):1994-05
4-9: Prüfung der Störfestigkeit gegen impulsförmige Magnetfelder.		
IEC 61000-4-9:1993	EN 61000-4-9:1993	DIN EN 61000-4-9 (VDE 0847 Teil 4-9):1994-05
4-10: Prüfung der Störfestigkeit gegen gedämpft schwingende Magnetfelder.		
IEC 61000-4-10:1993	EN 61000-4-10:1993	DIN EN 61000-4-10 (VDE 0847 Teil 4-10):1994-05
4-11: Prüfung der Störfestigkeit gegen Spannungseinbrüche, Kurzzeitunterbrechungen und Spannungsschwankungen.		
IEC 61000-4-11:1993	EN 61000-4-11:1994	DIN EN 61000-4-11 (VDE 0847 Teil 4-11):1995-04
4-12: Störfestigkeit gegen gedämpfte Schwingungen.		
IEC 61000-4-12:1995	EN 61000-4-12:1995	DIN EN 61000-4-12 (VDE 0847 Teil 4-12):1996-03

Fortsetzung der Tabelle 4.1:
Die derzeit gültigen Grundnormen der Reihe 61000-4-n im Überblick

Stand: Mai 2001. - Grau abgesetzte Hauptabschnitte sind keine Störfestigkeitsnormen.

IEC	CENELEC	DIN und VDE
4-14: Prüfung der Störfestigkeit gegen Spannungsschwankungen.		
IEC 61000-4-14:1999	EN 61000-4-14:1999	DIN EN 61000-4-14(VDE 0847 Teil 4-14):1999-11
4-15: Flickermeter - Funktionsbeschreibung und Auslegungsspezifikation.		
IEC 61000-4-15:1997	EN 61000-4-15:1998	DIN EN 61000-4-15(VDE 0847 Teil 4-15):1998-11
4-16: Prüfung der Störfestigkeit gegen leitungsgeführte, asymmetrische Störgrößen im Frequenzbereich von 0 Hz bis 150 kHz.		
IEC 61000-4-16:1998	EN 61000-4-16:1998	DIN EN 61000-4-16 (VDE 0847 Teil 4-16):1998-08 mit der „Berichtigung 1 zu VDE 0847 Teil 4-16" von 2001-02
4-17: Prüfung der Störfestigkeit gegen Wechselanteile der Spannung an Gleichstrom-Netzanschlüssen.		
IEC 61000-4-17:1999	EN 61000-4-17:1999	DIN EN 61000-4-17 (VDE 0847 Teil 4-17):2000-02
4.23: Prüfverfahren für Geräte zum Schutz gegen HEMP und andere gestrahlte Störgrößen		
IEC 61000-4-23:2000	EN 61000-4-23:2000	Entwurf DIN EN 61000-4-23 (VDE 0847 Teil 4-23):2000-09
4-24: Prüfverfahren für Einrichtungen zum Schutz gegen leitungsgeführte HEMP-Störgrößen.		
IEC 61000-4-24:1997	EN 61000-4-24:1997	DIN EN 61000-4-24 (VDE 0847 Teil 4-24):1997-11
4-28: Prüfung der Störfestigkeit gegen Schwankungen der energietechnischen Frequenz (Netzfrequenz)		
IEC 61000-4-28:1999	EN 61000-4-28:2000	DIN EN 61000-4-28 (VDE 0847 Teil 4-28):2000-12

Tabelle 6.1: Entwürfe von neuen Grundnormen der Reihe 61000-4-n im Überblick

Stand: Mai 2001. - Grau abgesetzte Hauptabschnitte sind keine Störfestigkeitsnormen.

IEC 61000-4-13 Ed. 1 :CDV	**Titel: Harmonics and interharmonics, including mains signalling at a.c.power port, low frequency immunity tests** **Inhalt:** Prüfung der Störfestigkeit gegenüber leitungsgeführten Störgrößen bis 2400 Hz, überlagert auf der 50/60-Hz-Stromversorgung von Geräten. Spezifiziert den Prüfgenerator (50-2400 Hz) für Geräte bis 16A/Phase speziell in 50/60-Hz-Netzen, die Prüfprozedur und die Prüfpegel nach 4 Prüfschärfen (1 bis 3 und X).
IEC 61000-4-20 Ed. 1 :CD	**Titel: Emission and immunity testing in transverse electromagnetic (TEM) waveguides.** **Inhalt:** Richtlinien zur Dimensionierung und Grenzen von Wellenleitern. Allgemeine Hinweise zu den Prüflingen, den Prüfaufbauten, der Feldhomogenität. Gemeinsames Projekt einer JTF von IEC SC77B und CISPR/A. Kap. "Emission" wird von CISPR/A bearbeitet.
IEC 61000-4-21 Ed. 1 :CD	**Titel: Reverberation chambers.** **Inhalt:** Spezifiziert die Emissions- als auch die Störfestigkeitsprüfprozeduren für gestrahlte Störgrößen. Umfangreicher Anhang zum Entwurf einer Modenverwirbelungskammer (Reverberation Chamber). Gemeinsames Projekt einer JTF von IEC SC77B und CISPR/A. Kap. "Emission" wird von CISPR/A bearbeitet.
IEC 61000-4-25 Ed. 1 :CDV	**Titel: HEMP immunity test methods for equipment and systems.** **Inhalt:** Prüfung der Störfestigkeit von Geräten gegenüber gestrahlten und leitungsgeführten HEMP-Störgrößen mit Angaben zu Prüfpegeln.
IEC 61000-4-27:2000 veröffentlicht EN 61000-4-27 Ed. 1 noch Entwurf	**Titel: Unbalance, immunity test.** **Inhalt:** Störfestigkeit von Geräten bis 16A bei unsymmetrischer Drehstromversorgung. Prüfgenerator, Prüfpegel (1 bis 3) und Prüfprozedur werden beschrieben.
IEC 61000-4-29:2000 veröffentlicht EN 61000-4-29 Ed. 1 noch Entwurf	**Titel: Voltage dips, short interruptions and voltage variations on d.c. input power ports, immunity tests.** **Inhalt:** Störfestigkeit von Geräten gegenüber Spannungseinbrüchen, -unterbrechungen, -schwankungen an ihren Gleichspannungs-Stromversorgungseingängen.
IEC 61000-4-30 Ed. 1 :CD	**Titel: Measurement of power quality parameters.** **Inhalt:** Beschreibung der Meßtechnik. Zusammenhang mit EN 50160.
IEC 61000-4-32 Ed. 1 :CD	**Titel: Immunity to high altitude nuclear electromagnetic pulse (HEMP) - HEMP simulator compendium.** **Inhalt:** Übersicht von HEMP-Simulatoren weltweit. 134 Seiten!
IEC 61000-4-33 Ed. 1 :NP	**Titel: Methods and means of measurements of high power transient parameters.** **Inhalt:** Erläuterung der Transienten-Meßtechnik für Strom und elektromagnetisches Feld im ns-Bereich.

Tabelle 5.1   Abkürzungen

CD	Committee Draft
CDV	Committee Draft for Vote
CENELEC	Europäisches Komitee für Elektrotechnische Normung
CISPR	Comité International Spécial des Perturbations Radioélectriques
DKE	Deutsche Elektrotechnische Kommission im DIN und VDE
dop	date of publication = latest date by which an EN has to be implemented at national level by publication of an identical national standard. *spätestes Datum, zu dem die EN auf nationaler Ebene durch Veröffentlichung einer identischen nationalen Norm oder durch Anerkennung übernommen werden muss.*
dow	date of withdrawal = latest date by which national standards conflicting with an EN have to be withdrawn. *spätestes Datum, zu dem nationale Normen, die der EN entgegenstehen, zurückgezogen werden müssen.*
EMVG	EMV-Gesetz
EN	Europäische Norm
ESD	Electrostatic discharge
FDIS	Final Draft International Standard
GRP	Ground Plane
HCP/VCP	Horizontal/Vertical Coupling Plane
HEMP	High-altitude electromagnetic pulse
IEC	Internationale Elektrotechnische Kommission
NP	New Project
NWIP	New Work Item Proposal
OJEC	Official Journal of the EC (Amtsblatt der EU)
RegTP	Regulierungsbehörde für Post und Telekommunikation
SC	Subcommittee
TC	Technical Committee
UK	Unterkomitee bei der DKE
WG	Working Group

Qualität und Qualitätsverbesserung öffentlicher elektrischer Energieversorgung

Prof. Dipl.-Ing. Alwin Burgholte
Fachhochschule Oldenburg/Ostfriesland/Wilhelmshaven
Fachbereich Elektrotechnik

Qualität und Qualitätsverbesserung öffentlicher elektrischer Energieversorgung

Prof. Dipl.-Ing. Alwin Burgholte,
Fachhochschule Oldenburg/Ostfriesland/Wilhelmshaven, Standort Wilhelmshaven,
Fachbereich Elektrotechnik, Labor für Leistungselektronik und EMV

1 Einführung

Das Konsumgut Strom hat, wie jedes andere Produkt auch, Qualitätsmerkmale zu erfüllen. Dabei interessieren Faktoren wie Produktidentifikation (Markenzeichen), Verfügbarkeit und Preis-/Leistungsverhältnis. Es ist erforderlich, die Qualität zu beschreiben, die Anforderungen festzulegen und eine Qualitätskontrolle durchzuführen. Die Qualitätsmerkmale sind in einschlägigen europäischen Normen, internationalen Standards oder speziellen Richtlinien der VDEW[1] und FGW[2] definiert.

Die Liberalisierung des Strommarktes wirkt sich auch auf die Qualität der elektrischen Stromversorgung aus. Das Abschalten von Kraftwerken und der Rückbau von Umspannwerken zehren allmählich die Netzreserven auf, die für Spitzenleistungsbeanspruchungen dringend erforderlich wären. Es treten zunehmend Blackouts auf; eine stetige Verschlechterung der Versorgungsqualität in Form von Spannungsverzerrungen und Impulsbeanspruchungen ist zu beobachten.

In Abb. 1.1 werden die Beschreibungsgrößen Störfestigkeitsgrenzwert, Störemissionsgrenzwert und Verträglichkeitspegel in der Zuordnung der Störpegel nach Störquelle und Störsenke definiert. Ein Gerät soll Störgrößen bis zur Höhe der Störfestigkeit ohne Beeinträchtigung ertragen.

Abb. 1.1 Störemission, Verträglichkeitspegel und Störfestigkeit (vgl. EN 61000-4-1)

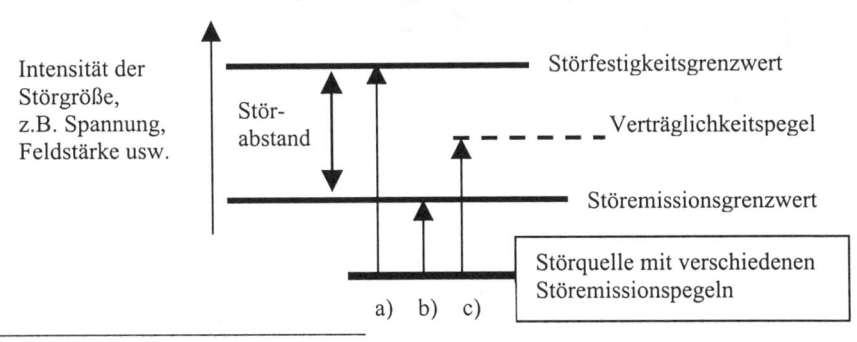

---

[1] VDEW Vereinigung Deutscher Elektrizitätswerke e.V.
[2] Fördergesellschaft Windenergie

Qualitätsmerkmale der Spannungsversorgung nach EN 50160

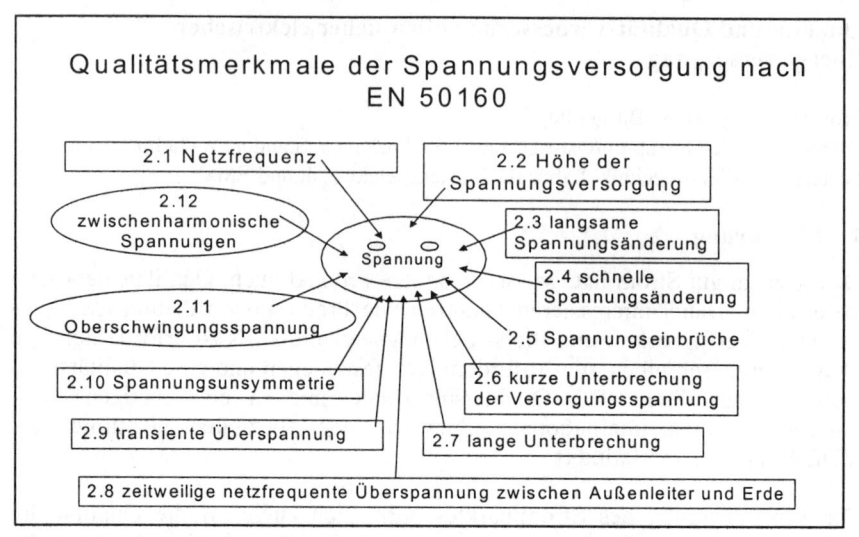

- 2.1 Netzfrequenz
- 2.2 Höhe der Spannungsversorgung
- 2.12 zwischenharmonische Spannungen
- 2.3 langsame Spannungsänderung
- 2.4 schnelle Spannungsänderung
- 2.11 Oberschwingungsspannung
- 2.5 Spannungseinbrüche
- 2.10 Spannungsunsymmetrie
- 2.6 kurze Unterbrechung der Versorgungsspannung
- 2.9 transiente Überspannung
- 2.7 lange Unterbrechung
- 2.8 zeitweilige netzfrequente Überspannung zwischen Außenleiter und Erde

Abb. 1.2 Beschreibung der Spannungsqualität nach EN 50160

Die Verträglichkeitspegel sind weder Grenzwerte noch zulässige Werte. Verträglichkeitspegel dienen dem Netzbetreiber als Beurteilungsgrundlage für die zulässige Störaussendung einer Anlage. Mit einer Wahrscheinlichkeit von 95 % kann bei Einhaltung der Verträglichkeitspegel davon ausgegangen werden, daß kein anderes an diesem Netz betriebenes Gerät in seiner Funktion beeinträchtigt wird.

Abb. 1.3 definiert Spannungsschwankungen und -unterbrechungen;

Abb. 1.4 zeigt das Prinzip, nicht sinusförmige Größen durch Überlagerung von Grund und Oberschwingungen darzustellen.

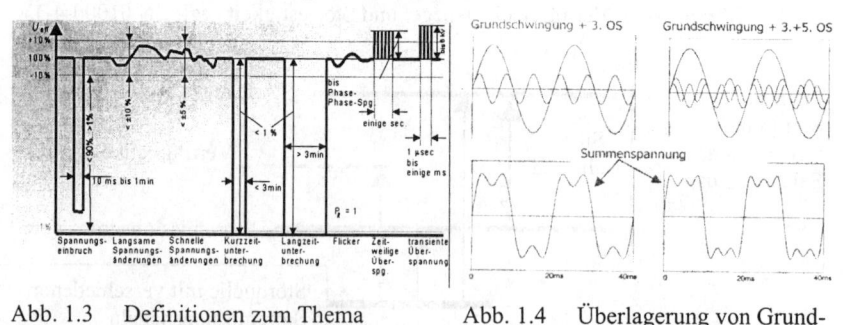

Abb. 1.3 Definitionen zum Thema Spannungsschwankungen[3]

Abb. 1.4 Überlagerung von Grund- und Oberschwingungen

---

[3] aus Siemens Power Engineering Guide · Transmission and Distribution · 4th Edition

Für die Spannungs- und Leistungsbeschreibung werden der Klirrfaktor k, der Verzerrungsfaktor THD und der Leistungsfaktor λ benutzt.

Klirrfaktor k, THF (total harmonic factor) $$k = \sqrt{\frac{\sum_{h=2}^{40} U_h^2}{U^2}}$$	Beschreibung des Oberschwingungsgehaltes: Verhältnis der Effektivwerte aller Oberschwingungen zum Gesamteffektivwert.
Leistungsfaktor λ (power factor) $$\lambda = \frac{P}{S}$$	Verhältnis von Wirkleistung zu Scheinleistung bei sinusförmigen Größen gilt: $\lambda \equiv \cos \varphi$; sonst $\lambda = g_i \cdot \cos \varphi$
Verzerrungsfaktor THD (total harmonic distortion) $$THD = \sqrt{\frac{\sum_{h=2}^{40} U_h^2}{U_1^2}}$$	Beschreibung des Oberschwingungsgehaltes Verhältnis des Effektivwertes aller Oberschwingungen, auf den Effektivwert der Grundschwingung bezogen.

Für die Beschreibung der Stromverzerrung benutzt man gewichtete Faktoren:

gewichteter Verzerrungsfaktor PHD (partial weighted harmonic distortion) $$PHD = \sqrt{\sum_{n=14}^{40} n \cdot \left(\frac{U_n}{U_1}\right)^2}$$	Oberschwingungsgehalt als Verhältnis des Effektivwertes der höherfrequenten Oberschwingungen, auf den Effektivwert der Grundschwingung bezogen.
gesamter Oberschwingungsstrom (total harmonic current) $$THC = \sqrt{\sum_{n=2}^{40} I_n^2}$$	Gesamter Effektivwert der Oberschwingungsströme der Ordnungen 2 bis 40
Teilstrom der ungeradzahligen OS (partial odd harmonic current) $$PHC = \sqrt{\sum_{n=21,23}^{39} I_n^2}$$	Gesamteffektivwert der ungeradzahligen Oberschwingungsströme der Ordnungen 21 bis 39

Spannungseinbrüche werden verursacht durch gepulste Leistungsaufnahme, wie sie bei dem Betrieb von Kochmulden, Haartrocknern, Waschmaschinen, Elektrowerkzeugen, Klimageräten u.v.a. elektrischen Geräten entstehen.

Abb. 1.5 zeigt eine Übersicht der Häufigkeit und Höhe erfasster Spannungseinbrüche in Niederspannungsnetzen.

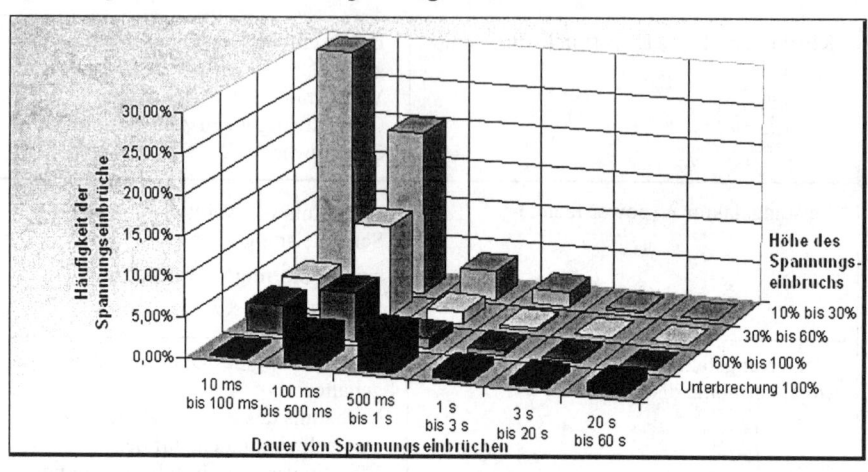

Abb. 1.5   Häufigkeit und Höhe von Spannungseinbrüchen in Niederspannungsnetzen[4]

In den vergangenen Jahren ist eine stetige Zunahme der Oberschwingungsbelastung in Niederspannungsnetzen festzustellen, wie Abb. 1.6 zeigt.

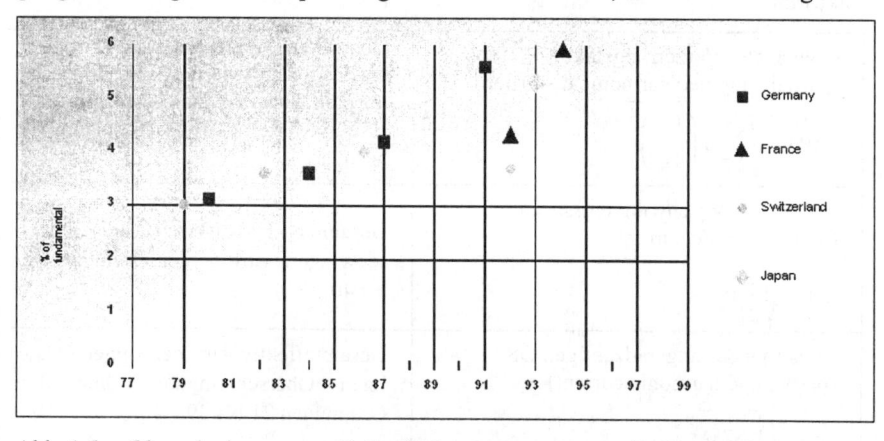

Abb. 1.6   Oberschwingungsanteile in Niederspannungsnetzen im Vergleich der Jahre 1977 bis 1999[5]

---

[4] aus Siemens Power Engineering Guide · Transmission and Distribution · 4th Edition
[5] aus Siemens Power Engineering Guide · Transmission and Distribution · 4th Edition

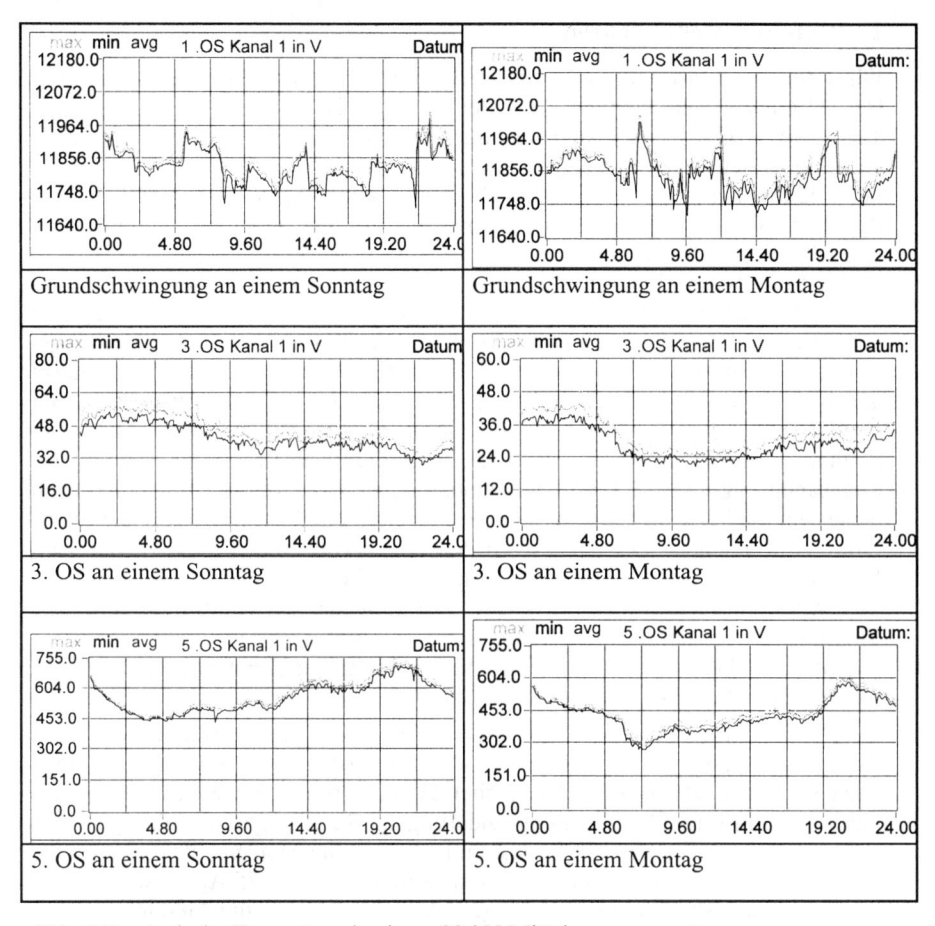

Grundschwingung an einem Sonntag	Grundschwingung an einem Montag
3. OS an einem Sonntag	3. OS an einem Montag
5. OS an einem Sonntag	5. OS an einem Montag

Abb. 1.7   typische Tagesgänge in einem 20-kV-Mittelspannungsnetz

Abb. 1.7 zeigt typische Tagesgänge in einem 20-kV-Mittelspannungsnetz. Der Oberschwingungsgehalt ist dabei abhängig von der Tageszeit. Gegen Abend steigt der Oberschwingungsgehalt erfahrungsgemäß an. Bemerkenswert ist der Anteil der dritten Oberschwingung im Mittelspannungsnetz mit ca. 0,5% und die relativ große Schwankungsbreite des Oberschwingungsanteils der fünften OS mit ca. 2,9 % bei einem Anteil von ca. 5 % der Grundschwingung.

2 Prüf- und Meßverfahren

Für Spannungsschwankungen gilt die EN 61000-3-3 (März 1996) mit der Berichtigung 1 (November 1998), die identisch ist mit der alten EN 60555, Teil 3, von 1987. Danach sind Spannungsschwankungen, hervorgerufen durch einzelne Geräte, am Niederspannungsnetz zulässig, wenn der daraus resultierende Flickerstörfaktor P_{st} nicht größer als 1 wird. Der P_{st}-Wert wird an einer Spannungsversorgung mit konstanter sinusförmiger Quellenspannung über eine CENELEC-Normimpedanz von 0,24 Ω + j 0,15 Ω je Phase und 0,16 Ω + j 0,1 Ω im Neutralleiter, mit einem Flickermeter über zehn Minuten Messzeit ermittelt. Ein Langzeitflickerstörfaktor P_{lt}, gemittelt aus zwölf P_{st}-Werten, darf den Wert von 0,65 nicht überschreiten. Die Beurteilung der Spannungsschwankungen in bezug auf ihre Flickerwirkung ist außerordentlich schwierig und unterliegt nicht zuletzt dem subjektiven Empfinden des Beobachters. Bei niedrigen Wiederholraten r kleiner 120/min liegt die Sichtbarkeitsgrenze bei Spannungsänderungen $\Delta U/U$ = 0,55 %. Bei 230 V liegt dann eine Spannungsänderung von 1,3 V vor. Mit zunehmender Wiederholrate verschiebt sich diese Sichtbarkeitsschwelle nach unten, um etwa bei 9 Hz mit 0,2 % ein Minimum zu erreichen. Die zulässigen Störpegel von $\Delta U/U$ = 3 % bis zum Minimum von 0,3 % werden bei einer ohmschen Stromänderung von ΔI = 14,3 A bzw. 1,43 A an der CENELEC-Normimpedanz erreicht. Eine genormte Messung bei stochastischen Vorgängen ist nach der IEC-Publikation 868, identisch mit DIN VDE 0846 Teil 2:1987-10, mit dem UIE-Flickermeter (UIE: Union International d'Electrothermie) möglich.

Geräte, die prinzipbedingt die EN 61000-3-3 nicht erfüllen, weil die Spannungsabfälle an der CENELEC-Normimpedanz zu groß sind, können auch nach EN 61000-3-11, November 2000, vermessen werden. Die Norm nennt Grenzwerte für Spannungsänderungen, Spannungsschwankungen und Flicker in öffentlichen Niederspannungsversorgungsnetzen für Geräte und Einrichtungen mit einem Bemessungsstrom 75 A, die einer Sonderanschlussbedingung unterliegen. Danach werden die Geräte an einer Test-Netzimpedanz Z_{Test} vermessen. Die Testimpedanz ist üblicherweise kleiner als die CENELEC-Normimpedanz und muß ein Verhältnis von X_{Test}/R_{Test} im Bereich 0,5 bis 0,75 haben. Die ermittelten Werte für d_c, d_{max}, P_{st} und P_{lt} sind die Grundlage für eine Umrechnung auf eine erforderliche Netzanschluss-Systemimpedanz Z_{Sys}, an der sich dann die Normgrenzwerte nach EN 61000-3-3 ergeben würden. Für d_{max} sind 6 % oder 7 % je nach Betriebsart der Geräte zulässig.

Bei Verbrauchern/Einspeisern größerer Leistung (beispielsweise Windenergieanlagen) ist es nicht möglich, entsprechend der Flickernorm EN 61000-3-3 eine Flickerprüfung an definierten Netzquellen und -impedanzen durchzuführen. Die Flickerprüfung nach EN 61000-3-11 für Geräte und Einrichtungen mit Nennströmen bis zu 75 A bei bekannten Netzimpedanzen mit entsprechender Umrechnung auf Normimpedanzen führt zu der Schwierigkeit, die

Netzimpedanz am Meßort genau bestimmen zu müssen. Für die Bestimmung der Flickerwirkung wird eine Strommessung durchgeführt. Es werden acht Kanäle in Parallelabtastung für jeweils eine Minute erfasst und abgespeichert. Weil die Signale nur Frequenzanteile kleiner 100 Hz enthalten, wird für die weitere Verarbeitung eine Abtastreduktion durchgeführt, so daß praktisch mit einer Abtastfrequenz von 400 Hz gearbeitet wird. Die Vorgabe einer virtuellen Netzimpedanz erfolgt entsprechend der gewünschten Netznormimpedanz. Für die Vermessung von Windenergieanlagen in Mittel-spannungsnetzen wird dafür das 20-fache der Einspeiseleistung als Netzkurzschlussleistung vorgegeben. Beurteilt werden dann sammelschienennahe Einspeisepunkte mit einem Impedanzwinkel $\psi = 87°$ oder sammelschienenfern mit $\psi = 50°$. Vergleichsmessungen mit dem Normprüfaufbau zeigen, daß dieses Verfahren gleiche Ergebnisse für die Flickerstörfaktoren P_{st} liefert. Damit wird die messtechnische Flickeruntersuchung an jedem Netzpunkt möglich.

Abb. 2.1 zeigt die prinzipielle Blockstruktur eines PC-gesteuerten Messsystems zur Erfassung der Oberschwingungsspektren mit Hilfe der FFT.

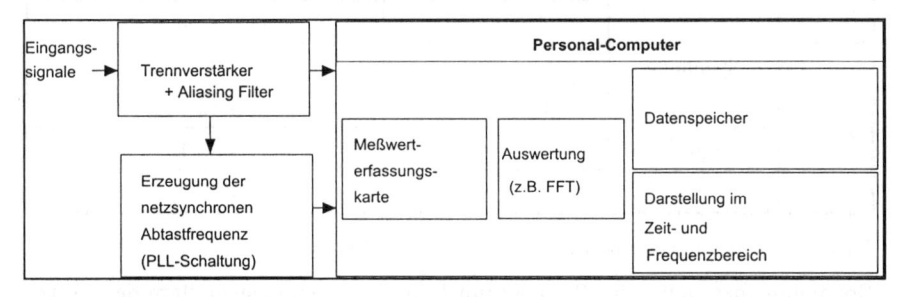

Eingangs-signale →	Trennverstärker + Aliasing Filter	Personal-Computer		
		Meßwert-erfassungs-karte	Auswertung (z.B. FFT)	Datenspeicher
	Erzeugung der netzsynchronen Abtastfrequenz (PLL-Schaltung)			Darstellung im Zeit- und Frequenzbereich

Abb. 2.1   Oberschwingungsmesssystem mit Aliasing-Filter

Die FFT ist ein schneller Algorithmus zur Auswertung eines Signals über die Dauer eines Messfensters mit N Abtastwerten. Zur Erhöhung der Genauigkeit wird die Abtastfrequenz f_T über eine PLL(Phase-locked-loop)-Schaltung genau mit der Netzfrequenz f_1 synchronisiert. Die Meßfensterbreite bestimmt die Frequenz der Grundschwingung und die Spektralanteile mit dem ganzzahligen Vielfachen. Damit hat die Messfensterbreite einen entscheidenden Einfluß auf die Analysegenauigkeit.

Sowohl DFT (Diskrete FT) als auch FFT liefern als Signalanalyseergebnis Grund- und Oberschwingungsanteile, deren Frequenzen auf die Messfensterbreite bezogen sind. Die Anzahl der eingelesenen Perioden bestimmt die Auflösung der Frequenzschritte; so ergeben acht 50-Hz-Perioden einen Frequenzschritt von 50/8 = 6,25 Hz.

3 Genauigkeitsanforderungen an die Messsysteme

Spannungs- und Strommessungen erfolgen im Mittelspannungsnetz ausschließlich über Spannungs- bzw. Stromwandler. Erfasst werden in einem Messfenster acht bis zehn Perioden. Die Abtastfrequenz muß ein exaktes Vielfaches der Grundfrequenz sein. Geringe Abweichungen führen zu nicht unerheblichen Messfehlern. Nach EN 61000-4-7 werden für die einzelnen Messklassen und -größen folgende Fehlerhöchstwerte zugelassen.

Klasse	Messung	Bedingungen	Höchstwert des Fehlers
I	Spannung	$U_m \geq 1\% \, U_N$	$5\% \, U_m$
		$U_m < 1\% \, U_N$	$0{,}05\% \, U_{nom}$
	Strom	$I_m \geq 3\% \, I_N$	$\pm 5\% \, I_m$
		$I_m < 3\% \, I_N$	$\pm 0{,}15\% \, I_{nom}$
	Leistung	$P_m < 150 \, W$	$\pm 1{,}5 \, W$
		$P_m > 150 \, W$	$\pm 1\%$ von P_m
II	Spannung	$U_m \geq 3\% \, U_N$	$5\% \, U_m$
		$U_m < 3\% \, U_N$	$0{,}15\% \, U_{nom}$
	Strom	$I_m \geq 10\% \, I_N$	$\pm 5\% \, I_m$
		$I_m < 10\% \, I_N$	$\pm 0{,}5\% \, I_{nom}$

Tabelle 1   Genauigkeitsanforderungen nach EN 61000-4-7

Spannungsmessungen bis 2,5 kHz mit Betriebsspannungswandlern des Mittelspannungsnetzes lassen sich mit ca. 2 % Fehler realisieren.

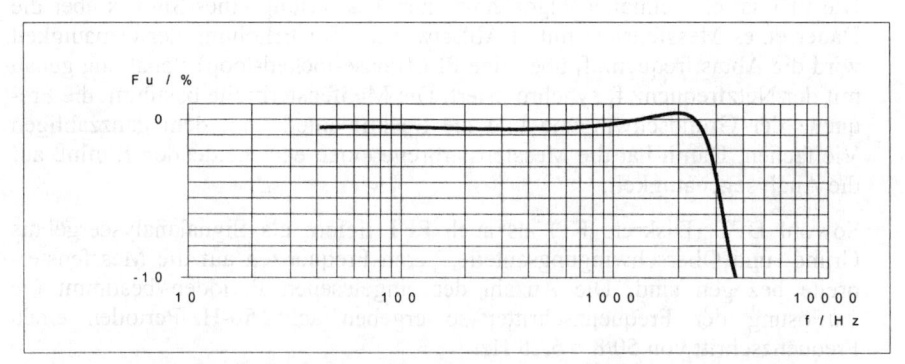

Abb. 3.1   Frequenzgang des Messfehlers für einen zweipolig isolierten 20-kV-Spannungswandlers

Betriebsstromwandler weisen bis in den Frequenzbereich von 10 kHz erheblich geringere Fehler (kleiner 0,5 %) auf.

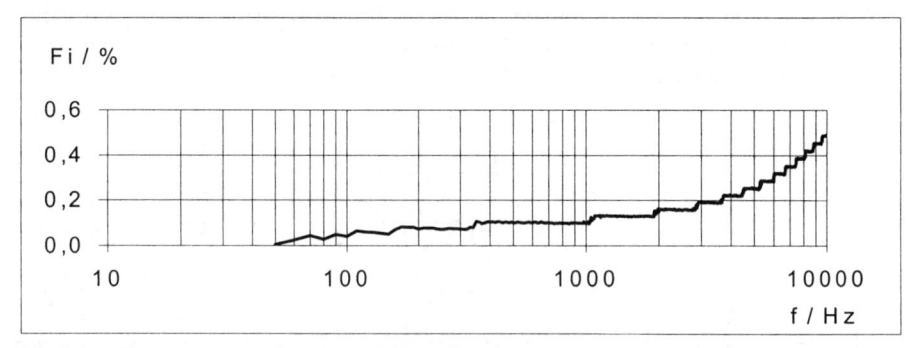

Abb. 3.2 Frequenzgang eines Messfehlers für einen Stromwandler des Mittelspannungsnetzes

Bei der Strommessung mit einer Rogowskispule hat die Zuordnung der Spulenlage zum Leiter einen wesentlichen Fehlereinfluß.

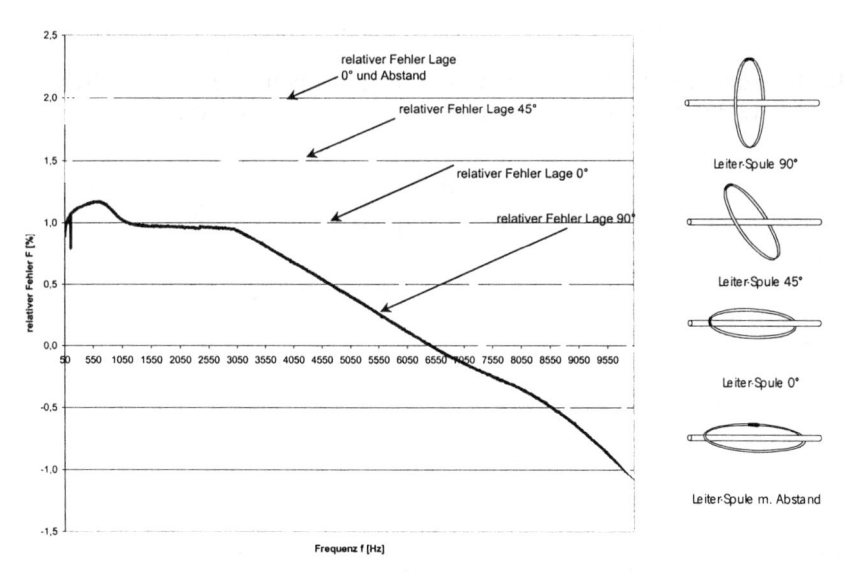

Abb. 3.3 Relativer Fehler einer Rogowskispule als Funktion der Spulenlage zum Leiter

4 Praktische Erfahrungen aus diversen Netzqualitätsmessungen in ausgewählten öffentlichen und industriellen Netzen

Abb. 4.1 zeigt die Flickermessung an einer Windenergieanlagen mit Vorgabe einer virtuellen Impedanz. Die Netzkurzschlussleistung wird mit dem 20-fachen der Windenergieanlagenleistung vorgegeben.

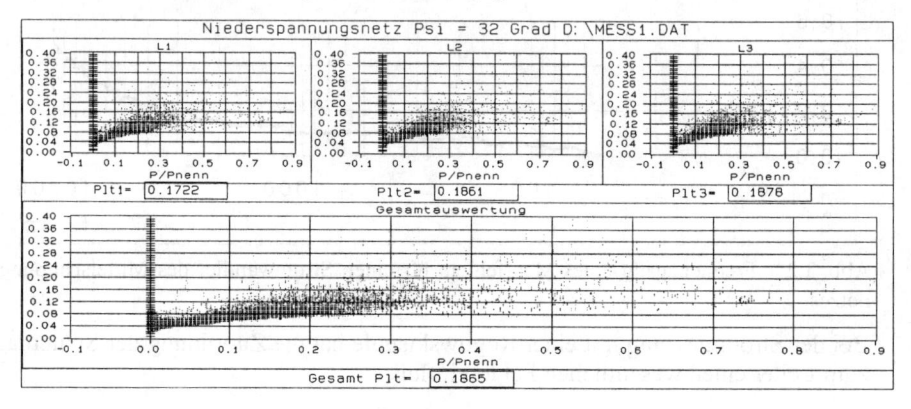

Abb. 4.1 Flickermessung an einer Windenergieanlage

Abb. 4.2 zeigt die Oberschwingungsmessung harmonischer und zwischenharmonischer Frequenzen einer Windparkeinspeisung im 20 kV-Netz

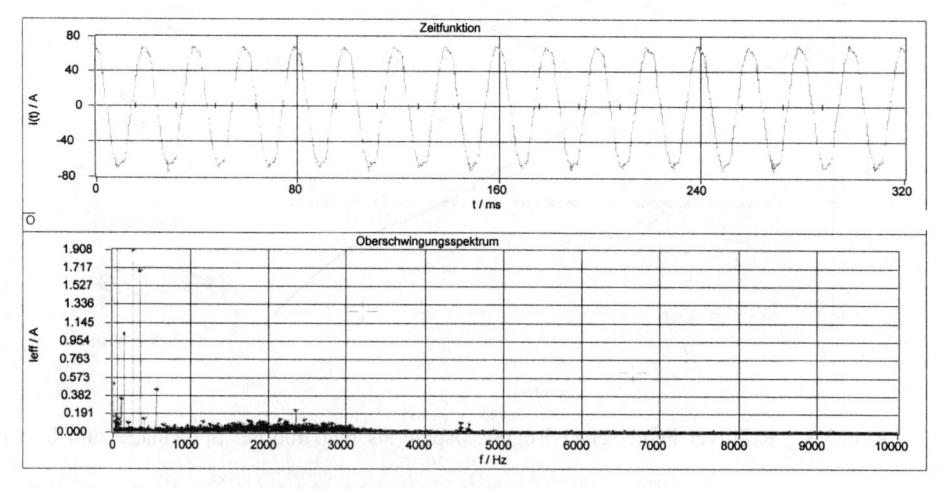

Abb. 4.2 Oberschwingungsanalyse einer Windparkeinspeisung im 20 kV-Netz oben Leiterstrom als Zeitfunktion unten dazugehöriges Spektrum

Für die Ermittelung der Oberschwingungsquellen ist die Darstellung der Abhängigkeit der Oberschwingungsströme von der Leistung bzw. von der Grundschwingung des Stromes hilfreich. Steigt der Oberschwingungsanteil mit der Leistung eines Verbrauchers, liegt die Quelle beim Verbraucher.

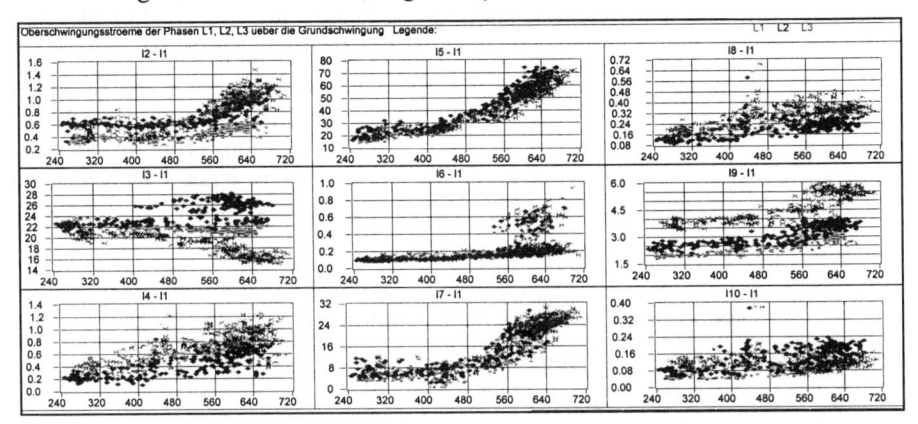

Abb. 4.3 Abhängigkeit der Oberschwingungsströme von der Grundschwingung eines Verbraucherstroms (Darstellung der 2. bis 10. OS)

In Netzen mit hohen Umrichterlastanteilen sind die Spannungs- und Stromkurven erheblich verzerrt. Abb. 4.4 zeigt eine industrielle Stromversorgung mit ca. 95% Umrichterlast.

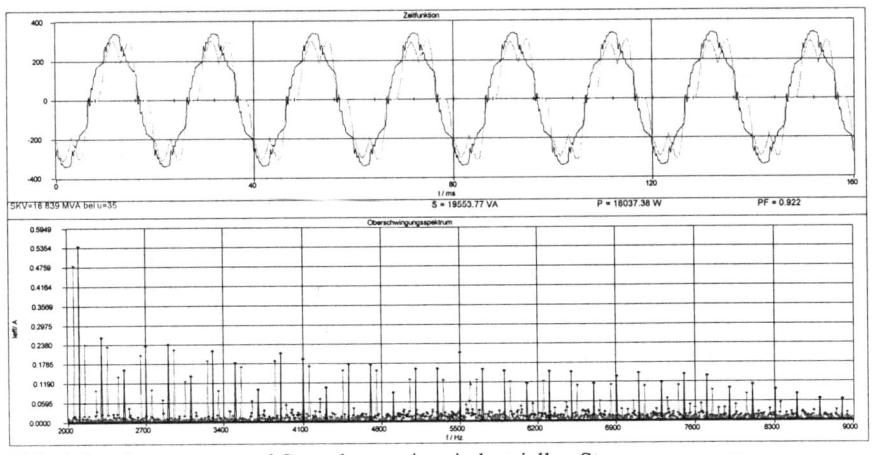

Abb. 4.4 Spannungs- und Stromkurve einer industriellen Stromversorgung
oben   Zeitfunktion u, i
unten Stromspektrum für diskrete Frequenzen und 200-Hz-Bänder

Nachteilig wirkt sich der Schaltungseinsatz von Gleichrichter und Glättungskondensator beim Betrieb einer Vielzahl von Geräten (Leuchtstofflampen, Fernseh- und ITE-Geräte) zu Schwachlastzeiten bei hohem Gleichzeitigkeitsfaktor aus. Aufgrund der typischen Stromkurve führen diese Geräte prinzipbedingt zu einer hohen Strombeanspruchung im Neutralleiter mit Oberschwingungen der Ordnungszahlen als Vielfaches von drei.

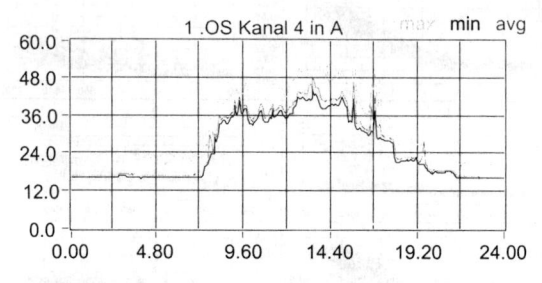

Abb. 4.5 zeigt die Stromaufnahme, wie sie für die Hauptversorgung von Rechnerpoolräumen einer Fachhochschule ermittelt wurde.

Leiterstrom Grundschwingung

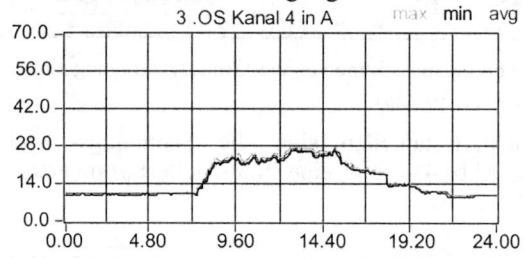

Leiterstrom 3.OS

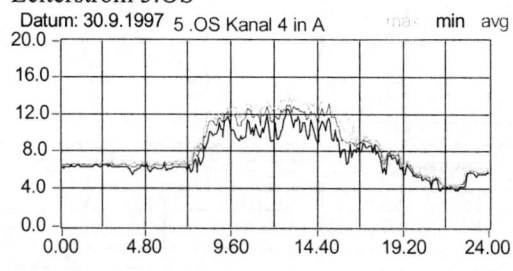

Leiterstrom 5.OS

Abb. 4.5
Tageszeitlicher Verlauf eines Leiterstromes mit Grundschwingung, 3. und 5. Oberschwingung (Zeitmaßstab in Stunden und Minuten/100)

Die dominierenden Oberschwingungsquellen befinden sich im Niederspannungsnetz. Über Transformatoren werden diese Oberschwingungen in das Mittelspannungsnetz übertragen. Abb. 4.6 zeigt das Übertragungsverhalten der Transformatoren, jeweils auf die Grundschwingung bezogen.

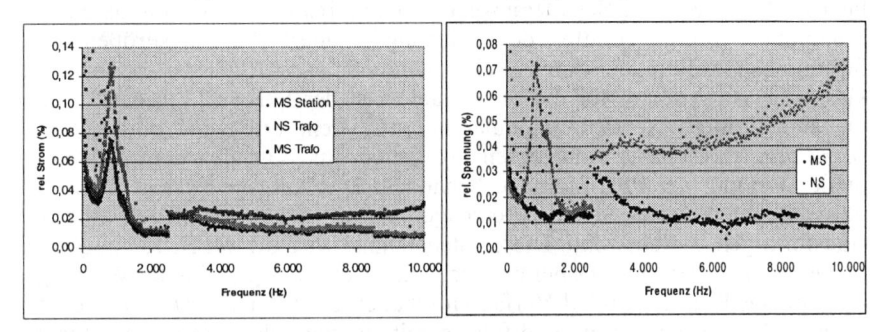

Abb. 4.6 Transformatorenverhalten bei der Übertragung von Oberschwingungen
links Strom I_h/I_1 rechts U_h/U_1
jeweils hoher Anteil im Niederspannungsnetz
geringer Anteil im Mittelspannungsnetz
Für ein Industrienetz mit sehr hoher Umrichterlast nach Abb. 4.4 stellt sich das Übertragungsverhalten gemäß Abb. 4.7 dar.

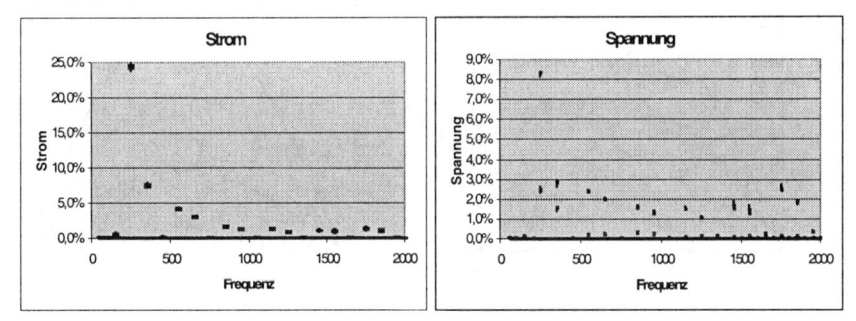

Abb. 4.7 Transformatorenverhalten bei der Übertragung von Oberschwingungen in einem 10-kV-Industrienetz mit hoher Umrichterlast
(Darstellung wie Abb. 4.6)

Auffällig ist die Reduktion der Oberschwingungsanteile im Mittelspannungsnetz. Hier wirken die hohe Kurzschlussleistung und die Koppelkapazitäten zusammen. Das Auftreten der dritten Oberschwingung ist durch unsymmetrische Belastung im Niederspannungsnetz begründet.

5 Möglichkeiten der Qualitätsverbesserung

5.1 Aktive Verfahren durch pulsmodulierte Schaltungen

Der Entwicklungsstand moderner Leistungshalbleiter eröffnet heute die Möglichkeit, hochfrequente Schalteranwendungen zu realisieren. Damit lassen sich bestimmte Kurvenverläufe der Eingangs- oder Ausgangsgrößen von Stromrichterschaltungen durch Pulsweitenmodulation (PWM) formen. Die klassische Anwendung für dieses Verfahren ist der Pulswechselrichter. Auch die sinusförmige Netzstrommodulation unter dem Stichwort *power factor correction* (PFC) basiert auf diesem Verfahren. Im folgenden wird die prinzipielle Wirkung der PFC-Methode behandelt. Die Aufgabe besteht darin, ein pulsweitenmoduliertes Signal zu erzeugen, dessen gleitender Mittelwert einen sinusförmigen Verlauf zeigt. Dieses Steuersignal wird oft mit Hilfe integrierter Steuerbausteine erzeugt. Dabei unterscheiden sich zwei prinzipielle Wirkungsweisen: Das Peak controlled-Verfahren schaltet jeweils erst nach Erreichen des Stromnullwertes wieder ein und führt somit zu einem dreieckförmigen Stromverlauf, während das Average-Verfahren mit einem trapezförmigen Stromverlauf arbeitet.

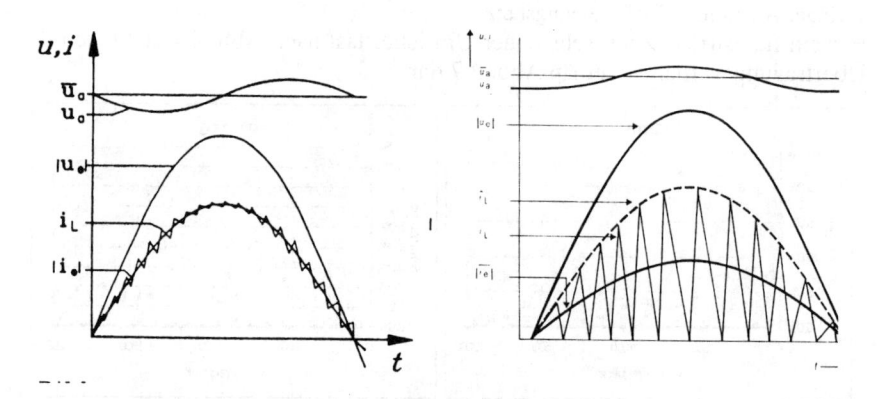

Abb. 5.1 Pulsweitenmoduliertes Steuersignal für eine PFC-Ansteuerung
links nach dem Average-Verfahren   rechts Peak controlled-Verfahren

Mit der Taktfrequenz treten im pulsweitenmodulierten Signal zwischenharmonische Frequenzanteile auf. Sie ergeben sich sowohl als Vielfaches der Netzfrequenz als auch der Taktfrequenz, wie Abb. 5.2 zeigt.

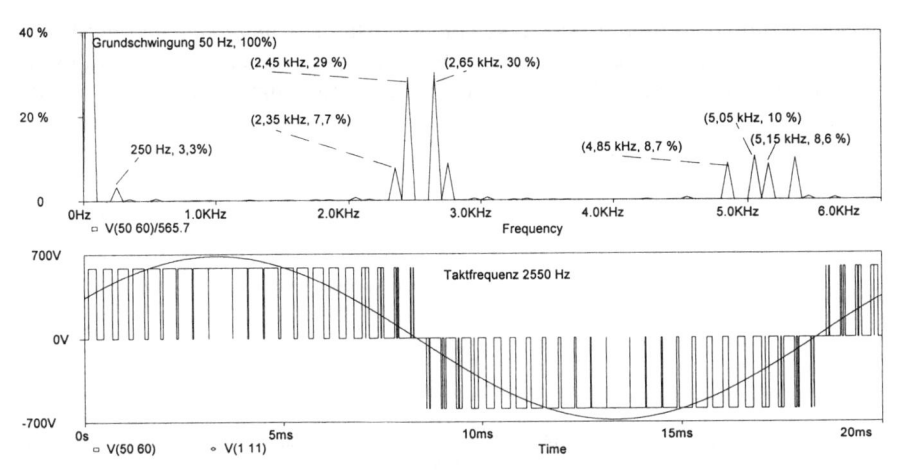

Abb. 5.2 Harmonische und zwischenharmonische Frequenzanteile bei sinusmodulierter Netzstromaufnahme
oben   Frequenzspektrum, auf 100 % der Grundschwingung normiert
unten   Zeitfunktion: Sinusspannung und pulsmoduliertes Taktsignal
Umrichter-Taktfrequenz 2,55 kHz;

5.2 Passive Verfahren durch Blindstromkompensation und Saugkreise

Abb. 5.3 zeigt das vereinfachte einphasige Ersatzschaltbild eines 30 kV-Netzes mit ohmsch-induktivem Verbraucher. Netzrückwirkungen werden verursacht, wenn auf der Verbraucherseite eine nicht sinusförmige Strombeanspruchung oder eine pulsförmige Lastbeanspruchung auftritt. Diese Beanspruchung führt an den Netzimpedanzen zu störenden Spannungsabfällen und -verzerrungen. Eine Blindleistungsbeanspruchung kann das Netz noch zusätzlich belasten.

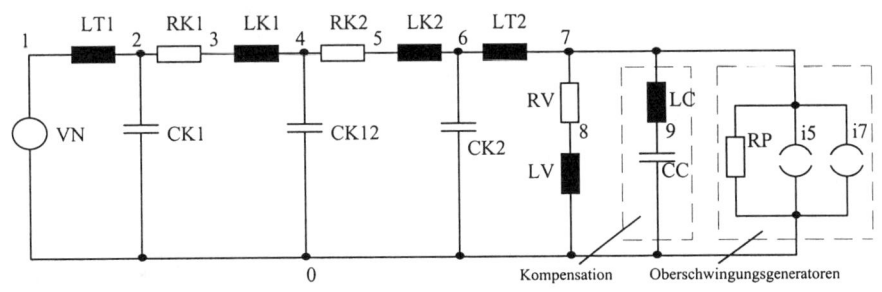

Abb. 5.3   Einphasige Ersatzschaltung eines 30-kV-Netzes (vereinfacht)

Damit ergibt sich die Forderung, sowohl die Blindleistung als auch die Stromoberschwingungen zu kompensieren. Die Auslegung dieser Kompensationsanlagen setzt gesicherte Kenntnisse über das Frequenzverhalten des Netzes voraus.

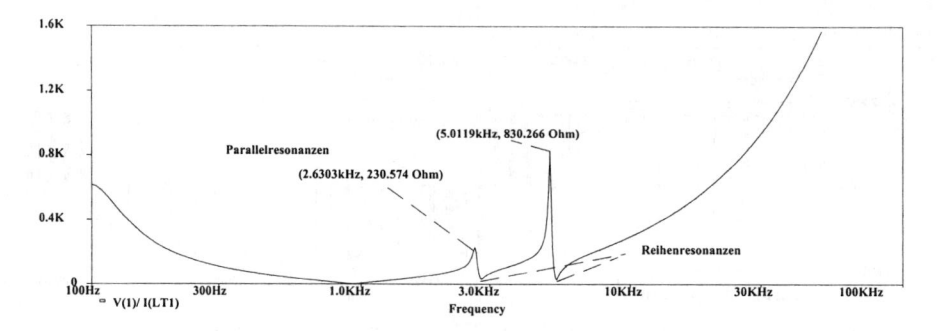

Abb. 5.4   Frequenzverhalten des Netzes nach Abb. 4.4

In Abb. 5.4 ist die Netzimpedanz für die Schaltung nach Abb. 5.3 aus Sicht der Quellenspannung VN als Quotient von V(1)/I(LT1) frequenzabhängig dargestellt. Bei auftretenden Reihenresonanzen wird die Impedanz minimal, bei Parallelresonanzen maximal. Im stationären Betrieb bei einer Netzfrequenz von 50 Hz und der Belastung mit dem ohmsch/induktiven Verbraucher R_V und L_V zeigt der Netzstrom in Abb. 5.5 eine Phasenverschiebung von $\varphi = 38{,}8°$ (Δt = 2,2 ms) zur Lastspannung. Diese Blindstrombeanspruchung erfordert eine Kompensationsanlage, die verdrosselt oder unverdrosselt ausgeführt werden kann.

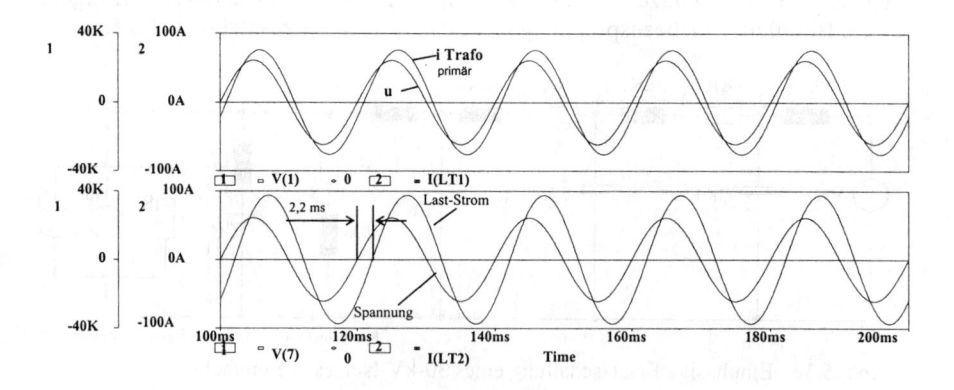

Abb. 5.5   Blindstrombeanspruchung des Netzes nach Abb. 5.3 ohne Kompensation
unten: Spannung und Strom an der Last   oben: u und i in der Quelle

Die Kompensationsanlage wirkt auch positiv, wenn auf der Verbraucherseite Stromoberschwingungen eingespeist werden. Beispielhaft soll zunächst in Abb. 5.6 die Wirkung einer unverdrosselten Kompensationsanlage bei Einspeisung der Oberschwingungsströme mit fünffacher (I_5) und siebenfacher (I_7) Netzfrequenz betrachtet werden.

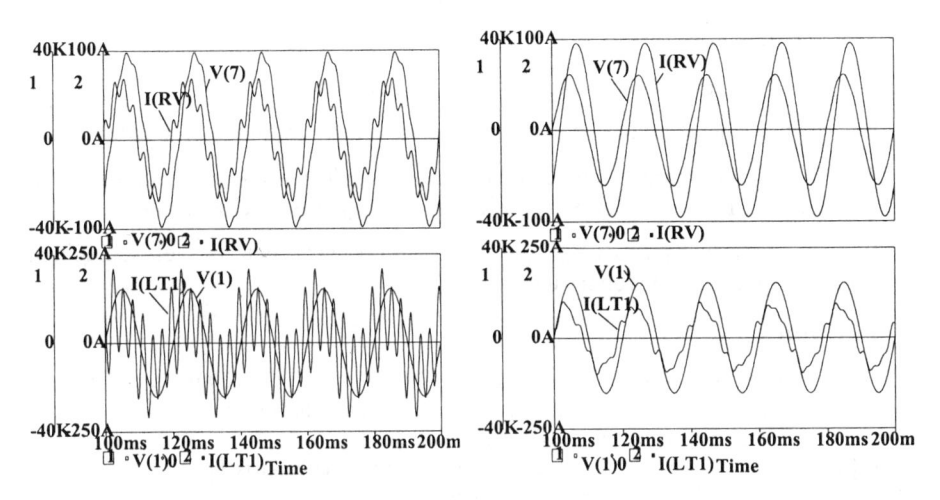

Abb. 5.6 a) Wirkung einer unverdrosselten   b) Wirkung einer verdrosselten
Kompensationsanlage
jeweils oben Lastspannung V(7) und Laststrom I(RV)
jeweils unten Quellenspannung V(1) und Quellenstrom I(LT1)

Verstärkt werden auch aktive Oberschwingungskompensatoren eingesetzt. Abb. 5.7 zeigt die prinzipielle Schaltung und die dazugehörigen Liniendiagramme.

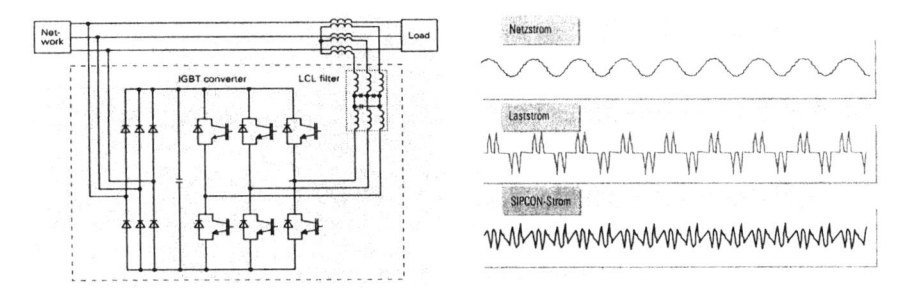

Abb. 5.7 power conditioner zur aktiven Oberschwingungskompensation
a) Leistungsteil   b) Liniendiagramm

6 Zusammenfassung und Ausblick

Die Qualität der elektrischen Stromversorgung wird schlechter, ein Ende der Verschlechterung ist noch nicht abzusehen.

Der vermehrte Einsatz nicht linearer Lasten und der Abbau von Netzreserven sind die Hauptursache für die Qualitätseinbußen.

Es ist deshalb erforderlich

- laufende Qualitätsüberwachungen vorzunehmen
- Verbraucherschaltungen mit geringen Netzrückwirkungen zu wählen und
- sich als Verbraucher auf eine Qualitätsverschlechterung einzustellen, d. h. auf die Einhaltung der notwendigen Störfestigkeitspegel zu achten.

In der Zukunft sind sowohl die Messtechnik als auch die einschlägigen Emissionsgrenzwerte weiter zu entwickeln.

Literatur

[1-5] Europäische Normen EN 61000-4-1, 61000-4-7, 50160, 61000-2-2, 61000-2-4
[6]   VDEW-Richtlinien, Betrieb von Eigenerzeugungsanlagen am Niederspannungs- und Mittelspannungsnetz
[7]   FGW – Technische Richtlinie zur Bestimmung der elektrischen Eigenschaften von Windenergieanlagen
[8]   Stromoberschwingungen mit sub- und zwischenharmonischen Frequenzanteilen durch Sinushalbwellen- oder Pulsweitenmodulation
       Burgholte u.a., Tagungsband EMV 1996, S. 61 ff.
[9]   Richtungsbestimmung von Oberschwingungen – was ist möglich, was ist nicht möglich?
       Burgholte u.a., EVU-Betriebspraxis (2001) H. 6

Oberschwingungs- und Flickermessung

Frank Niechcial
EM-Test GmbH

OBERSCHWINGUNG 2

Lineares System 2

Das nichtlineare System 3

Warum prüft man Oberschwingung? 3

Welche Produkte sind davon betroffen? 3

Betriebsmittel, die Oberschwingungen erzeugen können 4

Auswirkungen von Oberschwingungen 4

Messverfahren 5

Fouriertransformation 7

Grenzwertklassen 9

Änderung der Grenzwerte durch Amendment 14 9

FLICKER 11

Betriebsmittel die Flicker erzeugen können 11

Warum prüft man Flicker? 12

Stellungnahme RegTP 14

Oberschwingungs- und Flickermessung
Die neue Pflichtmessung seit dem 01.01.2001

Oberschwingung

Als Oberschwingung wird eine sinusförmige Schwingung bezeichnet, deren Frequenz ein ganzzahliges Vielfaches der Netzfrequenz (f = 50 Hz) beträgt.

Eine der Netzspannung überlagerte sinusförmige Schwingung mit einer Frequenz von 250 Hz (5 x 50 Hz) wird als 5. Oberschwingung, als Oberschwingung 5. Ordnung oder als 5. Harmonische bezeichnet.

Schwingungen, deren Frequenz zwischen den ganzzahligen Vielfachen der Grundfrequenz liegen, werden als Zwischenharmonische bezeichnet.

Lineares System

Eine Schaltung, die nur aus idealen Widerständen, Kapazitäten oder Induktivitäten besteht heißt lineares System. Die Spannung (U) und der durch die Impedanz der Last gegebene Strom (I) haben einen sinusförmigen Stromverlauf.
Der Stromverlauf enthält nur eine Frequenz, die Netzfrequenz / die sogenannte Grundschwingung. Ein lineares System weist keine Oberschwingungen auf.

Das nichtlineare System

Prüflinge mit einer sinusförmigen Stromaufnahme werden als nichtlinear bezeichnet. Die im Eingangskreis befindlichen Komponenten sind z. B. DC/DC-Regler, Brückengleichrichter oder ähnliche Komponenten zeichnen sich durch eine pulsförmige Stromaufnahme aus. Schaltnetzteile zeichnen sich ja gerade dadurch aus, dass sie ihre Leistung sehr kurzfristig, also pulsförmig aus dem Netz entnehmen. Dadurch wird nur wenig Leistung entnommen, jedoch durch die steilen Stromflanken erhebliche Oberschwingungen erzeugt.

Warum prüft man Oberschwingung?

- Hohe Belastung des öffentlichen Stromnetzes, und dadurch Veränderung der Sinusform, durch hohen Anteil von Oberschwingungen beim Betrieb von z.B. Schaltnetzteilen (Fluch der Technik: geringe Leistungsaufnahme, Probleme für den Energieversorger)
- Grund ist eine pulsartige Leistungsentnahme aus dem Stromnetz
- Probleme der Energieversorger (EVU) mit der Einhaltung der EN 50160 (Produktnorm für Netzqualität)

Welche Produkte sind davon betroffen?

Alle Geräte mit einer Leistungsaufnahme größer als 75 Watt und einer maximalen Stromaufnahme von 16 A pro Phase, die zum Betrieb an das öffentliche Niederspannungsnetz vorgesehen sind.

Betriebsmittel, die Oberschwingungen erzeugen können

- Lichtregler

- Stromrichter

- Frequenzumformer

- Energiesparlampen

- Computer

- Fernsehgeräte

- sowie alle Verbraucher die Schaltnetzteile beinhalten bzw. nicht lineare Lasten

Auswirkungen von Oberschwingungen

- Verzerrung der Versorgungsspannung
- Beeinflussung von Fernmelde-, Fernwirk- und EDV-Anlagen
- Beeinflussung von Schutz- und Messeinrichtungen der Spannungsversorgung
- Fehlfunktionen von Rundsteueranlagen und Netzsignalisiereinrichtungen
- Beeinflussung von Geräten der Unterhaltungselektronik

- zusätzliche Erwärmung von Motoren, Kondensatoren, Sperrkreisen, Sperrdrosseln und Transformatoren
- Pendelmomente und damit zusätzliche Lärmerzeugung an Motoren und Maschinen
- Hohe Amplituden der Harmonischen führen nicht nur zu Störungen von Geräten, sondern generieren auch zusätzliche Verluste in der Stromverteilung
- Verschlechterung des Leistungsfaktors, Erhöhung der Übertragungsverluste und Verminderung der Wirtschaftlichkeit
- Zudem kann der Neutralleiter durch Überhitzung abbrennen und sogar Brände auslösen

Messverfahren

Nichtlineare Verbraucher, z. B. Schaltnetzteile, Frequenzumformer, Energiesparlampen oder Phasenanschnittsteuerungen erzeugen harmonische Störungen, welche wiederum Spannungsabfälle über den Zuleitungsimpedanzen erzeugen. Mit Zeitbereichsinstrumenten auf Basis der FFT (Fast Fourier Transformation) werden diese messtechnisch erfasst. Früher wurden auch Frequenzbereichs-Instrumente mit selektiven Filtern, Überlagerungs-Frequenzmesser, passive Vielfach-Filter, Spektrum-Analysator (eingestellt auf die zu messende Frequenz) verwendet.

Bei der Messung muss sowohl der Strom- wie auch Spannungsverlauf während der gesamten Messdauer in jeweils 8 Perioden-Zyklen erfasst werden.

Die so gewonnenen 160-ms-Fenster (8 · 20 ms) werden je nach zugrunde gelegter Norm mit diversen Filtern mathematisch analysiert. Nach der dann folgenden Übertragung aus dem Zeit- in den Frequenzbereich mittels der Fourieranalyse wird der Prüfling einer Klasse zugeordnet, welche gleichzeitig auch die Grenzwerte mitbestimmt.

Man unterscheidet dann noch stationäre Prüflinge, welche sich durch einen einzigen Arbeitszustand und damit konstanter Leistungsaufnahme auszeichnen, und dynamische Prüflinge mit verschiedenen Arbeitszuständen, z. B. eine Waschmaschine: Trommel drehen, Heizung an/aus, Abwasserpumpe etc.
Solche Prüflinge werden mindestens 150 s lang vermessen oder eben so lange, bis man alle Arbeitszustände messtechnisch erfasst hat.

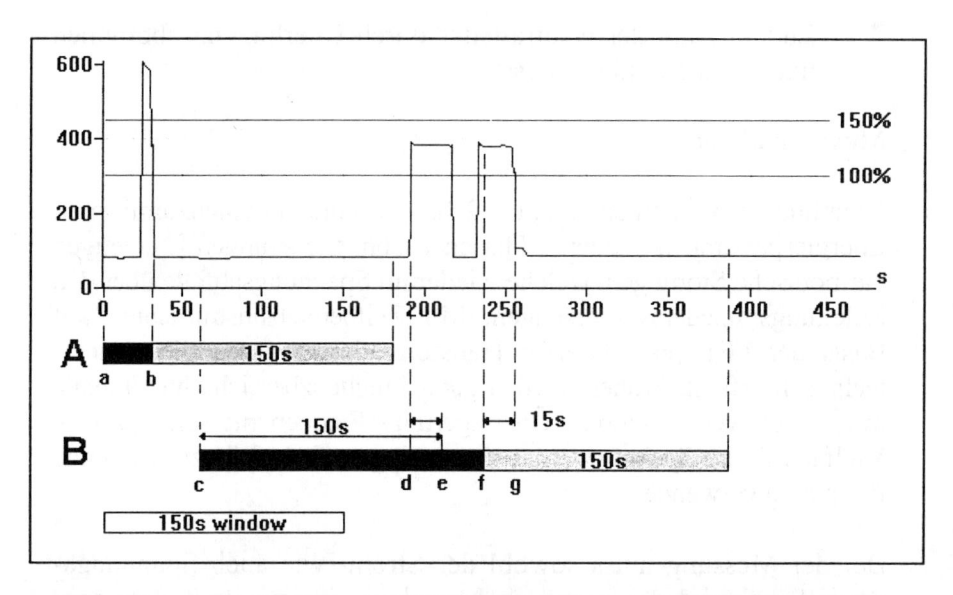

Als Spannungsquellen verwendet man dabei elektronische Quellen, welche für den Betrieb der Prüflinge eine rein sinusförmige Spannung mit 50 Hz zur Verfügung stellen. Dies müssen sie auch dann tun, wenn die Stromaufnahme nicht sinusförmig ist. Dabei darf sich die Spannungsform nur innerhalb geringer Toleranzen verändern, da ein Prüfling dann, wenn er mit einer nichtsinusförmigen Spannung versorgt wird, schon von Grund auf keine sinusförmige Stromaufnahme haben kann.

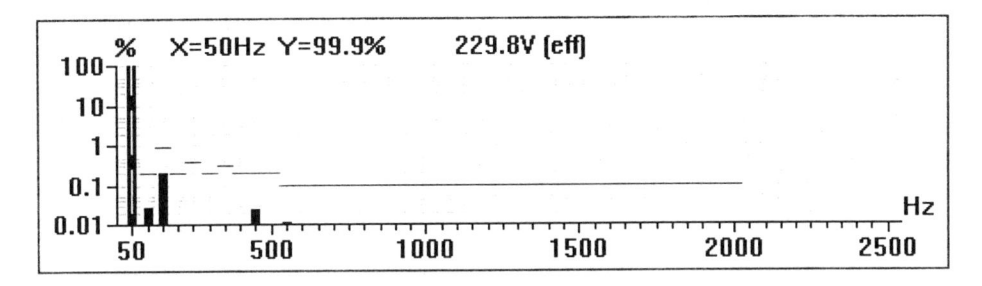

```
  %    X=50Hz Y=99.9%    229.8V (eff)
100
 10
  1
  0.1
                                                            Hz
  0.01
      50      500     1000    1500    2000    2500
```

Wichtig ist zusätzlich ein genügend hoher Crest-Faktor, welcher das Verhältnis vom Peak-Strom zum Effektivstrom angibt.

Bei Laständerung (transitory event) kann es vorkommen, dass ein Prüfling vorübergehend mehr Spitzenstrom benötigt. Ein Quelle mit einem ausreichend bemessendem Crest- Faktor bietet Gewähr, dass während solchen Vorgängen Sättigungserscheinungen (Verzerrungen der Ausgangsspannung) vermieden werden.
Sättigungserscheinungen, bei der eingesetzten Quelle, führen zu Falschmessungen und sind gemäss Norm nicht zulässig!

Dabei sollte man aber auch auf die Zeit achten, für die die Quelle den höheren Strom liefern kann.

Fouriertransformation

- Die Fouriertransformation wandelt eine Zeitfunktion in eine Frequenzfunktion um.
- Es ist eine mathematische Beschreibung von Zeitfunktionen.

- Die Theorie: Eine beliebig geformte, periodische Zeitfunktion der Grundfrequenz f_1 (50Hz) lässt sich durch eine Summe von einzelnen sinusförmigen Komponenten mit Frequenzen, welche ein ganzzahliges Vielfaches n (Ordnungszahl) der Grundfrequenz f_1 betragen darstellen.

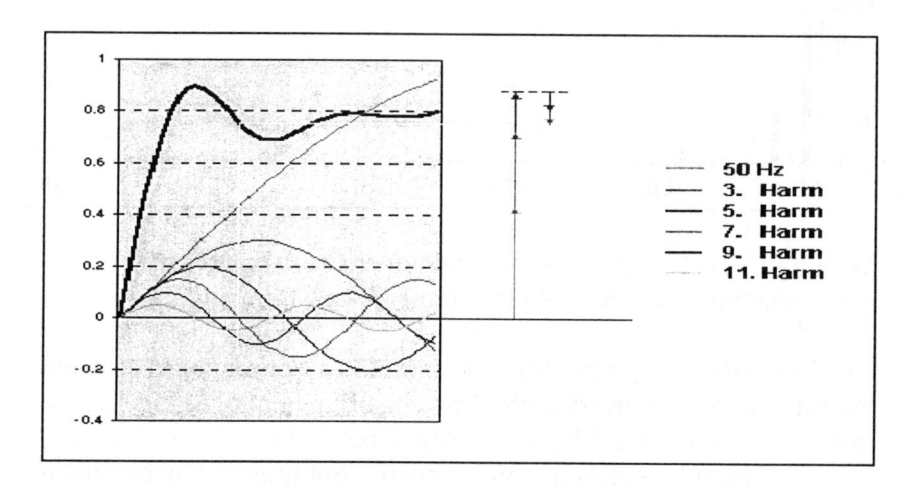

Stand der Technik sind nur noch Zeitbereichs-Instrumente, die auf der Basis der FFT (Fast Fourier Transformation) zur Anwendung kommen. Die FFT ist eine Spezialvariante der DFT (spezieller Algorithmus) und beide Verfahren (FFT & DFT) liefern prinzipiell gleichwertige Resultate. Die Anwendung eines FFT-Instruments mit einem Rechteck-Fenster einer Breite von 10(50Hz) oder 12(60Hz) Perioden der Grundschwingungsfrequenz als Bezugsinstrument ist in Vorbereitung bzw. wird bei Neuentwicklungen bereits vorgeschrieben.

Zur Zeit dürfen jedoch sowohl FFT-Instrumente mit Rechteck-Fenstern einer Breite von 16 Perioden der Grundschwingungsfrequenz als auch solche mit Hanning-Zeitfenstern mit 20 bis 25 Perioden der Grundschwingungsfrequenz verwendet werden.

Grenzwertklassen

Die Grenzwerte sind abhängig von der Klasse, in welche die Prüflinge zugeordnet werden:

Klasse A: Symmetrische dreiphasige Geräte und alle anderen Geräte, ausgenommen diejenigen, die in einer der folgenden Klasse genannt sind
Klasse B: Tragbare Elektrowerkzeuge
Klasse C: Beleuchtungseinrichtung eneinschließlich Beleuchtungsregler
Klasse D: Geräte mit einer speziellen Stromform und einer Leistung zwischen 75 W (50) und 600 W

Änderung der Grenzwerte durch Amendment 14

Der Mittelwert für die einzelnen Oberschwingungsströme, der über die gesamte Beobachtungsdauer der Prüfung gewonnen wurde, muss kleiner oder gleich den anwendbaren Grenzwerten sein.

Für jede Oberschwingungsordnung müssen alle mit der Zeitkonstante 1,5 s geglätteten Effektivwerte der Oberschwingungsströme, kleiner oder gleich 150 % der anwendbaren Grenzwerte sein.

Oberschwingungsströme, die kleiner als 0,6 % des unter den Prüfbedingungen gemessenen Eingangsstromes oder kleiner als 5 mA sind, je nachdem, welcher Wert größer ist, bleiben unberücksichtigt.

Für die Oberschwingung der 21. Ordnung und Oberschwingungen höherer ungeradzahliger Ordnung dürfen die Mittelwerte, die für jede einzelne Oberschwingung ungeradzahliger Ordnung über die gesamte Beobachtungsdauer erhalten wurden, berechnet aus den mit der Zeitkonstante 1,5 s geglätteten Effektivwerten, die anwendbaren Grenzwerte um 50 % überschreiten, vorausgesetzt, dass die folgenden Bedingungen eingehalten werden:

- Der gemessene Teilstrom der Oberschwingungen ungeradzahliger Ordnung überschreitet nicht den Teilstrom der Oberschwingungen ungeradzahliger Ordnung, der aus den anwendbaren Grenzwerten berechnet werden kann

- Alle mit der Zeitkonstante 1,5 s geglätteten Effektivwerte der Oberschwingungsströme müssen kleiner oder gleich 150 % der anwendbaren Grenzwerte sein.

Flicker

Netzspannungsschwankungen, die durch nichtstationäre Betriebszustände von Verbrauchern verursacht werden, können Leuchtdichteänderungen bzw. Helligkeitsschwankungen an Beleuchtungseinrichtungen hervorrufen.

Die optische Wahrnehmung dieser Phänomene durch das menschliche Auge (Augen-Gehirn-Modell) nennt man Flicker.

Wegen der hohen Gebrauchshäufigkeit wurde international die 230 V/60 W-Glühbirne als Referenzlampe festgelegt. Die sogenannte Flickerkurve definiert die grafische Darstellung zulässiger Kombinationen relativer Spannungsänderungen ($\delta V/V$ in %) zu Anzahl Änderungen pro Minute.

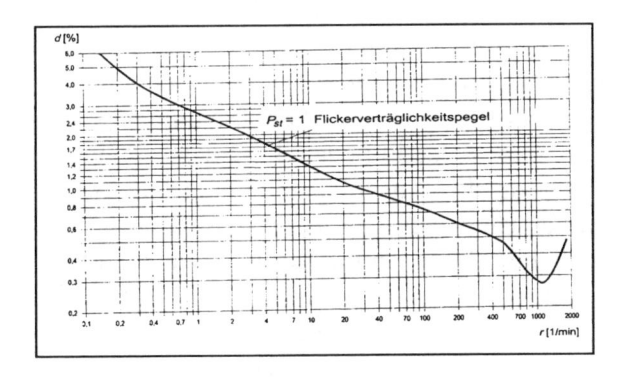

Betriebsmittel die Flicker erzeugen können

- Motoren im Anlauf

- Motoren mit unruhigem Betrieb (Gattersägen)

- Schweißmaschinen
- Lichtbogenöfen
- gesteuerte Lasten (Schwingungspaketsteuerung)
- sowie alle Verbraucher die nicht konstante Lastströme aufnehmen

Warum prüft man Flicker?

- Eine Veränderung des Lastzustands eines Gerätes führt zu einem Spannungsfall über der Netzimpedanz. Dies wiederum führt zu einer Veränderung der Anschlussspannung einer parallel zum Gerät befindlichen Lampe
- Eine 2%ige Veränderung der Netzspannung führt zu einer 4%igen Leuchtdichteänderung einer Glühlampe
- Stromschwankungen bewirken Spannungsschwankungen entlang der Netzimpedanz! Eine 2%ige Effektivwertänderung der Anschlussspannung bewirkt eine 4%ige Leuchtdichteänderung bei einer normalen Glühbirne. Das menschliche Auge nimmt dies wahr, und je nach Repetitionsrate kann es als sehr störend empfunden werden.
- Das dadurch hervorgerufene Lichtflackern kann je nach Stärke und Häufigkeit als sehr störend empfunden werden

Daher wurden in der EN 61000-3-2 für Oberschwingungen und der EN 61000-3-3 für Flicker entsprechende Messverfahren und Grenzwerte festgelegt.

Die Messungen sind bei normaler Belastung und unter normalen Betriebsbedingungen durchzuführen. Die Einstellung der Steuerung oder automatischen Programmabläufe werden so gewählt, dass sie die grössten Störungen ergeben

Flicker lässt bei tiefen Spannungsschwankungen hohe Änderungsraten zu. Je höher die Spannungsänderungen sind, desto weniger häufig dürfen sie auftreten. Die Erfassung erfolgt nach einem statistischen Verfahren, wo die einzelnen Spannungsänderungen in Klassen gesammelt werden.

Die Perzentilen P_i werden nach ihrer Häufigkeit i% während der Beobachtungszeit erfasst. Der P_{ST} Wert ergibt sich nach der unten dargestellten Formel.

$$P_{ST} = \sqrt{0{,}0314\, P_{0,1} + 0{,}0525\, P_1 + 0{,}0657\, P_3 + 0{,}28\, P_{10} + 0{,}08\, P_{50}}$$

Die Langzeit-Flickerstärke P_{lt} wird aus n aufeinander folgende P_{st}-Werten ermittelt, die innerhalb des Langzeitintervalls liegen.

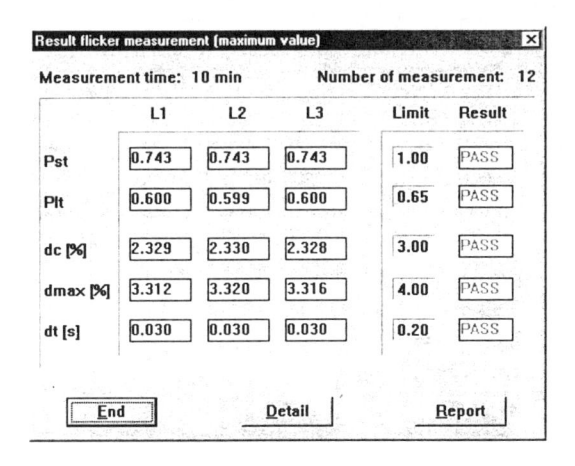

Result flicker measurement (maximum value)

Measurement time: 10 min   Number of measurement: 12

	L1	L2	L3	Limit	Result
Pst	0.743	0.743	0.743	1.00	PASS
Plt	0.600	0.599	0.600	0.65	PASS
dc [%]	2.329	2.330	2.328	3.00	PASS
dmax [%]	3.312	3.320	3.316	4.00	PASS
dt [s]	0.030	0.030	0.030	0.20	PASS

End   Detail   Report

Stellungnahme RegTP

- Prüfen von Geräten am Markt und Handhabung der EN 61000-3-2

- Bis zum Ablauf der Übergangsfrist am 31.12.2000 gilt, dass

    - Geräte, die in den Anwendungsbereich der EN 60555-2:1987 fallen, entweder nach Maßgabe dieser Norm oder nach EN 61000-3-2:1995 + A1 + A2

    - Geräte, die **nicht** in den Anwendungsbereich der EN 60555-2:1987 fallen, entweder nicht oder nach EN 61000-3-2:1995 + A1 + A2

  zu prüfen sind.

- Zur formalen Prüfung von Konformitätserklärungen des Herstellers zur EMV bleibt festzustellen, dass ab dem 01.01.2001 nur noch Konformitätserklärungen Gültigkeit haben, die auf die EN 61000-3-2:1995 + A1 + A2 oder A14 ausgestellt wurden oder auf eine entsprechende Bescheinigung einer Zuständigen Stelle verweisen.

Frank Niechcial
EM TEST GmbH

Entstörkomponenten und Regeln für das EMV-gerechte Gerätedesign

Dipl.-Ing. Alexander Gerfer
Würth Elektronic GmbH & Co. KG, Kupferzell

Entstörkomponenten und Regeln für das EMV-gerechte Gerätedesign

Leitfaden für wirkungsvolle EMV-Maßnahmen durch Entstörung mittels SMD-Ferriten „on-board"

1. Einführung

Neben einer unter EMV-Gesichtspunkten optimal gestalteten Platine, spielen die weiteren Komponenten des Gerätes und die Verbindungen zur Außenwelt (Sensorik, Signalgeber; Datenleitung, Netzleitung...) eine erhebliche Rolle bei der Einhaltung der EMV-Normen. Der Trend zu präventiven Maßnahmen während der Designphase nimmt einen immer höheren Stellenwert ein.
SMD-Ferrite sind im Bereich der EMV-Entstörung wichtige Problemlöser, da sie störungsnah platziert werden können.

2. Grundlagen

2.1. Aufbau von SMD-Ferriten von Würth Elektronik

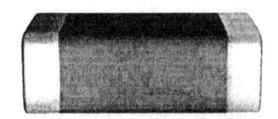

Bild 2.1: SMD-Ferrit

SMD-Ferrite für EMV-Anwendungen sind in der Regel Nickel-Zink-Ferrite (NiZn). Das Besondere an dieser Materialzusammensetzung ist, dass ab ca. 50 MHz aufwärts der Verlustanteil (R) maßgeblich die Impedanz (Z) bestimmt.
Damit liegt ein Filterelement vor, welches ohne Masseanbindung das Störspektrum breitbandig absorbiert.
Der Multilayeraufbau erlaubt Impedanzen bis zu 3000 Ohm und die Strombelastbarkeit erreicht Werte bis zu 6A, das Bauformspektrum reicht von Bauform 0402 bis zu Bauform 1812 *(Bild 2.1)*.

2.1 Impedanzverhalten

Die Eigenschaften der SMD-Ferrite werden durch die Impedanzkurve (Bild 2.2) eindeutig beschrieben:

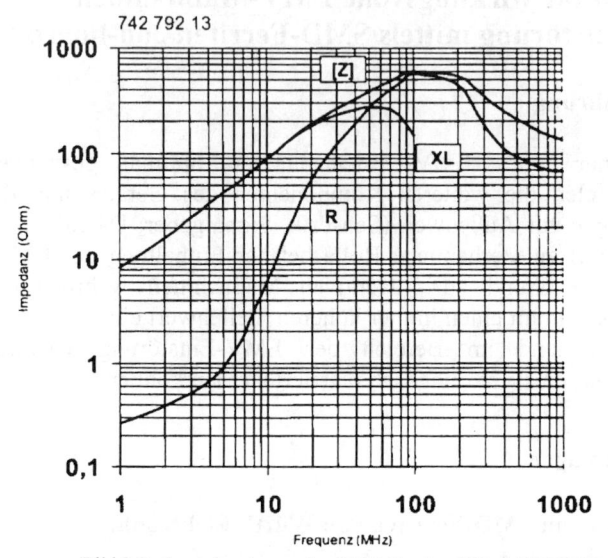

Bild 2.2 : Impedanzkurve des SMD-Ferrites Würth 74279213

Unterhalb der ferrimagnetischen Resonanzfrequenz bestimmt der induktive Anteil maßgeblich die Impedanz des Bauteils. Im Bereich 60 MHz kehren sich die Verhältnisse um:
Mit weiter steigender Frequenz dominiert der Verlustanteil (R) und die induktive Komponente (XL) strebt gegen Null. In diesem Beispiel liegt die induktive Komponente bei ca. 1,4 µH (f ≤ 10 MHz) und die Impedanz Z erreicht einen Maximalwert von 600 Ω bei f = 100 MHz.

Neben diesen Angaben ist weiterhin der Gleichstrom-Serienwiderstand definiert. Da der SMD-Ferrit ein strom tragendes Bauteil ist, versucht man diesen DC-Widerstand so gering wie nur möglich zu halten, um Längsspannungsfälle und Potentialdifferenzen zu vermeiden. Hier werden Werte im Bereich einigen Milliohm bis zu etwa 1 Ω je nach Ausführung erreicht. Ein weiterer Definitionspunkt ist der maximale Gleichstrom, den der SMD-Ferrit tragen darf. Dieser ist in der Hauptsache nur durch die Art und Ausführung der Leiterbahnen im Ferrit begrenzt. Sättigungserscheinungen des Ferritmaterial treten erst bei deutlich höheren Strömen durch den Ferrit auf.

2.2 Einfügedämpfung

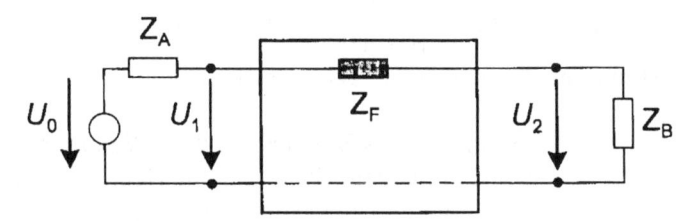

Bild 2.3: Schaltbild zur Bestimmung der Einfügedämpfung

Die Einfügedämpfung ist definiert als das logarithmische Maß des Verhältnisses der Störamplitude des mit Ferrit bedämpften Systems zum unbedämpften System. Durch entsprechende Betrachtung findet man für die Formel der Einfügedämpfung:

$$A[dB] = 20 \log \frac{Z_A + Z_F + Z_B}{Z_A + Z_B}$$

2.2.1 Beispielrechnungen

Beispiel 1:
Würth SMD-Ferrit 7427966; Impedanz Z = 1000 Ω bei
f = 100 MHz Bauform 0603; $R_{DC} \leq$ 0,60 Ω; I ≤ 200 mA
eingesetzt als Datenleitungsfilter;
Systemimpedanz $Z_A = Z_B$ = 120 Ω

Nach obiger Formel ist die Einfügedämpfung bei 100 MHz:

$$A = 20\log\frac{120+1000+120}{120+120} = 14{,}26 \text{ dB}$$

Beispiel 2:
Würth SMD-Ferrit 74279215; Impedanz Z = 80 Ω bei
f = 100 MHz : Bauform 1206; R_{DC} ≤ 30 mΩ; I ≤ 3000 mA
eingesetzt als Versorgungsspannungsentkopplung;
Systemimpedanz $Z_A = Z_B$ = 10 Ω

$$A = 20\log\frac{10+80+10}{10+10} = 13{,}98 \text{ dB}$$

2.3 Bestimmung der gesuchten Ferritimpedanz

Im praktischen Einsatz von EMV-Ferriten ist die Bestimmung der Quell- und Senkenimpedanz $Z_A = Z_B$ im Hochfrequenzbereich mit einfachen Mitteln leider nicht möglich. Dennoch kann als Startwert für die folgenden Betrachtungen von folgenden Impedanzen gängiger Systeme ausgegangen werden:

Masseflächen: Impedanz $Z_A = Z_B$ = 1 Ω ... 10 Ω
Versorgungsspannung: Impedanz $Z_A = Z_B$ = 10 Ω ... 20 Ω
Video-/Datenleitung: Impedanz $Z_A = Z_B$ = 50 Ω ... 90 Ω
Lange Datenleitungen: Impedanz $Z_A = Z_B$ = 90 Ω ... >150 Ω

Unter Zuhilfenahme des Nomogramms in Bild 2.4 und oben gezeigter Praxiswerte findet man schnell zu einem geeigneten Startwert für weitere EMV-Messungen, der dann ggf. noch weiter optimiert wird.

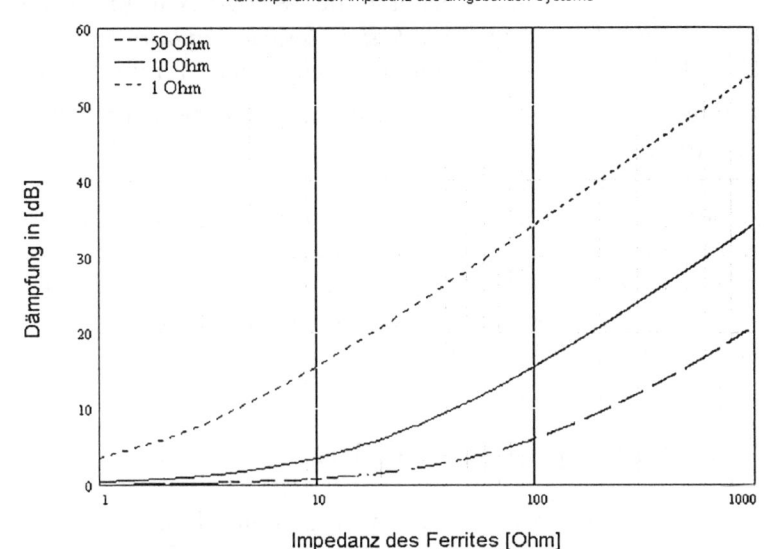

Bild 2.4: Nomogramm zur Bestimmung des gesuchten SMD-Ferrites in Abhängigkeit von Quell-/Senkenimpedanz $Z_A = Z_B$

Beispiel 3:
Überschreitung der Grenzwertkurve um 3 dB;
Geforderter Sicherheitsabstand zur Grenzwertkurve = 5 dB;
=> gesuchte Einfügedämpfung = 8 dB
Systemimpedanz $Z_A = Z_B = 50\ \Omega$

aus Bild 2.4 entnimmt man für $Z_F \approx 180\ \Omega$;
gewählt: **220 Ω**
z.B. in Bauform 0603 Würth Nr. 74279263:
220 Ω, $R_{DC} = 0{,}3\ \Omega$; $I_{max} = 500\ mA$

3. **Applikationen**

Die Anwendungen dieser Miniaturferrite liegen im Bereich diskreter und breitbandiger EMV-Filter für
- Datenleitungen
- Versorgungsspannungsentkopplung

Wie eingangs erwähnt, benötigt der SMD-Ferrit für seine Filter- oder Absorberfunktion *keine Masseanbindung* !
Gerade darin liegt der Hauptvorteil gegenüber T-Filtern oder π-Filtern. Hier wird der Störstrom in seinem gesamten Spektrum gegen Masse abgeführt. Das wiederum führt zu einem geschlossenen Kreislauf der Störung, der durch die Anhebung des Massepotentials zu Störungen anderer, empfindlicher Stufen führen kann. Im Gegensatz dazu absorbiert der Ferrit das Störspektrum – im Idealfalle liegt am Ausgang ein sauberes Nutzsignal an, ohne die genannte Problematik der Masseanbindung.

3.1 Versorgungsspannungsentkopplung

Die Versorgungsspannungsleitungen und die Masseanbindung sind in einem elektronischen Gerät mit die kritischsten Punkte des Designs. Denn über diese Leitungen sind alle Stufen miteinander verbunden. Über diese Pfade breiten sich Störungen bei falschem Design oder unzureichender Entkopplung ungehindert aus und führen zu Fehlfunktionen, sporadischen Aussetzfehlern (Folgekosten!) oder sogar Totalausfällen.

Sicher hat die Erfahrung im Bereich Leiterplattenlayout, wie. z. B. große Masseflächen bzw. getrennte Masselayer für Digital- oder Analogmasse oder kleine Leiterflächen (Antennenwirkung), hier einen entscheidenden Anteil die Störfestigkeit zu erhöhen.

Ein weiteres wirksames Mittel sind die bewährten Stützkondensatoren von typischerweise 0,1 µF direkt an den Versorgungsspannungsanschlüssen der integrierten Schaltungen.

Im oberen Frequenzbereich jedoch versagen auch diese Maßnahmen. Dazu folgende Betrachtung:

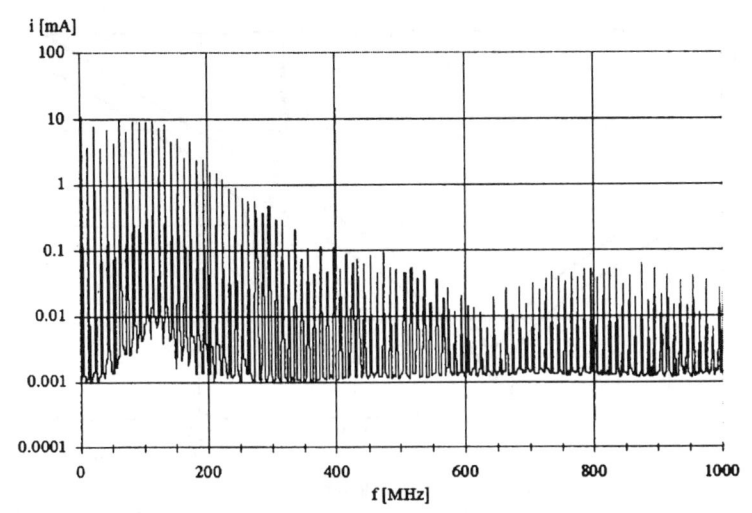

Bild 2.5: Störspektrum des Versorgungsstroms einer AC-Logikschaltung

Jede Zustandsänderung einer digitalen Logik (Rechteck) führt zu einer korrespondierenden Stromaufnahme, die pulsförmig abläuft. Selbst bei langsamen Taktraten bestimmt einzig und allein die Anstiegsgeschwindigkeit des Rechtecks das Störspektrum.

Und dieses reicht in obigem Beispiel mit Spitzenströmen von 10 mA bei 100 MHz bis hinauf in den GHz-Bereich und Strömen von einigen 10 µA!

Ein Großteil dieser gepulsten Stromaufnahme wird durch den Stützkondensator geliefert. Der erzielte Entstöreffekt ist jedoch begrenzt. Selbst verschiedene Kombinationen in Parallelschaltung können einen Impedanzanstieg der Kapazitäten bei höheren Frequenzen nicht verhindern (**Bild 2.6**):

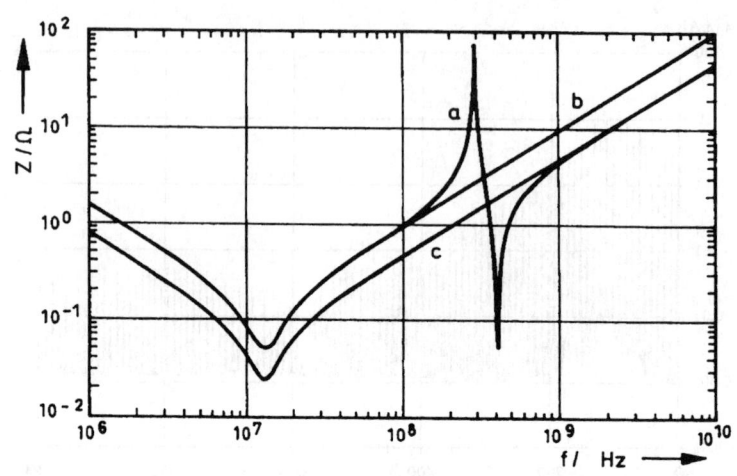

Bild 2.6: Impedanzverhalten von Entstörkondensatoren
a) 100 nF // 100 pF; b) 100 nF einzeln; c) zwei 100 nF-Kondensatoren parallel

Der deutliche Impedanzanstieg oberhalb 10 MHz lässt erkennen, dass die wirkungsvolle Unterdrückung des Störspektrums mit dem Stützkondensator allein nicht gegeben ist.

Die folgende Detailschaltung zur Spannungsversorgung macht die Problematik noch deutlicher:

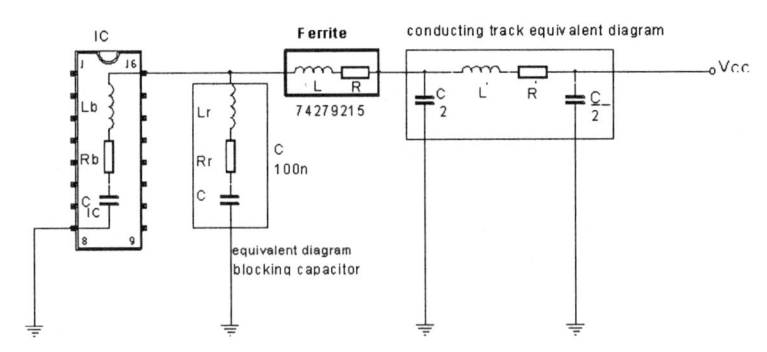

Bild 2.7: Ersatzschaltbild Versorgungsspannungsentkopplung

Die nicht über den Stützkondensator abgeleiteten Störungen können die Serien- bzw. Parallelresonanzkreise zu Schwingungen und damit Störungen fern von jeglicher Taktrate anregen. In obigem Schaltbild sorgt der deutlich größere Verlustwiderstand R des Ferrites für eine starke Bedämpfung von solchen Störungen des schwingfähigen Systems, sowie für eine HF-mäßige Entkopplung der einzelnen Stufen.

Im Frequenzbereich oberhalb 100 MHz verschwindet auch der induktive Anteil des Ferrites, so dass hier wieder ein reeller Tiefpass vorliegt.

3.2 Designhinweise

Im Prototypenstadium sollte der Entwickler entsprechende Lötpads für SMD-Ferrite mit vorsehen. So kann schon unter Laborbedingungen eine Vorauswahl von verschiedenen Ferriten getroffen werden. Das oben gezeigte Nomogramm kann hier eine kleine Hilfestellung geben, um bei gesuchter Dämpfung auf eine entsprechende Ferritimpedanz zurückgreifen zu können. Würth Elektronik bietet dazu ein umfangreich bestücktes Musterset an, mit dem die schnelle Realisierung der gesuchten Filterschaltung ermöglicht wird.

4. Fazit

Der SMD-Ferrit ist die ideale Kombination aus gewünschtem, geringem induktiven Verhalten und eines frequenzabhängigen, und bei hohen Frequenzen gewünschten Verlustwiderstandes (Absorber).
Trotz der kleinen Bauformen werden hohe Impedanzen erzielt, bei gleichzeitig niederohmigem DC-Widerstand und hohen Stromtragfähigkeiten. Für Versorgungsspannungsentkopplungen bieten sich Hochstromferrite wegen Ihres Maximalstromes von bis zu 6 A und des gleichzeitig minimalen DC-Widerstandes an.

Weiterführende Literatur

Gerfer, A.; Rall, B.; Zenkner, H.: Trilogie der Induktivitäten, Designführer für Induktivitäten und Filter, Künzelsau: Swiridoff Verlag, 2000, ISBN 3-934350-30-5

Dipl. Ing. Alexander Gerfer
Würth Elektronik GmbH & Co KG
EMC & Inductive Solutions

Einsatzverhalten von Filterbausteckverbindern

Prof. Dr.-Ing. Jan Meppelink
Universität GH Paderborn, Abt. Soest

Einsatzverhalten von Filtersteckverbindern

Prof. Dr.-Ing. Jan Meppelink, Universität GH Paderborn Abt. Soest, FB 16
Lübecker Ring 2, 59494 Soest
Meppelink@T-Online.de

Dipl.-Ing. Jörg Kühle, Conec Elektronische Bauelemente GmbH,
Ostenfeldmark 16, 59557 Lippstadt

1 Einführung

Ein Filtersteckverbinder wird durch Angabe der Kapazität beschrieben. Zusätzlich wird die Einfügungsdämpfung gemessen, welche das Verhalten des Kondensators auch bei höheren Frequenzen zeigt. Hier zeigen sich parasitäre Effekte, die vom Aufbau des Filtersteckverbinders abhängen /1.1/. Ein Filtersteckverbinder, vergl. Abb.1, wird in einer genormten Anordnung mit 50 Ohm Quelle und Abschluss gemessen /1.2/. Ein Filtersteckverbinder wird jedoch in ein System eingebaut. Eine Signalquelle mit einem beliebigen Innenwiderstand speist über eine beliebige Leitung ein Signal über diesen Filtersteckverbinder und eine weitere Leitung zur Last mit einem beliebigen Lastwiderstand. Die Einfügungsdämpfung wird im Frequenzbereich angegeben. Die übertragenen Signale sind jedoch auch impulshafte Signale, die im Zeitbereich beschrieben werden. Wie können also die spezifizierten Werte eines Filtersteckverbinders für eine Aussage im Zeitbereich genutzt werden? Das Systemverhalten kann bei bekannten Daten des Netzwerkes mit heutigen Netzwerkanalyseprogrammen /1.3/ auf einem PC simuliert werden. Aus dieser Schaltungsanalyse ergibt sich das Systemverhalten. In diesem Beitrag wird an einem Beispiel gezeigt, welche Effekte in einem System auftreten können.

Beim Retrofit eignen sich besonders Filtersteckverbinder zur Unterdrückung von Störsignalen an der Grenze von zwei EMV-Zonen, z. B. am Gehäuse eines Gerätes. Bei bekanntem Störsignal lässt sich die gewünschte Einfügungsdämpfung ermitteln und z. B. die Kapazität eines reinen C-Filters mit einer Einfügungsdämpfung von 20 dB/Dekade festlegen. In weiteren Fällen werden LC-Filter oder π-Filter eingesetzt, deren Dämpfungskurven mit 40 dB/Dekade bzw. 60 dB/Dekade verlaufen. Ganz entscheidend für den Erfolg der Filterung ist der durch die Eigenschaften der verwendeten Bauelemente bestimmte Verlauf der Einfügungsdämpfung des Filters bei Frequenzen im GHz-Bereich. Weitere Spezifikationen betreffen die Übersprechdämpfung und die Spannungsfestigkeit. Diese Werte können auch für die verschiedene Kontakte innerhalb eines Filtersteckverbinders einzeln spezifiziert werden.

Die Anwendungen erfordern Filtersteckverbinder für die Kontaktsysteme D-SUB, Powerkontakte, und deren Kombinationen in einem Stecker bis hin zu wasserdichten Ausführungen der Gehäuse.

Eine breite Anwendung finden Filtersteckverbinder auch, wenn nach Abschluss der Designphase erst in der Testphase bzw. im EMV-Test festgestellt wird, dass Störsignale vorhanden sind und beseitigt werden müssen. Entscheidend für die Performance eines Filtersteckverbinders gerade im Bereich hoher Frequenzen sind jedoch sein konstruktiver Aufbau und die Bauweise des Kondensators. Hier liegen die Vorteile von Planarfilter-Steckverbindern, da die ohnehin schon am Gerät vorhandenen Stecker durch gefilterte Stecker ausgetauscht werden können. In bezug auf ihre Filtereigenschaften sind sie den standardmäßig eingesetzten Chip-Kondensatoren vor allem bei hohen Frequenzen überlegen. Die Anwendungen reichen von der Filterung von Signalleitungen bis hin zur Filterung/Stützung von Versorgungsspannungen

2 Systemanalyse von Filtern in ausgedehnten Netzwerken

Filter dienen der Unterdrückung von Störungen, die nicht zum Signal gehören. Störungen können Oberschwingungen oder eingekoppelte impulshafte Störspannungen sein. In den Abb. 2.1 bis 2.4 ist das prinzipielle Verhalten eines Filters dargestellt. Durch die Filterung mit einem C-Filter werden die Störungen wirksam unterdrückt. Der Nachteil ist allerdings die Verflachung des Impulses.

Die Dämpfung einer Schaltung mit Filter ist abhängig von der Qualität des Filterbausteins und von den Parametern der angeschlossenen Leitungen und deren Quell und Lastimpedanz.

Die Dämpfung eines Filters wird in einer Anordnung mit einer Quellimpedanz von 50 Ohm und einer Lastimpedanz von 50 Ohm gemessen. Dabei wird der Einfluss der angeschlossenen Leitungen durch eine Kalibrierung eliminiert, so dass nur die Eigenschaften des Filters gemessen werden. Der Anwender wird später diese gemessene Dämpfungskurve für sein System zugrundelegen. Ein so gemessener Filter verhält sich aber im System mit Quell und Lastimpedanz sowie den angeschlossenen Leitungen anders.
Die folgende Systemanalyse zeigt den Einfluss von angeschlossenen Leitungen auf die Dämpfung.

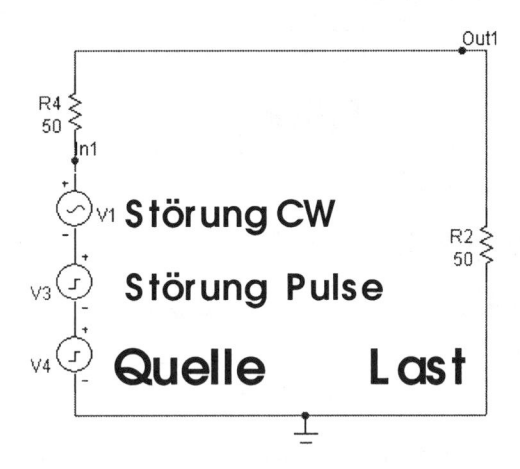

Abb. 2.1 Modellierung einer Quelle mit überlagerten Störungen

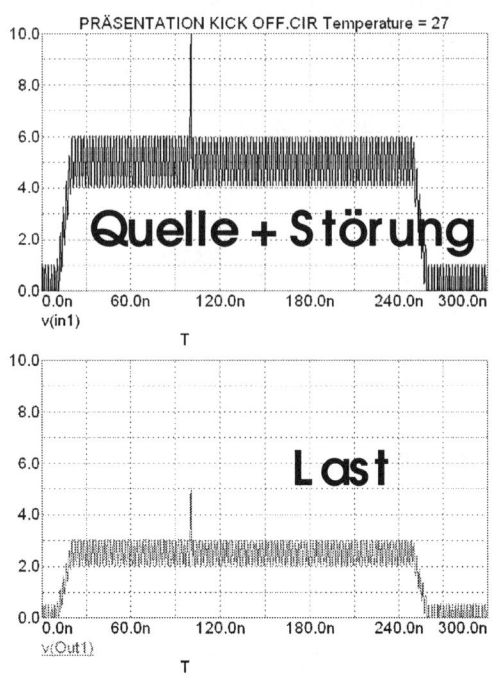

Abb. 2.2 Spannung an der Quelle und an der Last ohne Filterung

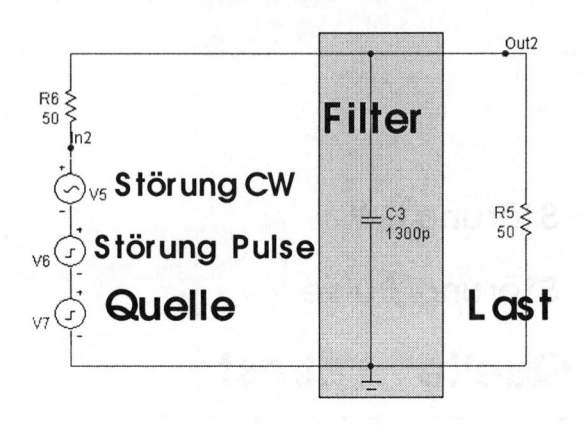

Abb. 2.3 Quelle mit überlagerten Störungen, die durch einen C-Filter beseitigt werden.

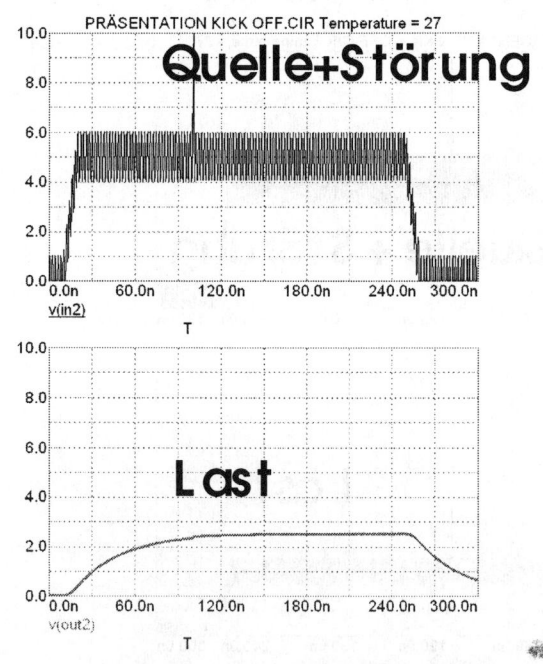

Abb. 2.4 Spannung an der Quelle und and er Last mit Filterung durch einen C-Filter

2.1 Modell zur Schaltungsanalyse

Abb. 2.1.1 zeigt eine Schaltung mit einer Leitung. In Abb. 2.1.2 ist zusätzlich eine parallele Leitung angeordnet. Die Symbole sind in Tabelle 2.1.1 erklärt. Als Signalquelle dient ein Impuls oder ein Sinus-Signal. Die Auswertung der Ergebnisse erfolgt im Frequenzbereich entsprechend der Definition der Einfügungsdämpfung wie folgt:

$$\alpha_E = 20 \log \frac{|2 \cdot U(R_{A1})|}{|U|}$$

Im Zeitbereich wird direkt der Spannungsverlauf angegeben.

Z_E, Z_A $Z_{E1}, Z_{E2}, Z_{A1}, Z_{A2}$	Wellenimpedanzen der Eingangsleitungen und Ausgangsleitungen. Gewählt. $Z_E = Z_A = 220$ Ohm; $Z_{E1}, Z_{E2}, Z_{A1}, Z_{A2}$ alle = 220 Ohm
T_E, T_A $T_{E1}, T_{E2}, T_{A1}, T_{A2}$	Laufzeiten der Leitungen. Gewählt für alle Leitungen: 15 ns
C, C_1, C_2	Kapazitäten des Filtersteckverbinders. Gewählt $C = C_1 = C_2 = 1000$ pF
R_{E1}	Innenwiderstand der Signalquellen. Schaltung Abb. 2.1.1 $R_{E1} = 220$ Ohm Schaltung Abb. 2.1.2 $R_{E1} = 220$ Ohm
R_{A1}, R_{A2}	Abschlusswiderstand der Ausgangsleitungen. Gewählt : Offen (∞) oder 220 Ohm.
U	Signalquelle. Gewählt : 1 Volt

Tabelle 2.1.1 Erklärung der Symbole in Abb. 2 und 3

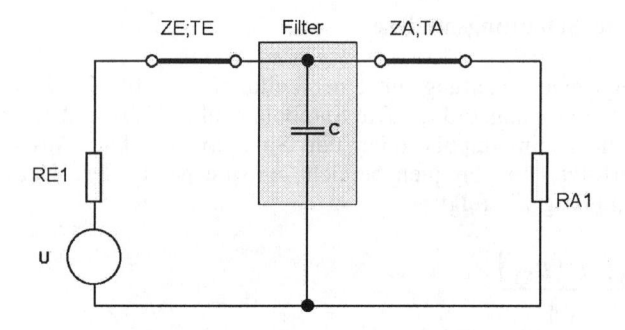

Abb. 2.1.1 Schaltung mit einer Leitung und einem Filter.

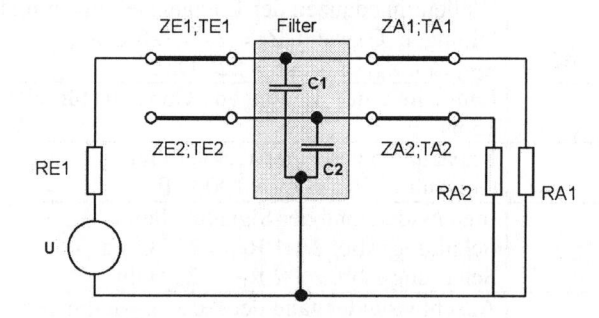

Abb. 2.1.2 Schaltung mit zwei gekoppelten Leitungen und je einem Filter in der Mitte der Leitungen.

2.2 Filterschaltung mit einfacher Leitung

Abb. 2.1.1 enthält zwei Flachbandleitungen mit einer Wellenimpedanz von 220 Ohm und einem Dämpfungsbelag von 0,2 Ohm/Meter. In der Mitte beider Leitungen ist der Filterkondensator von 1000 pF angeordnet. Es soll untersucht werden, welchen Einfluss die Abschlüsse der Leitung auf die Einfügungsdämpfung im System haben. Abb. 2.2.1 zeigt die Ergebnisse. Insbesondere werden die Ergebnisse mit der vom Hersteller spezifizierten Einfügungsdämpfung verglichen, die bekanntlich in einem 50/50 Ohm System gemessen wird.

a) Abgeschlossene Leitung im Frequenzbereich
In Abb. 2.2.1a ist als Referenz die Einfügungsdämpfung eines Filtersteckverbinders mit 1000 pF bei $Z_E = Z_A = R_{E1} = R_{A1} = 50$ Ohm dargestellt. Ohne Filterung

ergibt sich die 0 dB Gerade. Wird statt der Wellenimpedanz von 50 Ohm jedoch eine Flachbandleitung mit einer Wellenimpedanz von $Z_E = Z_A = 220$ Ohm und $R_{E1} = R_{A1} = 220$ Ohm verwendet, ergibt sich im System eine höhere Dämpfung.

b) Offene Leitung im Frequenzbereich
In Abb. 2.2.1b ist als Referenz die Einfügungsdämpfung eines Filtersteckverbinders mit 1000 pF bei $Z_E = Z_A = R_{E1} = R_{A1} = 50$ Ohm dargestellt. In Abb. 2.2.1b zeigen sich Resonanzen, sobald die Wellenlänge in den Bereich der Leitungslänge kommt. Es zeigt sich aber auch, daß unterhalb dieser Frequenzen die Dämpfung positiv wird, was durch Spannungsverdopplung am offenen Ende einer Leitung erklärt wird. Dennoch bewirkt hier ein Filtersteckverbinder eine zusätzliche Grunddämpfung, die nur an den Resonanzstellen die Werte der Einfügungsdämpfung eines Filtersteckverbinders mit 1000 pF bei einem 50 Ohm Meßaufbau überdeckt. Die Ausprägung der Resonanzstellen hängt von der Leitungsdämpfung ab.

c) Abgeschlossene Leitung im Zeitbereich.
Als Eingangssignal wird ein Rechtecksprung von 1 Volt angelegt. Abb. 2.2.1 zeigt die Ergebnisse. Das Verhalten des Filtersteckverbinders ohne angeschlossene Leitungen, jedoch mit $R_{E1} = R_{A1} = 50$ Ohm entspricht dem Verhalten eines reinen Kondensators von 1000 pF (Kurve 50/50 Ohm ohne Leitungslänge). Ohne Filtersteckverbinder in einem 220-Ohm-System $R_{E1} = R_{A1} = Z_E = Z_A = 220$ Ohm zeigt sich die Verschiebung der Signale durch die Laufzeit. Mit einem Filtersteckverbinder mit einer Kapazität von 1000 pF ist in einem 220-Ohm-System ein deutlich flacherer Anstieg der Spannung zu erkennen.

d) Offene Leitung im Zeitbereich.
Im Vergleich zu Bild 2.2.1c zeigt eine offene Leitung in Bild 2.2.1d Wanderwellenschwingungen, die durch die Spannungsverdopplung am offenen Ende der Leitung und die Wirkung des Filtersteckverbinders mit einer Kapazität von 1000 pF in der Mitte der beiden Leitungen erklärt sind.

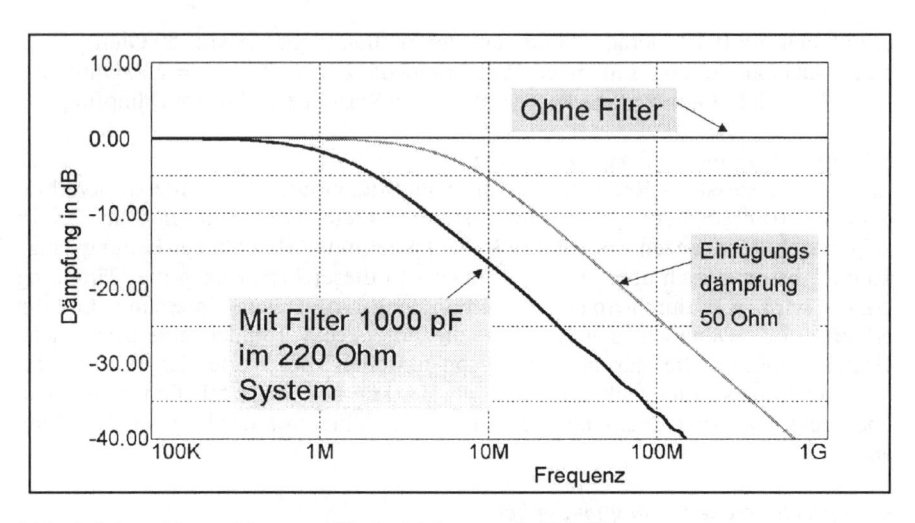

Abb. 2.2.1a: Abgeschlossene Einfachleitung mit 220 Ohm Leitungswellenimpedanz gefiltert mit 1000 pF in der Mitte der Leitung im Frequenzbereich

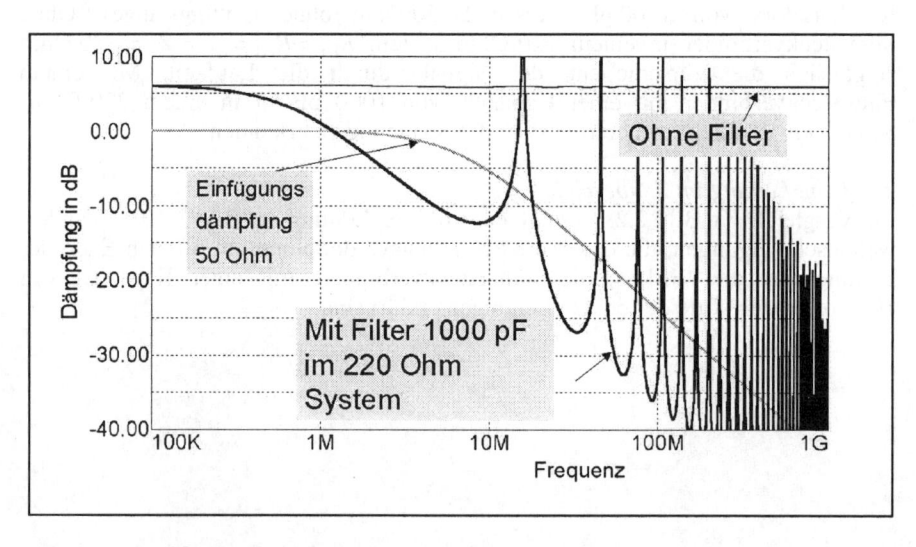

Abb. 2.2.1b: Offene Einfachleitung mit 220 Ohm Leitungswellenimpedanz gefiltert mit 1000 pF in der Mitte der Leitung im Frequenzbereich

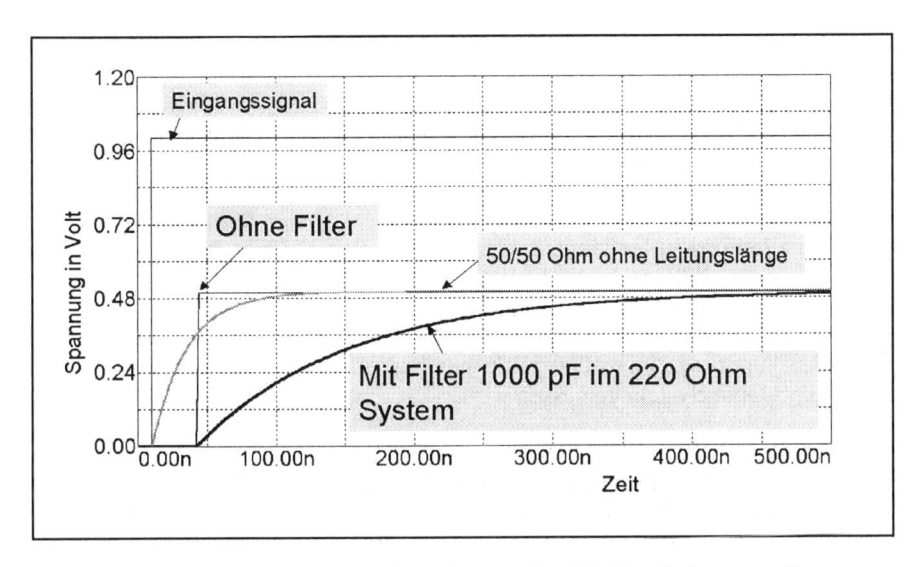

Abb. 2.2.1c: Abgeschlossene Einfachleitung mit 220 Ohm Leitungswellenimpedanz gefiltert mit 1000 pF in der Mitte der Leitung im Zeitbereich

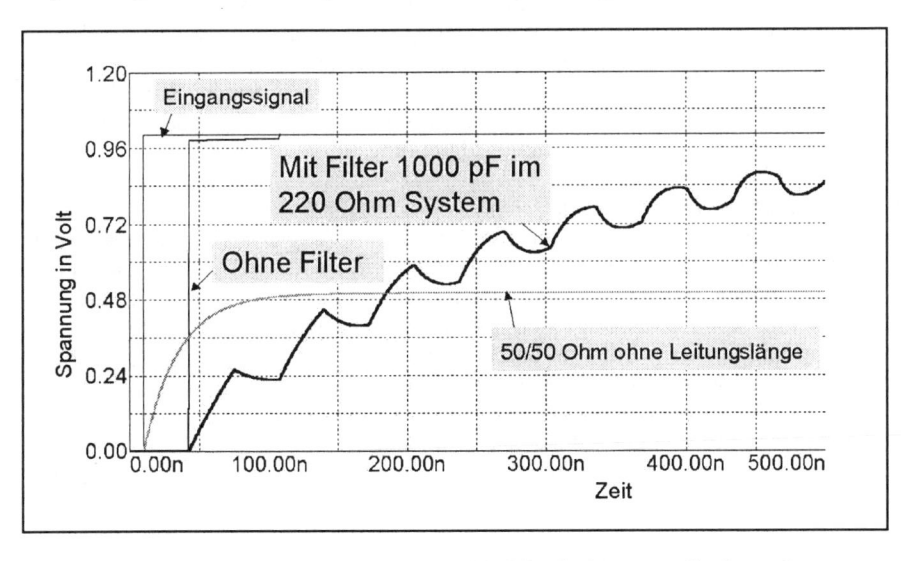

Abb. 2.2.1d: Offene Einfachleitung mit 220 Ohm Leitungswellenimpedanz gefiltert mit 1000 pF in der Mitte der Leitung im Zeitbereich

2.3 Filterschaltung mit zwei gekoppelten Leitungen

Abb 2.1.2 enthält zwei gekoppelte Flachbandleitungen mit einer Wellenimpedanz von 220 Ohm und einem Dämpfungsbelag von 0,2 Ohm/Meter. Die Wellenimpedanzen, die zwischen den Leitungen 1 und 2 wirksam sind, wurden vereinfachend gleich 220 Ohm angenommen. In der Mitte beider Leitungen ist der Filterkondensator von 1000 pF angeordnet. Eine Leitung führt ein Signal, die benachbarte Leitung ist leerlaufend und an beiden Seiten offen. Es soll untersucht werden, welchen Einfluss die Wellenimpedanz und die Abschlüsse der Leitungen auf die Einfügungsdämpfung im System haben. Abb. 2.3.1 zeigt die Ergebnisse. Insbesondere werden die Ergebnisse mit der vom Hersteller spezifizierten Einfügungsdämpfung eines 1000-pF-Kondensators verglichen, die bekanntlich in einem 50/50-Ohm-System gemessen wird.

a) Abgeschlossene Leitung im Frequenzbereich
In Abb. 2.3.1a ist als Referenz die Einfügungsdämpfung eines Filtersteckverbinders mit 1000 pF in Abb 2.1.1 mit $Z_E = Z_A = R_{E1} = R_{A1} = 50$ Ohm dargestellt. Wird statt der Wellenimpedanz von 50 Ohm jedoch eine Flachbandleitung mit einer Wellenimpedanz von $Z_{E1} = Z_{E2} = Z_{A1} = Z_{A2} = 220$ Ohm verwendet, ergeben sich zwei Erkenntnisse:
- Ohne Filtersteckverbinder im 220-Ohm-System erkennt man bereits Resonanzerscheinungen durch die gekoppelte parallele Leitung, sobald die Frequenz in den Bereich der Laufzeit der Leitung kommt.
- Mit Filtersteckverbinder im 220-Ohm-System mit einer Kapazität von 1000 pF erkennt man ausgeprägtere Resonanzen. Die Grunddämpfung liegt allerdings unterhalb der Einfügungsdämpfungskurve für 50 Ohm

b) Offene Leitung im Frequenzbereich
In Abb. 2.3.1b ist als Referenz die Einfügungsdämpfung eines Filtersteckverbinders mit 1000 pF in Abb 2.1.1 mit $Z_E = Z_A = R_{E1} = R_{A1} = 50$ Ohm dargestellt. Auch hier zeigen sich Resonanzen, sobald die Wellenlänge in den Bereich der Leitungslänge kommt. Es zeigt sich aber auch, dass unterhalb dieser Frequenzen die Dämpfung positiv wird, was durch Spannungsverdopplung am offenen Ende einer Leitung erklärt wird. Dennoch bewirkt hier ein Filtersteckverbinder eine zusätzliche Grunddämpfung, die nur an den Resonanzstellen die Werte der Einfügungsdämpfung eines Filtersteckverbinders bei einem 50-Ohm-Messaufbau überdeckt. Die Ausprägung dieser Resonanzen hängt von der Leitungsdämpfung ab.

c) Abgeschlossene Leitung im Zeitbereich.
Als Eingangssignal wird ein Rechtecksprung von 1 Volt angelegt. Abb. 5 c zeigt die Ergebnisse. Das Verhalten des Filtersteckverbinders ohne angeschlossene Leitungen, jedoch mit $R_{E1} = R_A = 50$ Ohm entspricht dem Verhalten eines reinen

Kondensators (Kurve 50/50 Ohm ohne Leitungslänge). Ohne Filtersteckverbinder in einem 220-Ohm-System zeigt sich die Verschiebung der Signale durch die Laufzeit. Mit einem Filtersteckverbinder mit einer Kapazität von 1000 pF ist ein deutlich flacherer Anstieg der Spannung zu erkennen.

d) Offene Leitung im Zeitbereich.
Im Vergleich zu Bild 2.3.1c zeigt eine offene Leitung in Bild 2.3.1d Wanderwellenschwingungen die durch die Spannungsverdopplung am offenen Ende der Leitung und die Wirkung des Filtersteckverbinders mit einer Kapazität von 1000 pF in der Mitte der beiden Leitungen begründet sind.

Die gezeigten Beispiele beziehen sich auf einen ausgewählten Einzelfall. Dennoch verdeutlichen die Ergebnisse prinzipiell die Wirksamkeit eines Filtersteckverbinders. Eine weitere Reihe von Parametern bewirkt das Systemverhalten.

2.4 Vergleich mit einer Messung

Abb. 2.4.1 zeigt eine Messung der Einfügungsdämpfung mit einem Filter mit 1300 pF Kapazität, der über ein Flachbandkabel von 1 m Länge angeschlossen ist. Im Vergleich zu den Simulationen fallen in der Messung die ausgeprägten Resonanzspitzen infolge der frequenzabhängigen Dämpfung und Verzerrung der Leitung weg.

2.5 Schlussfolgerungen

Wählt man einen Innenwiderstand der Signalquelle von Null, so zeigen sich im Zeitbereich starke Überschwingungen, die bis zum doppelten Wert der eingespeisten Signalhöhe reichen.

Durch die Kopplung der Leitungen führen die leerlaufenden parallelen Leitungen eine Spannung, deren Höhe von der Beschaltung am Anfang und Ende der Leitung abhängt. Daher sollten nicht belegte Leitungen beidseitig mit ihrem Wellenwiderstand abgeschlossen werden. Die Beschaltung der leerlaufenden Leitungen mit einem Filtersteckverbinder reduziert die eingekoppelte Spannung.

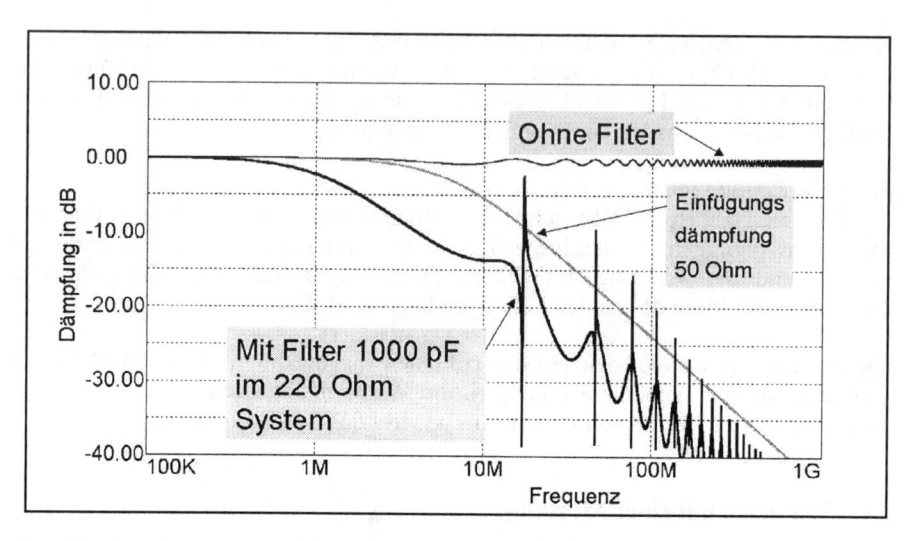

Abb. 2.3.1a: Abgeschlossene Doppelleitung mit 220 Ohm Leitungswellenimpedanz gefiltert mit 1000 pF in der Mitte der Leitung im Frequenzbereich

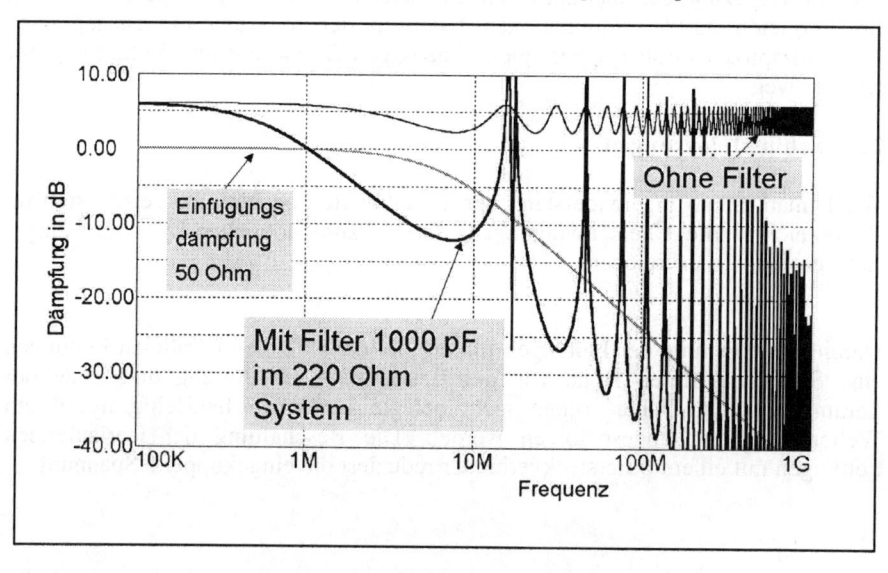

Abb. 2.3.1b: Offene Doppelleitung mit 220 Ohm Leitungswellenimpedanz gefiltert mit 1000 pF in der Mitte der Leitung im Frequenzbereich

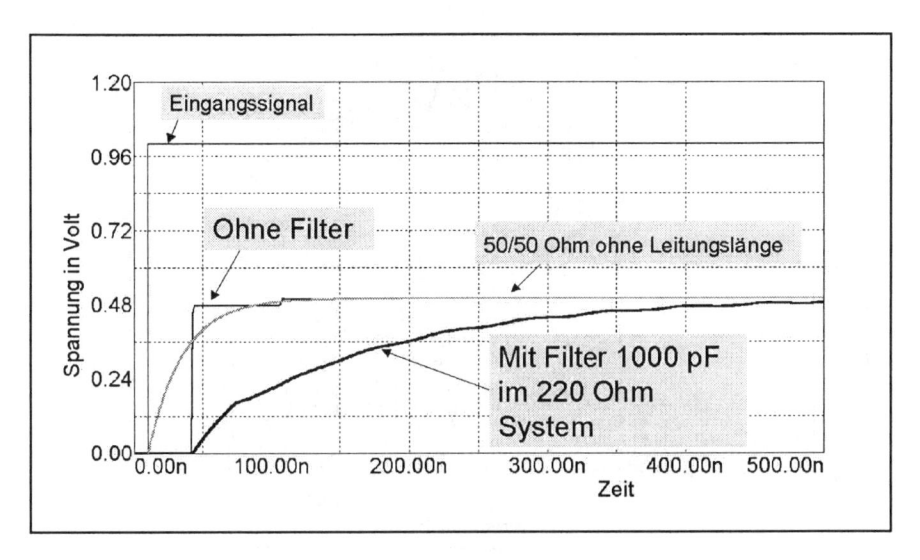

Abb. 2.3.1c: Abgeschlossene Doppelleitung mit 220 Ohm Leitungswellenimpedanz gefiltert mit 1000 pF in der Mitte der Leitung im Zeitbereich.

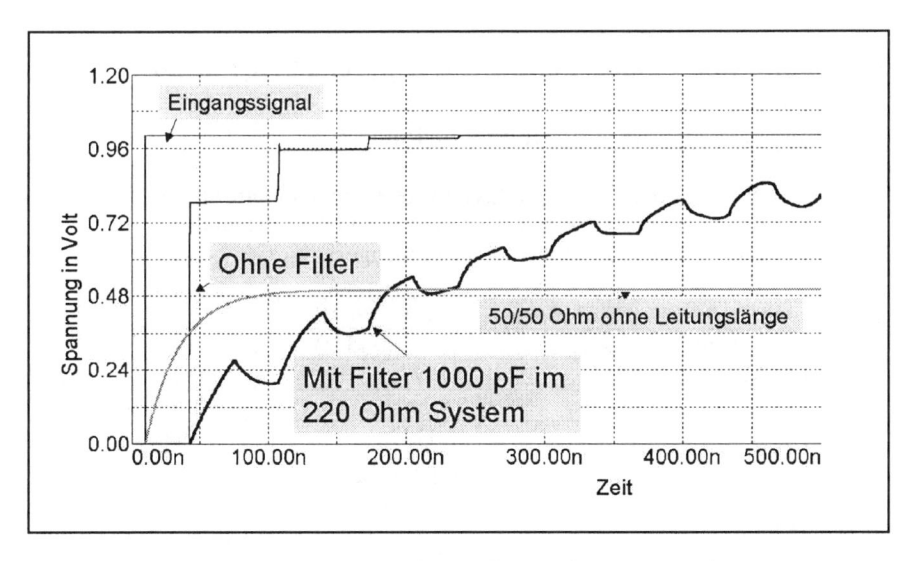

Abb. 2.3.1d: Offene Doppelleitung mit 220 Ohm Leitungswellenimpedanz gefiltert mit 1000 pF in der Mitte der Leitung im Zeitbereich.

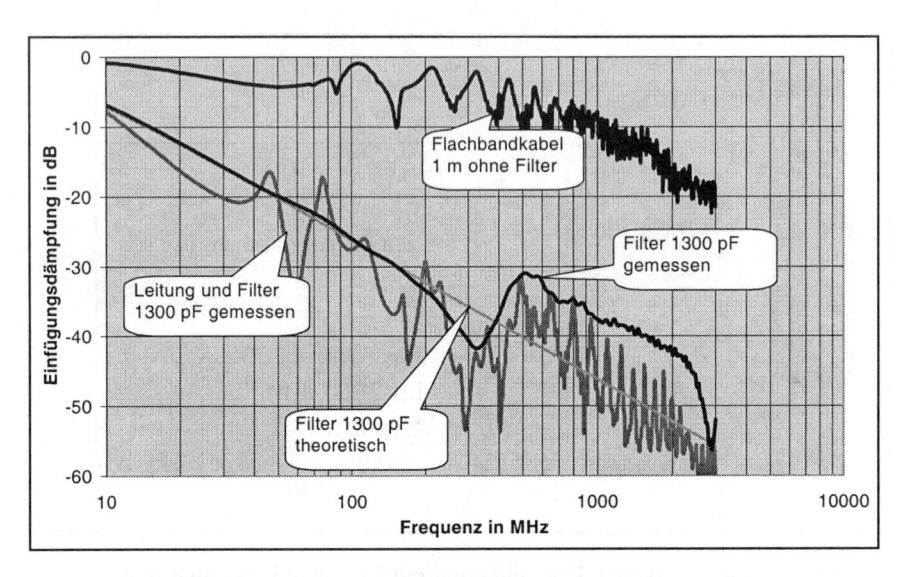

Abb. 2.4.1 Messung der Einfügungsdämpfung mit einem Filter mit 1300 pF Kapazität, der über ein Flachbandkabel von 1 m Länge angeschlossen ist.

3 Elektrische Eigenschaften von Filtersteckverbindern

3.1 Anforderungen für Filter in Datenleitungen

Tabelle 3.1.1 zeigt eine Zusammenfassung relevanter Parameter für die Spezifikation von Filtersteckverbindern. Dabei sind aus den vorliegenden Standards die Größenordnungen der Anforderungen zusammengefasst.

Parameter	von	bis
Anstiegszeit Eingang Ausgang	1 μs (100 kHz)	1,2 ns (400 MHz)
Eingangsflankensteilheit	1,2 V/μs	175 mV/ns (400MHz)
Quellenimpedanz	5 Ohm	100 Ohm
Frequenz	100 kHz	400 MHz
Dämpfung	Keine Angabe	5,8 dB (400 MHz)
Leitungsimpedanz	33 Ohm	110 Ohm
Übersprechen	-26 dB	-52 dB
Lastimpedanz	110 Ohm	4 kOhm
Abschlusswiderstand	100 Ohm	470 Ohm

Tabelle 3.1.1 Anforderungen an genormte Datenschnittstellen /3.1/

3.2 Vergleich von Filtersteckverbindern unterschiedlicher Technologie

Abb. 3.2.1 zeigt eine Übersicht der elektrischen Daten von Filtersteckverbindern der unterschiedlichen Technologien. Die Einfügungsdämpfung für einige ausgewählte Typen von Kondensatoren ist in Abb. 3.2.2 dargestellt. Auffällig ist das Resonanzverhalten von Chipkondensatoren und von Einpresssteckverbindern, die ebenfalls mit Chipkondensatoren gebaut werden. Die Vorteile der Planar und Tubularkondensatoren zeigen sich in einem erweiterten Frequenzbereich bei besserer Dämpfung. Der Planarkondensator zeigt Vorteile gegenüber dem Tubularkondensator. Die Übersprechdämpfung ist in Abb.3.2.3 dargestellt. Hier zeigen die Planar- und Tubularkondensatoren ihre Vorteile. Abb. 3.2.4 zeigt die Frequenzabhängigkeit der Kapazität in einem Frequenzbereich bis 1 MHz. Die Frequenzabhängigkeit ist in diesem durch die Eigenschaften des Dielektrikum bedingt. Bei höheren Frequenzen treten darüber hinaus noch Resonanzeffekte im Kondensator auf.

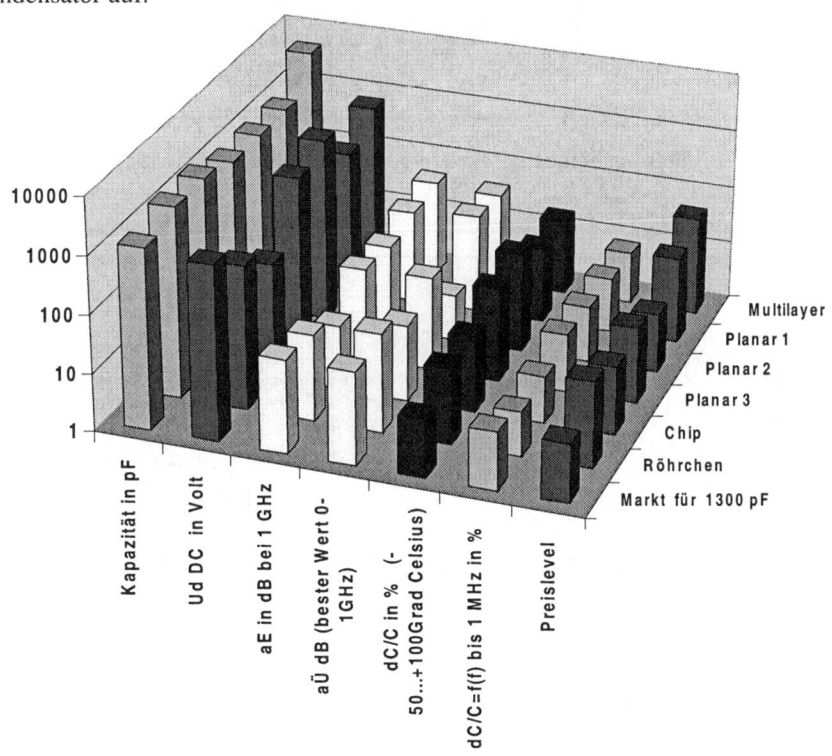

Abb. 3.2.1 Elektrische Daten von Filtersteckverbindern unterschiedlichen Technologien

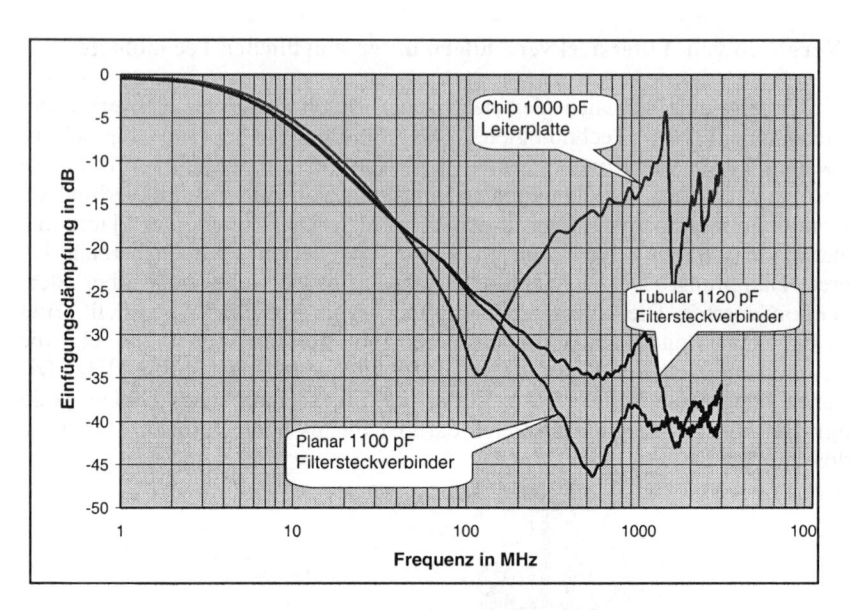

Abb. 3.2.2 Einfügungsdämpfung für einige ausgewählte Typen von Kondensatoren

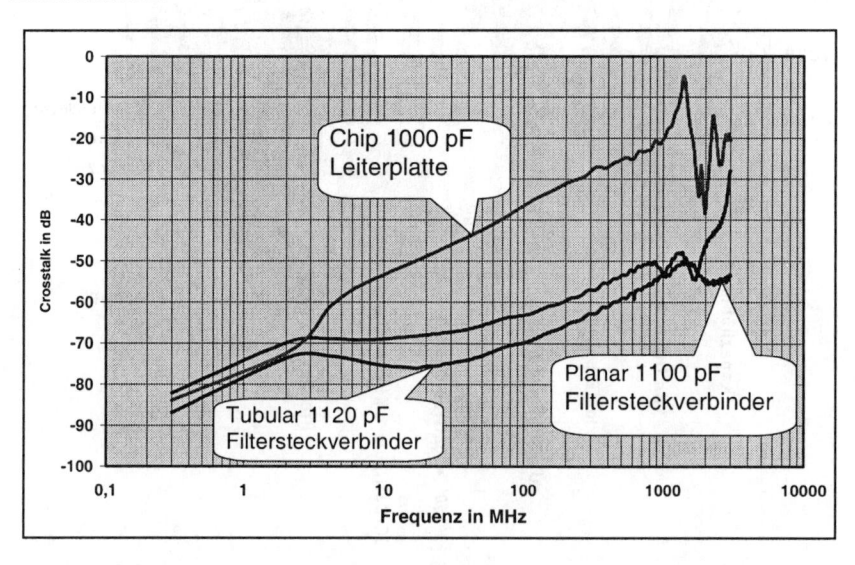

Abb. 3.2.3 Übersprechdämpfung für einige ausgewählte Typen von Kondensatoren

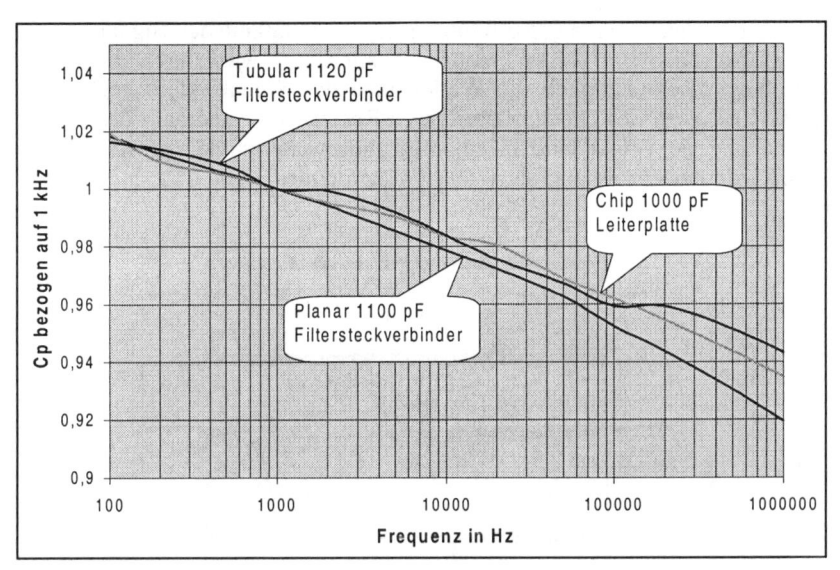

Abb. 3.2.4 Frequenzabhängigkeit der Kapazität für einige ausgewählte Typen von Kondensatoren, gemessen mit Kapazitätsmessbrücke HPHP 4284A LCR Meter

3.3 Abhängigkeit der Einfügungsdämpfung von den Kondensatordaten.

Die erreichbare Einfügungsdämpfung eines reinen Kondensator- Filtersteckverbinders wird durch die folgenden physikalischen Eigenschaften begrenzt:

- Innere und äußere Induktivität,
- Geometrischer Aufbau
- Eigenschaften des Dielektrikum
- Übergangswiderstände vom Kondensator zum Gehäuse des Filtersteckverbinders

Die innere Induktivität ist bei den verschiedenen Bauweisen durch den geometrischen Aufbau des Kondensators bestimmt. Die relative Dielektrizitätszahl ε_r des Dielektrikums wird durch die geforderte Kapazität des Signalkontaktes gegen Erde und die Spannungsfestigkeit gegen Masse bestimmt. Mit steigender Anforderung an die Spannungsfestigkeit müsste das Dielektrikum in der Schichtdicke erhöht werden, was aber bei konstantem ε_r eine Verringerung der Kapazität zur Folge hätte. Da zur Kompensation die Fläche, welche zur Bildung der Kapazität benötigt wird, nicht beliebig ausgedehnt werden kann, muß somit die Dielektrizitätszahl ε_r erhöht werden. Der Einsatz von Dielektrika mit sehr hohem ε_r reduziert aber die Ausbreitungsgeschwindigkeit des Signals innerhalb des Dielektrikums. Bei hohen Frequenzen allerdings wird durch die reduzierte Ausbreitungsgeschwindigkeit die Wellenlänge des Signals klein gegenüber der elektrischen Länge des Dielektrikums, was Resonanzen innerhalb des Filters zur Folge hat. Dieser Effekt wird in einem Wanderwellenmodell untersucht, das in Bild 3.3.1 dargestellt ist und als Wanderwellenmodell nach Abb. 3.3.2 berechnet wird.

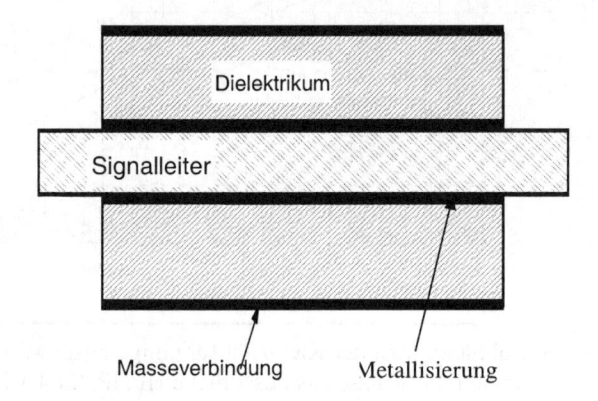

Abb. 3.3.1 Schnitt durch einen Röhrchenkondensator

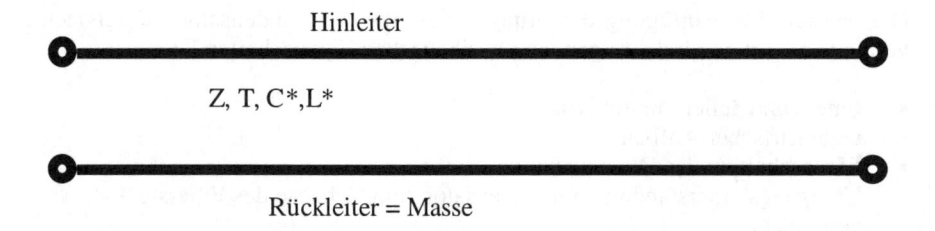

Abb. 3.3.2 Modell des Röhrchenkondensators als Wanderwellenleitung
Z: Leitungswellenimpedanz, T.: Laufzeit , C*,L* Leitungsdaten

Die Simulation mit einem Netzwerkanalyseprogramm zeigt Abb. 3.3.3. Der Kondensator beginnt ab einer unteren Grenzfrequenz zu schwingen wobei die Einfügungsdämpfung nachlässt. Mit zunehmender Dielektrizitätszahl verschieben sich die Resonanzstellen zu kleinen Frequenzen hin.

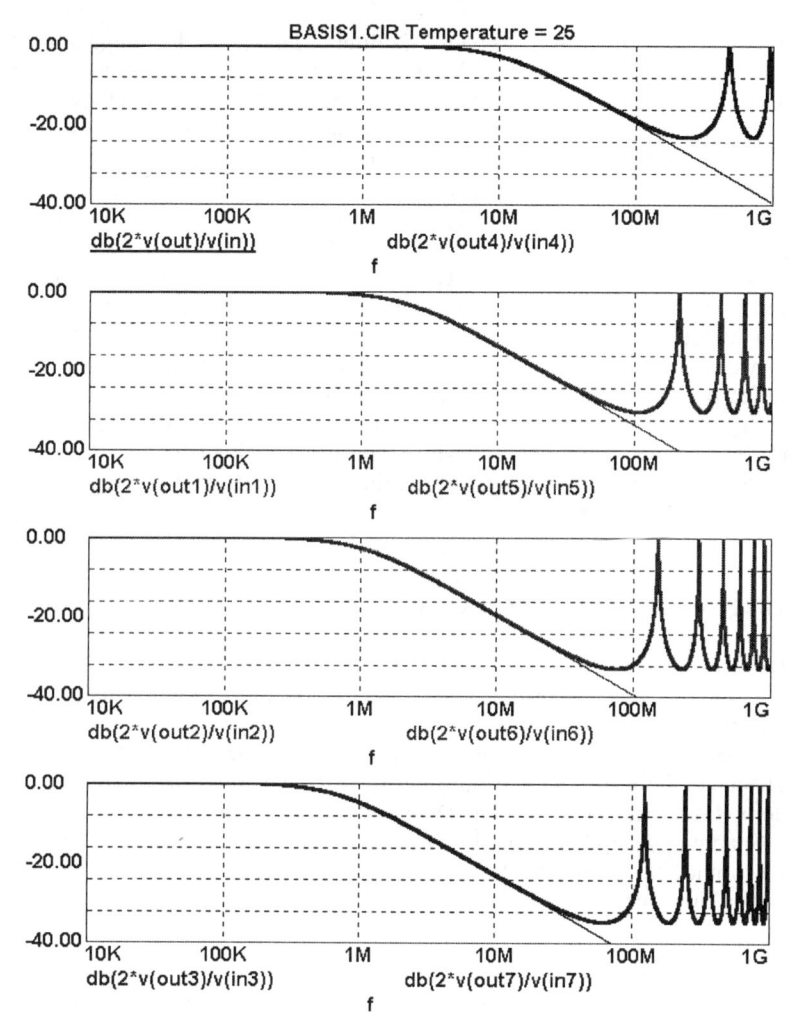

Abb. 3.3.3 Einfügungsdämpfung eines elektrisch langen Kondensators
Von oben nach unten:
ε_r = 1000, 5000, 10000, 15000;
C = 0,61 nF, 3,06 nF, 6,11 nF, 9,17 nF.
Die fetten Linien geben den Frequenzgang der Einfügungsdämpfung für einen elektrisch langen Kondensator an.
Die dünne Linie gibt den Frequenzgang der Einfügungsdämpfung für einen idealen Kondensator an.

Die Resonanzeffekte eines reinen C-Filters lassen sich umgehen durch Verwendung eines mehrstufigen Filters als LC-, LCLC- oder π-Filtersteckverbinder in planarer Bauweise. Durch die bessere theoretische Dämpfung mit kleineren Kapazitäten werden die oben beschriebenen Probleme vermieden, es ergibt sich darüber hinaus auch ein geringerer Einfluß von Übergangswiderständen: Da der Kondensator mit zunehmender Frequenz einen Kurzschluss bildet, spielen die Übergangswiderstände im hohen Frequenz-Bereich eine entscheidende Rolle. Ein 1,3-nF-Kondensator hat bei 1 GHz eine Reaktanz von 0,12 Ω, so dass der Anteil des Übergangswiderstandes am Gesamtwiderstand zur bestimmenden Größe wird. Die Dämpfung kann hier nicht besser sein als der vom Übergangswiderstand begrenzte Wert. In einem mehrstufigen Filter werden üblicherweise mehrere kleine Kapazitäten parallel-induktiv verschaltet, so dass der Einfluß der Übergangswiderstände reduziert wird.

Mehrstufige Filter sind somit zu empfehlen, wenn die Arbeitsfrequenz sehr hoch ist und die zu sperrenden Frequenz-Bereiche nicht weit über dem Arbeitspunkt liegen. Des weiteren sollten mehrstufige Filter eingesetzt werden, wenn eine hohe Dämpfung gefordert wird.

4 Ausgewählte Filtersteckverbindertypen.

Filtersteckverbinder werden als C oder LC oder weitern Kombinationen von LC-Filtern eingesetzt. Ihre Performance bei hohen Frequenzen hängt entscheidend von der Bauform des Kondensators ab.

Die Grenzfrequenz eines Kondensators ist durch die Laufzeit der elektromagnetischen Welle im Dielektrikum gegeben. Daher muss der Kondensator auf kleinstem Raum realisiert werden. Dem steht konträr die Forderung nach einer hohen Spannungsfestigkeit von bis zu 2,5 kV gegenüber. Beide Forderungen lassen sich nur über geeignete Werkstoffe zu einem Optimum bringen. Tabelle 4.1 zeigt in der Übersicht die Vorteile von Planarkondensatoren.

Bauform des Kondensators	Röhrchen-	Chip-	Planar	Multilayer-Array-
Grenzfrequenz	Mittel	Gering *	Hoch	Mittel*
Spannungsfestigkeit	Mittel	Mittel	Hoch	Mittel

* neigen zu ausgeprägten Resonanzen durch Anschlussinduktivität

Tabelle 4.1 Übersicht der verschiedenen Kondensatorbauformen

4.1 C-Filter

Abb. 4.1.1 zeigt die Einfügungsdämpfung eines Planarfiltersteckverbinders im Vergleich mit einem Chipfiltersteckverbinder mit einer Kapazität von 830 pF.

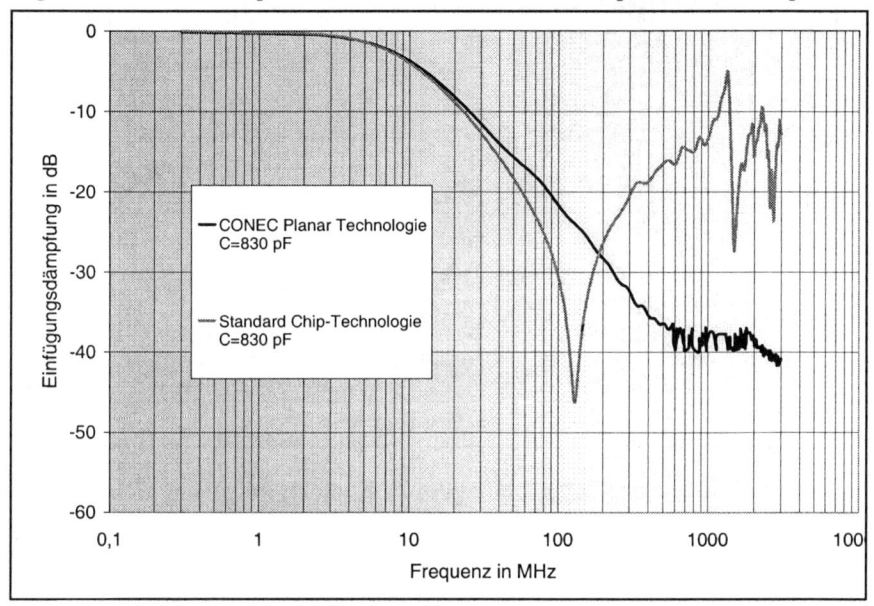

Abb. 4.1.1 Vergleich der Einfügungsdämpfung der Standard Chip Technologie mit einem Planarfiltersteckverbinder nach Bild 2

In Abb 4.1.1 sind klar die Vorteile der Planarkondensatoren zu erkennen. Die Dämpfung reicht bis zu 1 GHz mit 40 dB/Dekade. Gerade die Planaren Kondensatoren ermöglichen durch Vergießen der Aktivteile eine Spannungs-festigkeit von 1,5 kV$_{eff}$ für Wechselspannung und 2,5 kV für Blitzstoßspannung 10/700 µs.

Abb. 4.1.2 zeigt die Einfügungsdämpfung eines gefilterten Powerkontakts mit einer Kapazität von 100 nF. Durch die große Kapazität kommt es zu den laufzeitbedingten Effekten bzw. durch die Induktivität der Anschlüsse zur Ausbildung einer Resonanzfrequenz im Bereich von einigen 10 MHz. Dieser Frequenzbereich deckt jedoch die Anforderungen für die zu filternden Stromversorgungen weitgehend ab.

Abb. 4.1.3-5 zeigt verschiedenste Bauformen /4.1.1/.

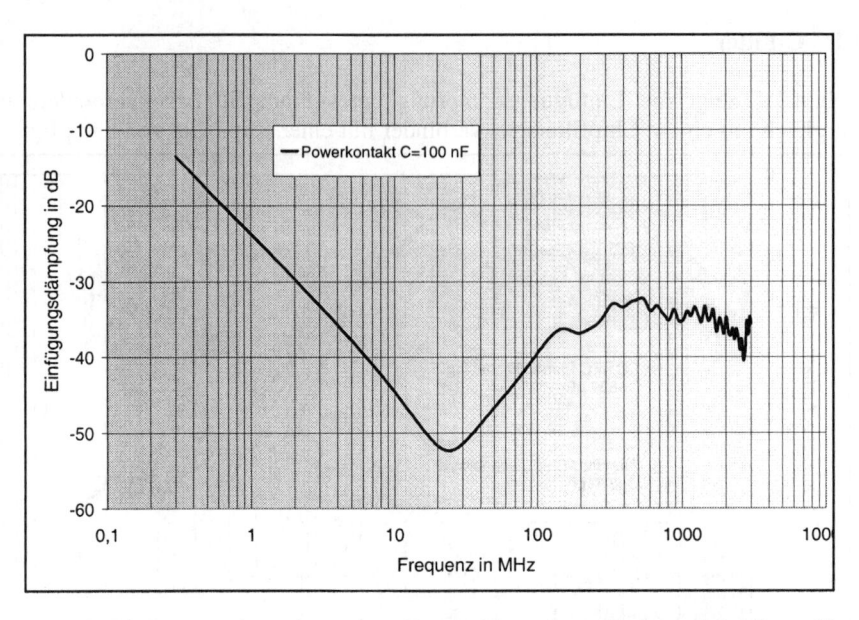

Abb. 4.1.2 Einfügungsdämpfung eines Power-Kontakts mit einem Multilayerfilter von 100 nF

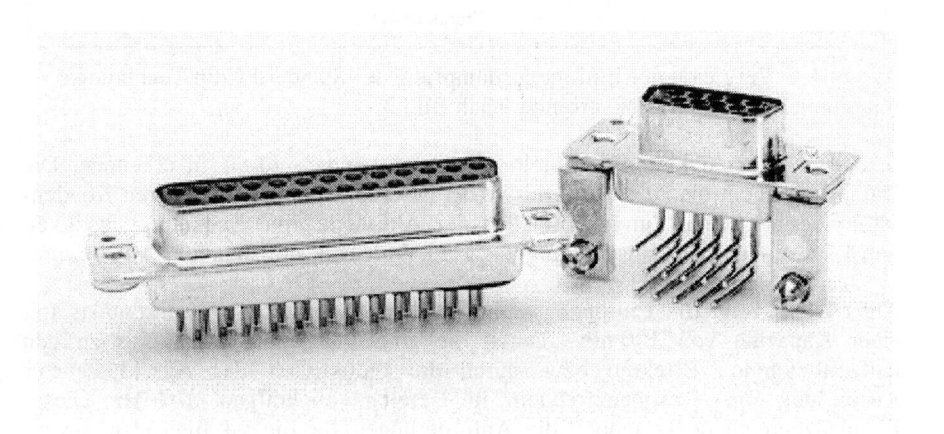

Abb. 4.1.3 Linkes Bild: Filtersteckverbinder D-Sub mit Planarfilter 830 pF
Rechtes Bild: Filtersteckverbinder High Density mit Planarfilter 830 pF

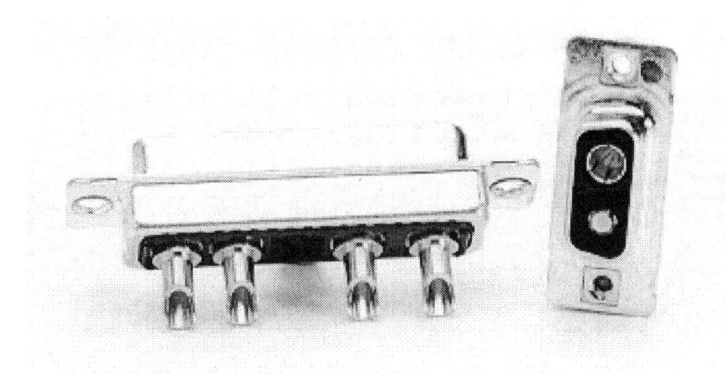

Abb. 4.1.4: Filtersteckverbinder Combination D-Sub mit 100-nF-Multilayerfilter und Power-Kontakt in Ausführungen bis zu 40 A

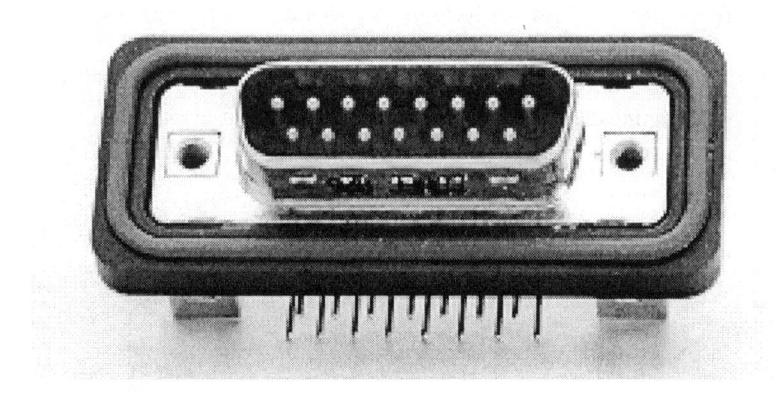

Abb. 4.1.5: Filtersteckverbinder D-Sub in wasserdichter Ausführung IP67 mit Planarfilter

4.2 π-Filter

Auch bei CLC Filtern sind die Kondensatoren für höchste Grenzfrequenzen auszulegen, damit die gewünschte Einfügungsdämpfung mit 60 dB/Dekade fällt. Abb. 4.2.1 zeigt die Performance eines CLC-Filters mit Planarkondensatoren. Abb. 4.2.2 zeigt die Ausführung des Filters mit den gemessenen Daten von Abb. 4.2.1.

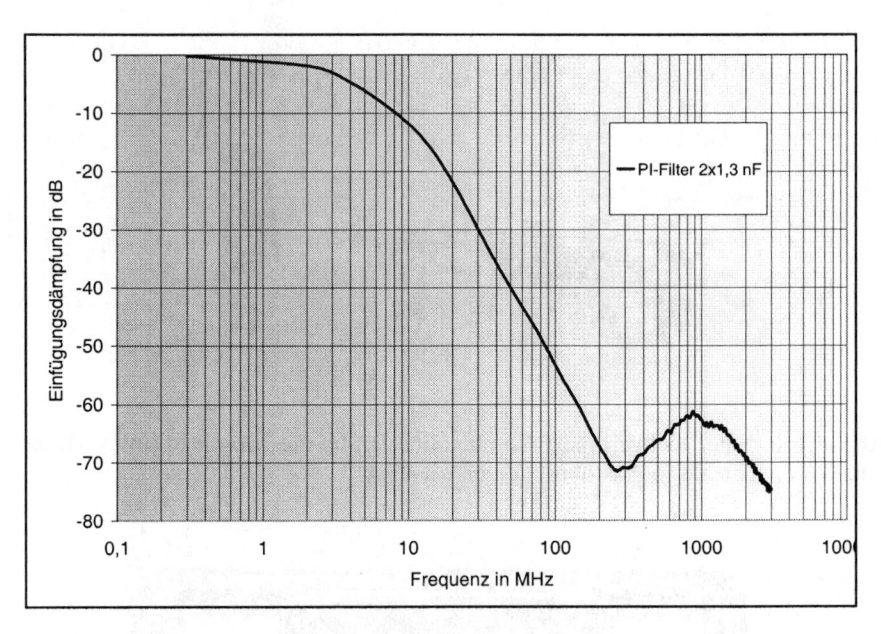

Abb. 4.2.1 Einfügungsdämpfung eines π Filters CLC

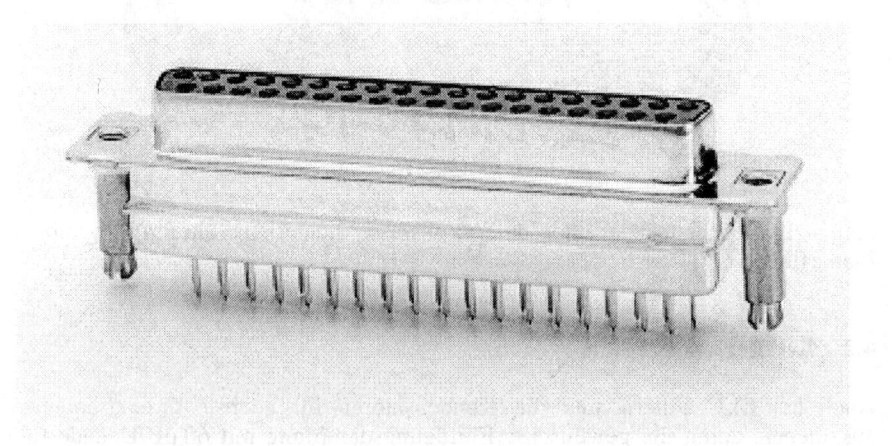

Abb. 4.2.2 π-Filter

4.3 LCLC-Filter

Auf der Basis der bisher beschriebenen Filtersteckverbinder lassen sich beliebige Kombinationen aus L und C herstellen, z. yB. LCLC-Filter in Planartechnologie, die nach Kundenspezifikation konzeptioniert werden.

4.4 Ausführung der Filtersteckverbinder

Alle Kontakte in Filter-Steckverbindern bestehen aus hochwertigen Kupferlegierungen und werden einzeln auf Präzisionsdrehmaschinen gefertigt. Dieses Verfahren garantiert eine optimale Signal- bzw. Stromübertragung; durch anschließende Goldauflage können die Übergangswiderstände noch weiter gesenkt und auf Dauer garantiert werden. Die Gehäuse werden aus verzinntem Stahlblech hergestellt, solche Steckverbinder erlauben daher den Einsatz der Systeme unter großen mechanischen Belastungen sowie unter Einwirkung korrosiver Medien. Durch die planare Bauweise des Filterelements werden die einzelnen Signale durch eine an Masse liegende Elektrode geführt, was im Gegensatz zu mit Chipkondensatoren beschalteten Steckverbindern eine vollständige Schirmung des Gehäuseinneren der Systemkomponenten bedeutet. Einstrahlung sowie Abstrahlung von Störfrequenzen durch den Steckverbinder sind somit ausgeschlossen.

Durch den zusätzlichen Einsatz von isolierenden Komponenten können Spannungsfestigkeiten bis zu 2,5 kV Blitzstoßspannung 10/700 μs erreicht werden.

Alle Filter-Steckverbinder sind mit verschiedensten Anschlussarten und in mehreren Winkelmaßen herstellbar. Die Fortführung des optimalen Designs im Anschluß an Leiterkarte und Gehäuse ist somit gewährleistet.

5 Zusammenfassung

Ein Filtersteckverbinder wird vom Hersteller durch seine Kapazität und den Verlauf der in einer genormten 50-Ohm-Anordnung gemessenen Einfügungsdämpfung spezifiziert. Damit sind verschiedenartige Filtertechnologien miteinander vergleichbar /1/.
In realen Systemen bestimmen die folgenden Parameter die tatsächliche Performance des Filtersteckverbinders:
- Ausgedehnte Leitungen unterschiedlichen Wellenwiderstands
- Unterschiedliche Innenwiderstände von Signalquellen
- Unterschiedliche Abschlusswiderstände der Leitungen
- Kopplung der Leitungen untereinander

Diese Zusammenhänge müssen stets bei der Spezifikation des Filtersteckverbinders beachtet werden. Die hier dargestellte Simulation hat einen Einblick in die Komplexität gegeben. Als Schlussfolgerung bleibt die Empfehlung, Leitungen möglichst mit ihrer Wellenimpedanz an den Innen-widerstand der Signalquelle anzupassen, die Leitungen mit dem Wellenwiderstand abzuschließen und auch leerlaufende Leitungen abzuschließen. Der Einsatz eines Filtersteckverbinders bringt auch bei offenen Leitungsenden und gekoppelten Leitungen noch die gewünschte Grunddämpfung. In der Praxis müssen neben den hier behandelten rein leitungsgebundenen Vorgängen aber auch noch die Abstrahlungen von EMW von den Leitungen berücksichtigt werden. Hier hat sich der Filtersteckverbinder als vorteilhaft erwiesen, weil er direkt an der Zonengrenze filtert. Ein Filtersteckverbinder kann nachträglich oder präventiv an den Schnittstellen der Gerätegehäuse eingebaut werden ohne Re-Design der Elektronik und den damit verbundenen Zeit und Kostenaufwand. Die von CONEC bereitgestellten Kurven der Einfügungsdämpfung bieten ein sicheres Hilfsmittel zur Auswahl des am besten geeigneten Filtersteckverbinders.

Filtersteckverbinder eignen sich insbesondere für Retrofit von Anlagen. Weil Planarfilter höhere Grenzfrequenzen als Chipfilter aufweisen, eignen sich solche insbesondere für hohe Anforderungen an die Dämpfung auch im Bereich von 1 GHz und darüber. Planarfilter werden in einem weiten Bereich bis hin zu wasserdichten Ausführungen IP67 hergestellt und ermöglichen ebenfalls die Herstellung von π-Filtern und Kombinationen von LC-LC-Filtern. Weiterhin sind Filtersteckverbinder mit Powerkontakten bis zu 40 A möglich. Insbesondere ist bei Kondensatoren mit hohen Kapazitäten darauf zu achten, daß deren Übergangswiderstände zum Gehäuse gering gehalten werden.

6 Literaturverzeichnis:

/1.1/ Gemke,C.: Analyse von Filtersteckverbindern. EMC Kompendium 1999, S. 127-129.
/1.2/ Norm MIL Std. 220
/1.3/ Micro Cap V. Electronic Circuit Analysis Programme. Spectrum Software Sunnyvale, CA. www.spectrum-soft.com
/3.1/ Normen : GR-499-CORE; „ANSI T1.413-1995 (ADSL) ASX" , IEEE 488.1-1997; ISO 11898 (CAN); IEEE 1284.1-1994; ANSI X3.131-1994 (SCSI 2); RS 530; RS 485; RS 432; RS 422;RS 232; IEEE 1394-1995; IEEE 1284.1-1997.
/4.1.1/ www.conec.com

Messung leitungsgeführter Störaussendung an Telekommunikationsanschlüssen

Dipl.-Ing. Uwe Karsten
Schaffner EMC Systems GmbH, Berlin

Messung leitungsgeführter Störaussendung an Telekommunikationsanschlüssen

Dipl. Ing., Uwe Karsten, Schaffner EMC Systems GmbH, Berlin

Kurzfassung / Abstract

Vor der Aktualisierung der DIN EN 55022 im Jahr 1999 wurden im Rahmen von EMV-Messungen leitungsgeführte Störaussendungen von Einrichtungen der Informationstechnik (ITE) nur an Netzleitungen nachgewiesen. Durch die ständige Erhöhung von Datenübertragungsraten durch immer schnellere Übertragungsverfahren wie z. B. ISDN, ADSL, 10BaseT, 100BaseT, Token Ring usw. besteht bezüglich der EMV die Notwendigkeit die Störaussendung an diesen Telekommunikationsanschlüssen nachzuweisen.

Im vorliegenden Beitrag werden die neuen Grenzwerte dargestellt.

Die Vielfalt der Übertragungstechniken und Leitungsarten (geschirmt, ungeschirmt, unsymmetrisch oder symmetrisch 2-, 4- oder Mehrdrahtleitung) erfordern unterschiedliche Messverfahren.

Zur Messung der leitungsgeführten Störaussendung definiert die EN 55022 neue Impedanzstabilisierungsnetzwerke (ISN).

An die ISN's werden dabei besondere Forderungen gestellt.

Insbesondere die Definition der Unsymmetriedämpfung (en: „longitudinal conversion loss" (LCL)) wird im Zusammenhang mit angewendeten Kabeltypen diskutiert.

Aufgrund der Vielzahl der Übertragungstechniken und Leitungsarten besteht die Möglichkeit, neue Messverfahren anzuwenden.

Dem Techniker werden Hilfen bei der Auswahl dieser Messverfahren und der notwendigen Messtechnik gegeben.

1 Die neuen Forderungen der DIN EN 55022:1999
Einrichtungen der Informationstechnik
Funkstöreigenschaften

Die aktuelle EN 55022 enthält weitreichende Änderungen für die Messung leitungsgeführter Störgrößen:
- Aufnahme von Grenzwerten für Telekommunikationsanschlüsse
- Definition der Eigenschaften von Koppelnetzwerken zur Messung der Funkstörspannung ISN's
- Neue Messaufbauten

1.1 Warum neue Anforderungen ?

In den letzten Jahren hat sich die Anwendung von schnellen Datenübertragungen stetig erweitert. Dabei hat sich nicht nur die Übertragungsgeschwindigkeit und die Anzahl der Technologien sondern auch die allgemeine Verbreitung vergrößert.
Die Übertragung über Glasfasern verhindert zwar EMV-Probleme aber auf den letzten Metern zum Endgerät werden weiterhin elektrische Leitungen verwendet.
Hier kommen geschirmte und ungeschirmte sowie symmetrische und unsymmetrische Leitungen zum Einsatz.
Schnelle digitale Datenübertragungen finden auch auf Leitungen statt, die bisher nur für analoge Signale vorgesehen waren.
Die Norm bezieht das öffentliche Telekommunikationsnetz, lokale und ähnliche Netze ein.
Beispiele für Übertragungstechnologien
POTS   herkömmliche analoge Telefonleitungen
         (Plain Old Telephone Service)
ISDN   Integrated Services Digital Network
ATM   Asynchronous Transfer Modus
ADSL   Asymmetrical Digital Subscriber Line
VDSL   Very-high-bit-rate Digital Subscriber Line
FDDI   Fibre Distributed Data Interface
mit drahtgebunder Verbindung um Endanwender.
z. B. Token Ring, 10BaseT, 100BaseT...
Geräte mit einem Telekommunikationsanschluss, die mit solchen Leitungen verbunden werden, besitzen grundsätzlich ein erhöhtes Störpotential.

1.2 Grenzwerte

Der Grenzwert am Netzanschluss gilt für die unsymmetrische Störspannung der Netzversorgung gemessen mit einer V-Netznachbildung. Im Gegensatz dazu wird die Störspannung auf Telekommunikationsleitungen als asymmetrische Spannung an einer Impedanz von 150 Ohm gemessen. Gleichwertig dazu kann, unter der Voraussetzung eines korrekten 150-Ohm-Abschluss, auch der Störstrom gemessen werden.
Bild 1.1 zeigt die Zusammenstellung der Grenzwerte

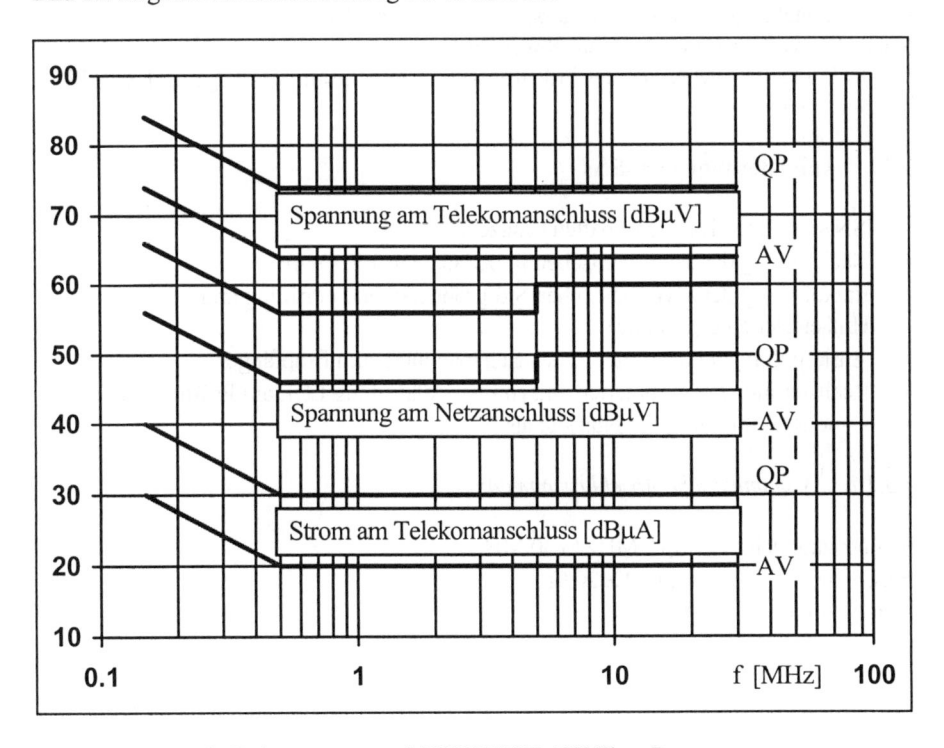

Bild 1.1 Grenzwerte der Funkstörspannung nach DIN EN 55022: 1999 Klasse B

1.3 Koppeleinrichtungen

Um die asymmetrische Störspannung auf Telekommunikationsleitungen im Frequenzbereich von 150 kHz bis 30 MHz zu messen, wurden neue Koppeleirichtungen definiert. Ausgehend von der bereits bekannten T-NNB wurde ein ISN (impedance stabilization network) für ungeschirmte symmetrische Leitungen entwickelt. Die EN 55022 beschreibt ISN's für ein und zwei Leitungspaare mit jeweils unterschiedlicher Unsymmetriedämpfung (LCL en. „longitudinal conversion loss").
Für die Messung auf geschirmten Leitungen wird auf CDN's von S-Typ nach der EN 61000-4-6 zurückgegriffen.
Für die kontaktlose Messung der Störspannung kann auch ein kapazitiver Tastkopf CVP (capacitive voltage probe) verwendet werden.
Für die kontaktlose Messung des Störstroms wird eine Strommesszange nach CISPR 16 herangezogen.

1.3.1 Anforderungen an ISNs

Ein ISN soll folgende Eigenschaften besitzen:
- Nachbildung der asymmetrischen Impedanz von 150 Ohm
- Entkopplung der asymmetrischen Störgröße zwischen Prüfling und Hilfseinrichtung (Leitung)
- Auskopplung der asymmetrischen Störspannung zum Empfänger
- Realisierung einer definierten Unsymmetriedämpfung LCL am Prüflingsanschluss
- keine Beeinflussung des Nutzsignals

1.3.1.1 Asymmetrische Abschlussimpedanz

Frequenzbereich: 0,15 MHz to 30 MHz
Impedanz: 150 $\Omega \pm 20\ \Omega$
Phasenwinkel: $0° \pm 20°$

1.3.1.2 Entkopplung der asymmetrischen Störgröße zwischen Prüfling und Hilfseinrichtung (Leitung)

Die Unterdrückung von Störgrößen, die von den Zusatz- /Hilfseinrichtungen erzeugt werden, muss so sein, dass diese Störgröße am Eingang vom Messempfänger mindestens 10 dB unter dem relevanten Grenzwert liegt.
Die von der Norm bevorzugte Dämpfung ist in **Bild 1.2** dargestellt

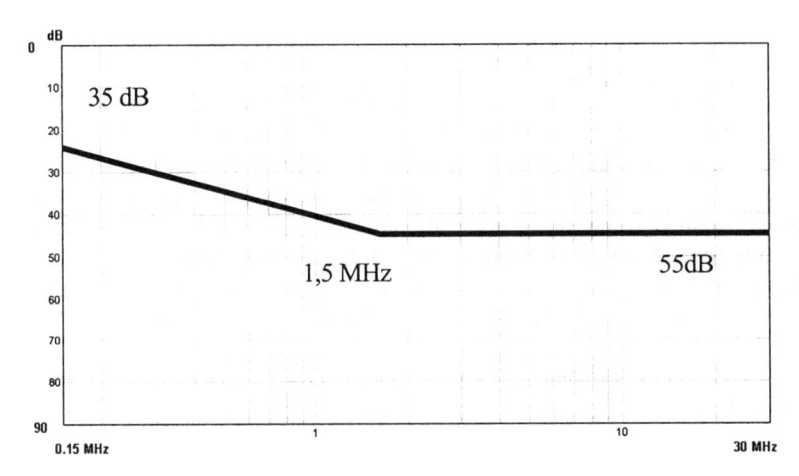

Bild 1.2 Bevorzugte Entkoppeldämpfung

1.3.1.3 Auskopplung der asymmetrischen Störspannung zum Empfänger

Das Wandlungsmaß beträgt $9,5 \pm 1$ dB
Es ergibt sich aus der asymmetrischen 150 Ohm Leitungsimpedanz und dem Messempfängereingangswiderstand von 50 Ohm:

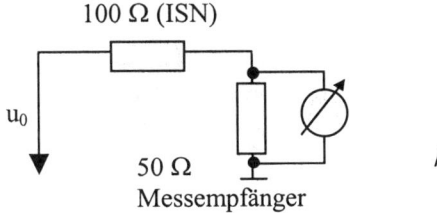

$$\frac{u_0}{u_{receiver}} = \frac{3}{1}$$

$$k = 20 \cdot \log \frac{u_0}{u_{receiver}}$$

1.3.1.4 Beeinflussung des Nutzsignals

Selbstverständlich darf das Nutzsignal nur unwesentlich durch das ISN beeinflusst werden. Die Anforderungen an das ISN sind:
- geringe Einfügungsdämpfung
- geringes Übersprechen
- hohe Bandbreite

1.3.1.5 Definierte Unsymmetriedämpfung (LCL)

Die herausragende neue Forderung ist die der definierten Unsymmetriedämpfung LCL (englisch: „longitudinal conversion loss").
Auf einer streng symmetrischen Leitung, die von einer symmetrischen Quelle gespeist und mit einer symmetrischen Last abgeschlossen ist, entsteht praktisch keine asymmetrische Spannung (common mode). Im Fall einer Unsymmetrie an einer Stelle des Übertragungsweges wird ein Teil der symmetrischen Spannung in eine asymmetrische umgewandelt. Dieser Anteil wird von der Norm auch Antennen-Störgröße genannt, weil er eine Quelle von in die Umgebung abgestrahlten Störgrößen ist.
In der Praxis werden ITE Geräte an vorhandene Netze über Kabel bestimmter Kategorie angeschlossen. Häufig findet man UTP Kabel der Kategorie 3 und 5.

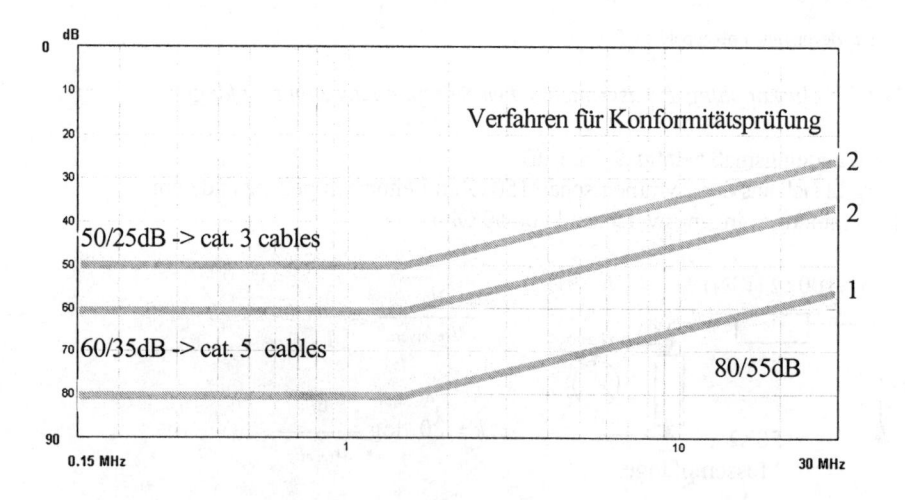

Bild 1.3 definierte Unsymmetriedämpfung LCL

Je höher die Kabelkategorie ist, umso höher sind die Forderungen an die Übertragungsqualität. Dazu gehört die erreichbare Bandbreite, die Dämpfung und natürlich die Symmetrie.

Da die Kabelkategorien 3 und 5 weit verbreitet sind, definiert die EN 55022 für diese Kabelkategorien frequenzabhängige LCL- Werte mit engen Toleranzen (± 3 dB) siehe **Bild** 1.3.

Wenn eine ITE für den Anschluss an eine dieser Kabelkategorien vorgesehen ist, muss es auch mit einem entsprechenden ISN gemessen werden. Das bedeutet, das Geräte die zum Anschluss an eine niedrigere Kabelkategorie vorgesehen sind, auch nur eine geringere Reichweite (kleinerer Pegel) oder damit verbunden eine geringere Datenrate (Bandbreite) zulassen.

2 Messverfahren

Die Norm lässt vier unterschiedliche Messverfahren bzw. Messaufbauten zu. Ursachen für die verschiedenen Messverfahren:
- ein, zwei oder mehr ungeschirmte Leitungspaare
- unsymmetische Leitungen
- geschirmte Leitungen
- ISN's/CDN's können nicht verwendet werden, da sie die Datenübertragung beeinflussen
- es ist nicht möglich, die Leitung zu unterbrechen

Das Bild 2.1 zeigt ein Auswahlschema für die vier Verfahren.

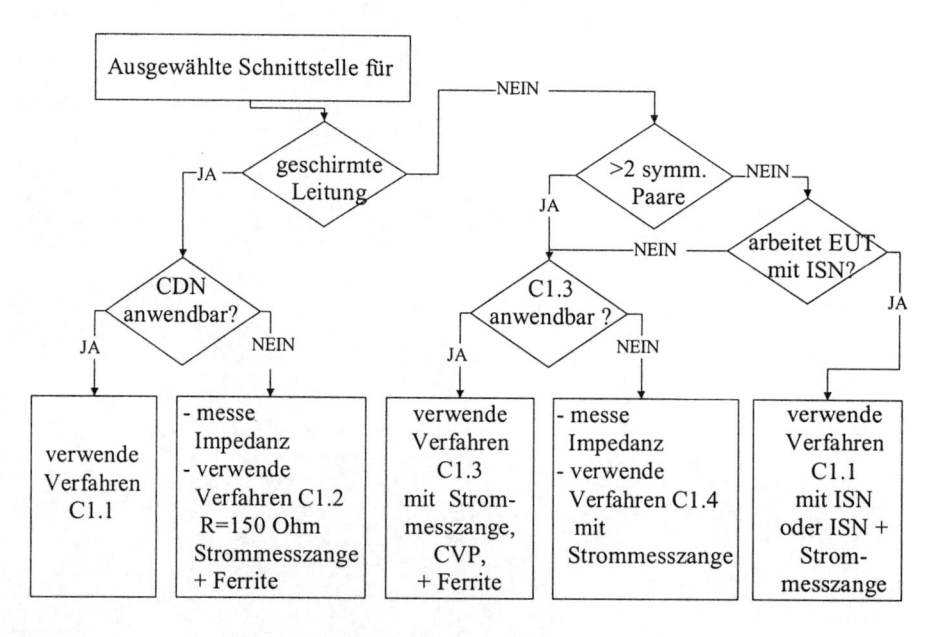

Bild 2.1 Auswahlschema für Messverfahren

2.1 Verfahren C1.1 mit CDN/ISN

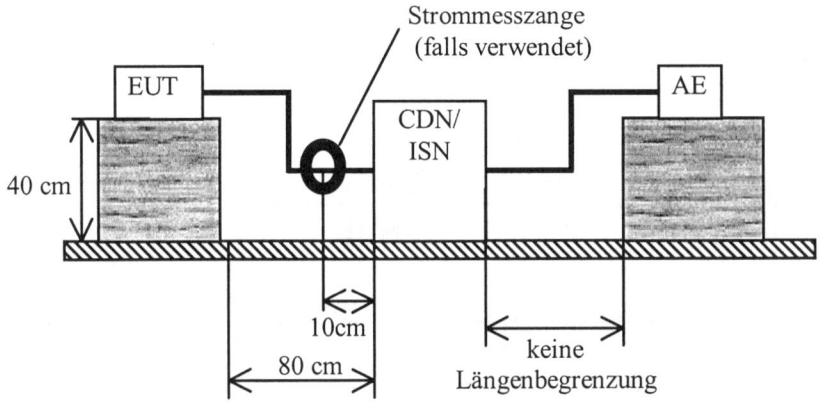

Bild 2.2 Verfahren C1.1

Der Messaufbau nach **Bild 2.2** stellt das bevorzugte Verfahren dar. Das ISN ist mit der Bezugsmasse zu verbinden und der Prüfling mit den angegebenen Maßen zu positionieren.
Es kann die asymmetrische Störspannung am CDN/ISN **oder** der asymmetrische Störstrom bestimmt werden.

2.2 Verfahren C1.2 unter Verwendung einer 150 Ohm Last als Verbindung zur äußeren Oberfläche des Schirms ohne CDN

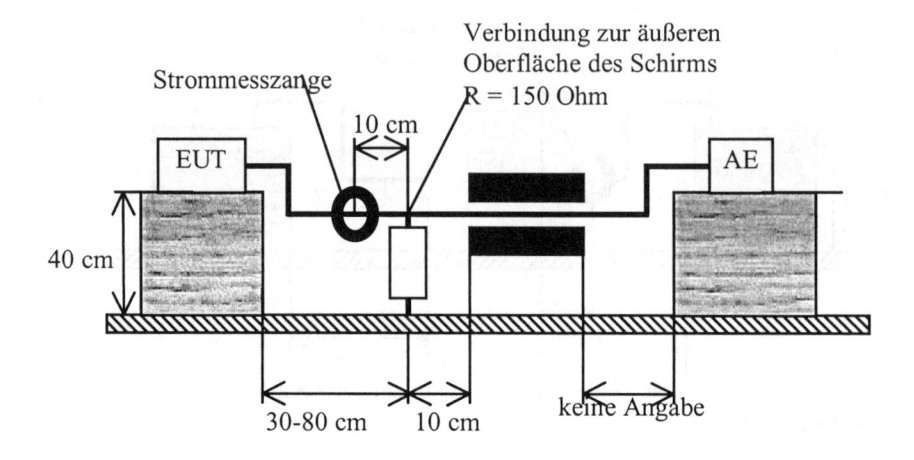

Bild 2.3 Verfahren C1.2

Der Messaufbau nach **Bild 2.3** kann an allen geschirmten Leitungen angewendet werden. Dazu muss die Leitungsimpedanz rechts vom Widerstand deutlich größer als 150 Ohm sein. Dies kann durch Ferrite und die Anordnung (isolierter Aufbau) der Hilfseinrichtung erfolgen. Die Impedanz ist nachzuweisen!
Es ist nur der asymmetrische Störstrom zu messen.

2.3 Verfahren C1.3 unter Verwendung einer Kombination aus Stromzange und kapazitivem Tastkopf

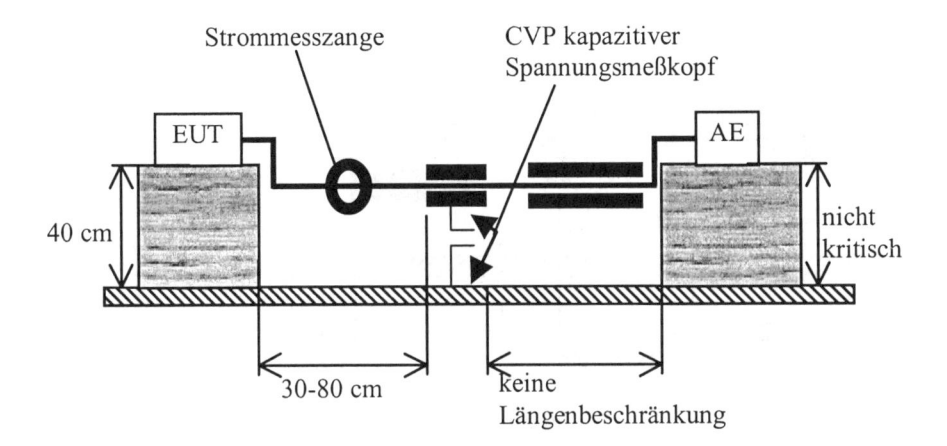

Bild 2.4 Verfahren C1.3

Wenn die Leitung nicht getrennt werden darf, zu viele Leitungspaare vorhanden sind oder die Leitungsimpedanz nicht auf 150 Ohm eingestellt werden kann ist das Verfahren nach **Bild 2.4** anzuwenden.
Der Prüfling muss **sowohl** den Grenzwert für die Störspannung **als auch** den Grenzwert für den Störstrom einhalten.

2.4 Verfahren C1.4 unter Verwendung von zwei Stromzangen

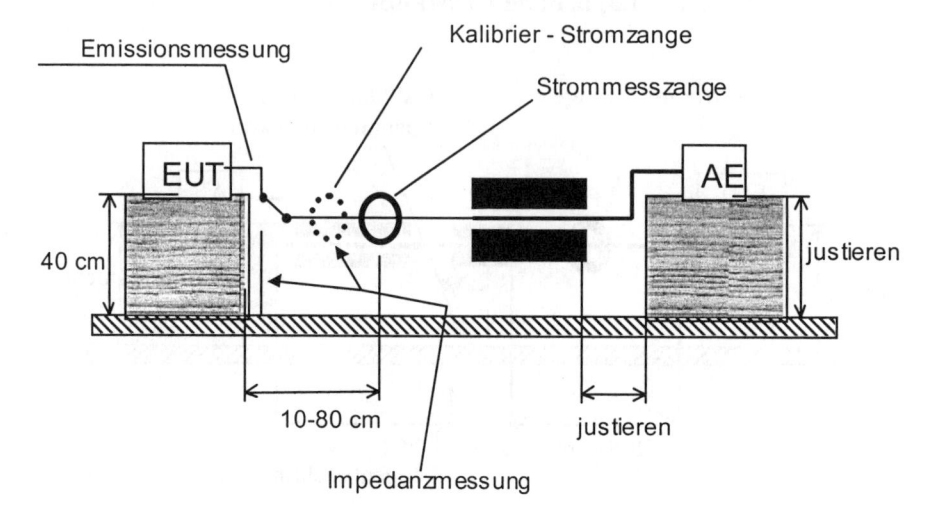

Bild 2.5 Verfahren C1.4

Das Verfahren nach **Bild 2.5** ist sehr aufwendig. Mit Hilfe von zwei Stromzangen, die in einer 50-Ohm-Schleife mit einem Generator und einem Empfänger kalibriert wurden, ist die Leitungsimpedanz zur Hilfseinrichtung auf 150 Ohm +/–20 Ohm! einzustellen. Dazu ist die Leitung mit Ferritmaterial zu versehen. Da es sehr schwierig ist, die Impedanz über einen großen Frequenzbereich einzustellen, ist es erforderlich, mit verschiedenen Ferritkombinationen zu arbeiten. Die gefundenen Kombinationen sind zu dokumentieren und für die Messung zu reproduzieren.

3 Literaturverzeichnis

[1] DIN EN 55022 Mai 1999 Einrichtungen der Informationstechnik Funkstöreigenschaften Grenzwerte und Messverfahren

Störfestigkeits- und Emissionsmessungen bei integrierten Schaltungen

Dr.-Ing. Wolfgang R. Pfaff
Robert Bosch GmbH, Stuttgart

Störfestigkeits- und Emissionsmessungen bei integrierten Schaltungen

Dr.-Ing. W. R. Pfaff, Robert Bosch GmbH

1 Vorwort

Kürzer werdende Entwicklungszeiten, steigende Funktionalität von elektronischen Systemen und der hohe Kostendruck machen den Einsatz immer komplexerer integrierter Halbleiterschaltungen erforderlich. Die fortschreitende Integrationsdichte bei integrierten Schaltkreisen (IC), wie z. B. bei Prozessoren und kundenspezifischen IC (ASIC), macht es den Elektronikentwicklern immer schwieriger, heutige EMV-Anforderungen zu erfüllen. Daher ist es für die Entwickler wichtig, das EMV-Verhalten der IC schon frühzeitig in der Entwicklungsphase zu kennen, um so rechtzeitig und kostengünstig die EMV-Anforderungen für ihre Produkte erfüllen zu können. Dazu sind Messverfahren nötig, die aussagekräftige, gut reproduzierbare Messergebnisse liefern.

2 Einleitung

Gerade z. B. in der Kraftfahrzeugelektronik stellt sich heute das Problem, dass immer mehr und komplexere elektronische Systeme im Automobil eingebaut werden und sich erstens untereinander nicht beeinflussen dürfen, zweitens nicht von elektromagnetischen Feldern gestört werden dürfen und drittens sichergestellt werden muss, dass außer- und innerhalb des Fahrzeugs ein störungsfreier (Rund-)funkempfang möglich ist. Während früher die Entstörung über die Auslegung der elektronischen Geräte oder gar durch nachträglich angebrachte Entstörelemente erfolgte, muss heute die EMV über eine Koordination der Eigenschaften der integrierten Bausteine, der Geräte und des gesamten Fahrzeugs sichergestellt werden.

Eine besonders wichtige Rolle spielt einerseits das Verhalten der integrierten Schaltkreise gegenüber Störsignalen, wie Sendersignalen leistungsstarker (Rund-)funksender und andererseits die hochfrequente Störaussendung, z. B. durch Taktsignale mit steilen Signalflanken. Gerade für diese Phänomene wird eine geeignete Messtechnik benötigt. Besonders geeignet zur Beurteilung sind Messverfahren, die es ermöglichen, losgelöst von der endgültigen Applikation, das Störverhalten der einzelnen Anschlüsse (PIN) des ICs zu beurteilen. Daneben aber sollte auch die Störaussendung des ICs summarisch bestimmt werden können. Der Anwender hat dann die Aufgabe, die für seine Applikation notwendigen Anforderungen festzulegen.

Im folgenden sollen Verfahren zur Beurteilung der Störfestigkeit und Störaussendung von integrierten Schaltungen vorgestellt werden, die im Rahmen einer Zusammenarbeit der Automobilindustrie (Zulieferer und Fahrzeughersteller) und der Halbleiterindustrie (VDE AK 767.13/14.5 Halbleiter) entstanden sind und derzeit auf internationaler Ebene (IEC) genormt werden. Ziel ist dabei auch zukünftig EMV-Spezifikationen für IC's zu erhalten.

3 Messverfahren zur Beurteilung der Störfestigkeit

Bei der Überprüfung der Störfestigkeit geht es in erster Linie darum festzustellen, inwieweit das IC gegenüber hochfrequenten Signale störempfindlich ist. Dabei muss die Einkopplung der Störenergie richtig nachgebildet werden. Die Ursache für die Störungen können Störsignale von HF-Sendern sein, die in einem großen Frequenzbereich auftreten können. Geeignete Messverfahren müssen daher mindestens bis 1 GHz einsetzbar sein.

3.1 Messphilosophie

Erfahrungsgemäß gelangt, auch bei elektronischen Systemen ohne schirmendes Gehäuse, der Großteil der hochfrequenten Störenergie über die Anschlussleitungen zum Gerät, koppelt über die Steckverbindung auf die Leitungsstrukturen der Leiterplatten und gelangt dann leitungsgeführt über die IC-Anschlüsse zum Chip und kann dessen Funktion stören. Die Störung selbst wird durch die Demodulation des HF-Störsignales an PN-Übergängen hervorgerufen. Diese Störeinkopplung wird bei dem hier vorgestellten Messverfahren dadurch nachgebildet, dass die Störgröße direkt leitungsgebunden über einen Koppelkondensator auf den IC-Anschluss der Störsenke aufgebracht wird. Somit ist es möglich, die Störsenke unabhängig von der Applikation zu beurteilen.

3.2 Anforderungen an das Messverfahren

Das Messverfahren soll eine einfache praktische Anwendung ermöglichen, einen großen Frequenzbereich abdecken und eine große Messdynamik aufweisen. Wichtig ist vor allem, dass das Messverfahren reproduzierbare Ergebnisse liefert. Dies kann nur durch resonanzarme Testaufbauten realisiert werden. Erst dann ist es möglich, die verschiedenen Halbleiter miteinander zu vergleichen und in Zukunft EMV-Spezifikationen zu erhalten.

3.3 Beschreibung des Messverfahrens

Den prinzipiellen Messaufbau für das Messverfahren zeigt **Bild 1**. Die Messungen können im Frequenzbereich von 1 MHz – 1GHz durchgeführt werden. Als Maß für die Störfestigkeit eines Halbleiters wird die hinlaufende Leistung (P_{for}) verwendet, bei der das IC gerade noch seine Sollfunktion erfüllt.

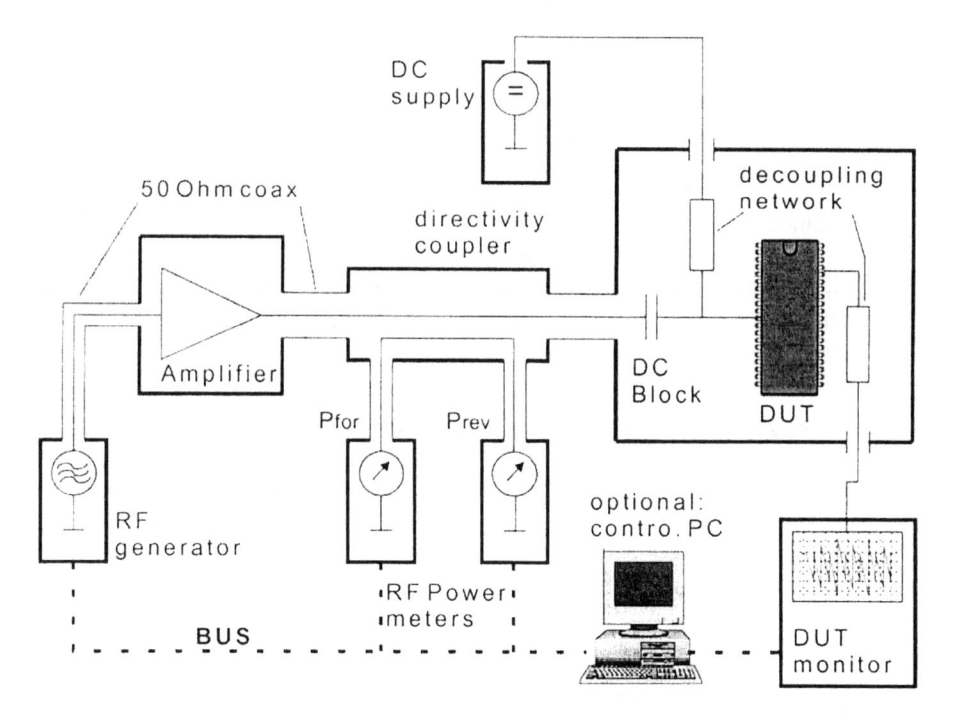

Bild 1   Messaufbau zur Messung der Störfestigkeit von Halbleitern

Die Einkopplung der HF-Leistung erfolgt dabei vom Verstärker über einen Richtkoppler, eine Micro-Streifenleitung auf der Testleiterplatte und einen Entkoppelkondensator (DC-Block) direkt auf den IC-Anschluss Dabei dient der DC-Block dem Schutz des HF-Verstärkers und verhindert die gleichspannungsmäßige Belastung des IC-Anschlusses durch die Ausgangsimpedanz des HF-Verstärkers. Um zu verhindern, dass es durch die Fehlanpassung am IC-Anschluss zu Mehrfachreflexionen kommen kann, die das Messergebnis verfälschen, muss der Einkoppelpfad stoßstellenarm und der Ausgang des Verstärkers gut angepasst (50 Ω) bzw. zwangsangepasst (mittels Dämpfungsglied) werden. Dabei muss der Verstärker, falls er nicht zwangsangepasst ist, in der Lage sein, auch eine unangepasste Last speisen zu können. Zusätzlich sind alle Leitungen, die von den zu prüfenden IC-Anschlüssen zur Peripherie des Messaufbaus gehen, wie z. B. Versorgungsleitungen und Signalleitungen, zu filtern.

3.4 Filter und deren Anbindung

Die Filter müssen so dimensioniert sein, dass die IC-anschlussseitige Eingangsimpedanz im Messfrequenzbereich größer 400 Ω ist. Auch müssen sie möglichst direkt an der HF-Speiseleitung positioniert sein (bei 1 GHz Leitungslänge < 15 mm), da sonst eine Impedanztransformation durch diese Leitung auftreten kann. Problematisch bei der Realisierung sind vor allem Filter mit großer Bandbreite für die Versorgungs-Anschlüsse des Prüflings, da hier Gleichstrom fließen muss. Daher müssen geeignete Drosseln mit Ferritmaterial verwendet werden. Einfacher hingegen ist die Realisierung der Filter für die Signalleitungen, bei denen RC-Glieder mit einem Widerstand von mehr als 400 Ω (z. B. 1 kΩ) eingesetzt werden können.

3.5 Praktische Umsetzung der Testleiterplatte

Grundsätzlich muss die Testleiterplatte mindestens über zwei Lagen verfügen, da zum Aufbau einer resonanzarmen Testschaltung unbedingt eine durchgehende Masselage (Groundplane) benötigt wird. Das oben beschriebene Messprinzip lässt sich mit zwei leicht unterschiedlichen Aufbauten durchführen.

- Die Testleiterplatte wird in eine kleine Schirmbox eingebaut. Die HF-Einkopplung erfolgt über eine HF-Durchführung mittels bedrahtetem Kondensator, der innen in der Box direkt an dem zu prüfenden IC-Anschluss angebracht ist. So können aber nur IC mit wenigen Anschlüssen geprüft

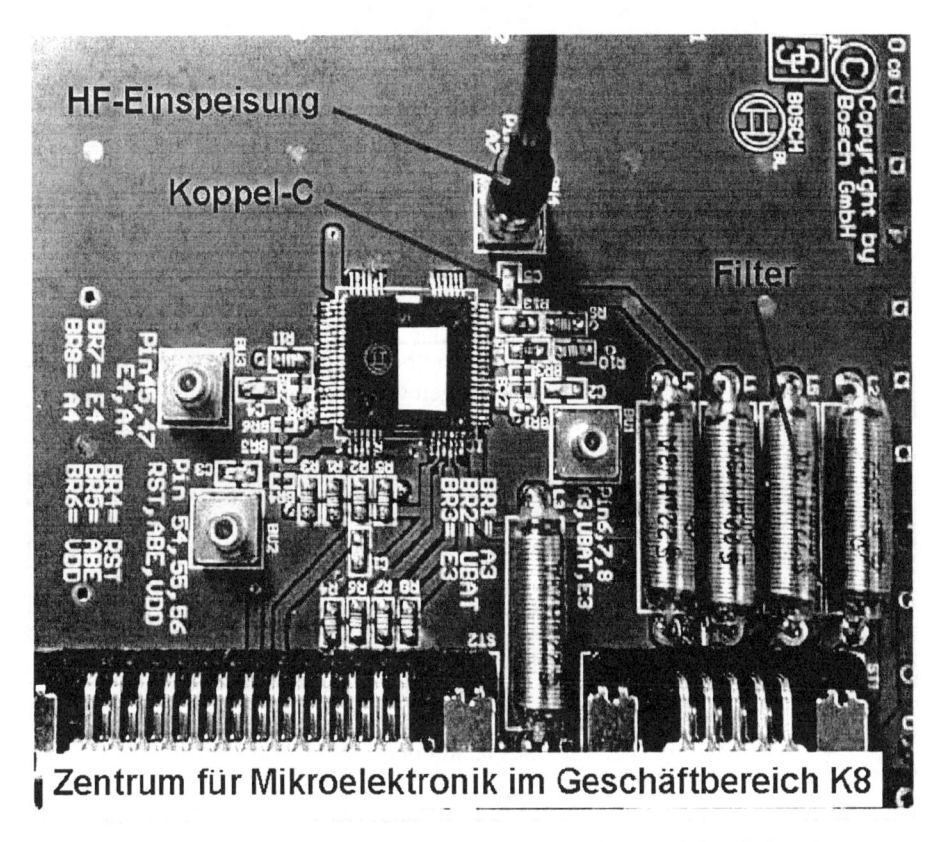

Bild 2 Ausführung eines Messaufbaus mit Micro-Streifenleitung auf einer Leiterplatte

werden, da die Abmessungen der Box nicht zu groß werden dürfen da die Länge der Anschlussdrähte des Kondensators klein gegen die Wellenlänge der höchsten Prüffrequenz sein muss (bei 1 GHz < 40 mm).

- Auf der Testleiterplatte werden zur HF-Einspeisung 50-Ω-Streifenleitungen (Microstrip) aufgebracht, die jeweils über einen SMD-Koppelkondensator direkt mit dem zu prüfenden IC-Anschluss verbunden sind (**Bild 2**). Diese Art der Einspeisung ist aus HF-technischen Gesichtspunkten zu bevorzugen.

3.6 Klassifizierung der Messergebnisse

Bis zu welcher Störleistung ein IC fehlerfrei funktionieren muss, hängt davon ab, in welcher Applikation das IC eingesetzt werden soll (z. B. Kfz-Elektronik, Haushaltsgeräte, usw.). Für die einzelnen IC-Anschlüsse muss berücksichtigt werden, wie sie mit der Umgebung verbunden sind. Damit ergeben sich in Abhängigkeit einer möglichen Filterung und einer Entkopplung vom Störsignal verschiedene Zonen, in denen der integrierte Baustein unterschiedlich großer Störenergie ausgesetzt wird. Für Kfz-Anwendungen können drei Zonen gemäß **Tabelle 1** klassifiziert werden. Für andere Bereiche müssten diese entsprechend definiert werden.

Zone	Leistung in Watt	Erläuterung	Beispiel
1	1 bis 5	IC-Anschlüsse haben über die Anschlussleitungen von Steuergeräten direkten Kontakt zur Außenwelt	High-Side-Switch, Eingang von Spannungsreglern (z.B. in einem ASIC), Leistungstreiber
2	0,1 bis 1	IC-Anschlüsse haben über R-, L-, C-Tiefpassfilter Kontakt zur Außenwelt	Datenübertragungsanschlüsse (verschiedene Geräte untereinander)
3	0,01 bis 0,1	IC-Anschlüsse haben keinen direkten Kontakt zur Außenwelt. Die Entkopplung erfolgt über die Platzierung des IC auf der Leiterplatte	Datenanschlüsse bei Mikroprozessoren oder Speicherbausteinen

Tabelle 1 Zonenkonzept zur Beurteilung der Störfestigkeit von integrierten Schaltungen

3.7 Mögliche Ausfallursachen von IC

Neben Störungen in den Schaltungsteilen, die direkt mit der HF-Speiseleitung verbunden sind, können durch interne Verkopplungen im IC (**Bild 3**) unter Umständen

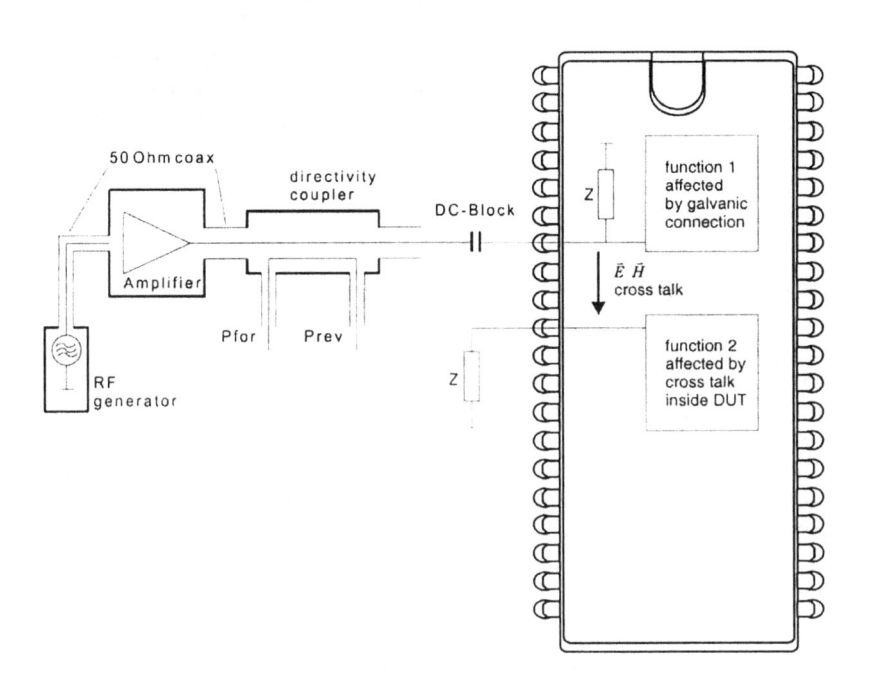

Bild 3 HF-Einspeisung und mögliche Koppelpfade im Halbleiter

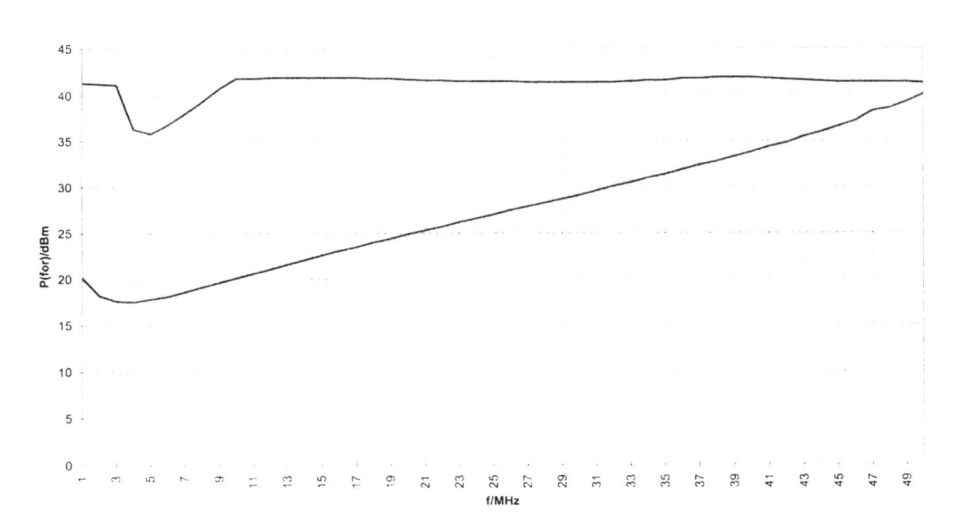

Bild 4 Verbesserung der Störfestigkeit eines IC-Anschlusses

auch Funktionen gestört werden, die nicht unmittelbar mit der HF-Speiseleitung verbunden sind. Dabei können beispielsweise kapazitive Überkoppelungen bei zwei parallel laufenden Leitungen und galvanisches Überkoppeln über einen Bonddraht auftreten.

3.8 Beispiel und Messergebnis

Mittels des hier beschriebenen Messverfahrens wurde ein Halbleiterbaustein im Rahmen des Parasitics-Teilprojektes 2.2.1 (BMBF-Leitprojekt, befasst sich u. a. mit der Untersuchung der HF-Störfestigkeit von IC) bezüglich seiner Störfestigkeit untersucht. Dabei wurden Messungen mit einem automatisierten Messaufbau, der entwicklungsbegleitend eingesetzt wird, an verschiedenen Entwicklungsstufen durchgeführt. Hier zeigte sich eine deutliche Verbesserung nach einem EMV-Redesign ([2], **Bild 4**). Das zeigt, dass die Anwendung des Messverfahrens dem Halbleiterhersteller die Möglichkeit gibt, in der Entwicklungsphase eines IC frühzeitig Schwachstellen zu erkennen und diese zu eliminieren.

4 Messverfahren für Emissionsmessungen

Zur Beurteilung des Emissionsverhaltens von integrierten Schaltungen werden Messverfahren benötigt, die die folgenden Anforderungen erfüllen:

- summarische Beurteilung des Gesamtstörverhaltens
- selektive Beurteilung einzelner PINs
- Messung in einem großen Frequenzbereich (10 kHz – 1 GHz)
- geeignet für den Vergleich verschiedener IC-Konfigurationen (Gehäuseformen)
- gute Reproduzierbarkeit durch eine möglichst geringe Anzahl ergebnisbeeinflussender Parameter
- einfache Übertragungsfunktion
- resonanzarmer Aufbau
- einfache Kalibrierung

4.1 Messphilosophie

Die Störungen, die durch Schaltvorgänge in den integrierten Schaltungen hervorgerufen werden, breiten sich über die Anschlüsse der IC's und die Strukturen der Leiterplatten aus und gelangen über die angeschlossenen Leitungen in die Umgebung. Wenn die Strukturen groß genug im Vergleich mit den Wellenlängen sind, wird ein erheblicher Anteil der Störenergie abgestrahlt und gelangt so zu den Empfangsantennen der Kommunikationsgeräte. Der andere Anteil der Störenergie wird über die Leitungen auf der Platine und über die angeschlossenen Kabel fortgeleitet und kann somit in angeschlossen Geräten zu Störwirkungen führen. Da beide Phänomene eine Rolle spielen, werden Geräte und Komponenten einerseits durch die Messung der Störungen auf den Leitungen (Störspannungen und -ströme) und andererseits über die Erfassung der abgestrahlten Felder (elektrisches und magnetisches Feld) beurteilt.

Die Strukturen der integrierten Schaltungen sind im Vergleich zu den Wellenlängen klein, so dass die internen Störungen im Wesentlichen leitungsgebunden an die Anschlüsse und damit in die Peripherie gelangen. Die Direktabstrahlung der IC-Strukturen ist meist vernachlässigbar. Diesem Sachverhalt wird bei den hier beschriebenen Messmethoden Rechnung getragen, indem Störspannungen und -ströme, also leitungsgebundene Größen als Messgrößen verwendet werden.

4.2 Messmethoden für Emissionsmessungen bei integrierten Halbleiterschaltungen

Zur Bestimmung einer summarischen Größe zur Beurteilung des Gesamtstörverhaltens wird der Gesamtstrom über die Masseanschlüsse des IC's herangezogen („**1-Ω-Methode**"). Für die Beurteilung der an den PINs auftretenden Störungen wird die Spannung an einer definierten Last erfasst.

4.2.1 1-Ω–Methode

Die von einem IC hervorgerufenen Störungen werden aus dem Spannungsversorgungssystem des IC's gespeist. Die Störungen müssen sich also in den Versorgungsleitungen wiederfinden lassen. Daraus abgeleitet wird bei dem Messverfahren zur summarischen Beschreibung des Störverhaltens der im Massesystem des IC's fließende Störstrom über einen niederohmigen Widerstand erfasst. Daher rührt auch der Name dieser Messmethode („**1-Ω-Methode**"). Um die Störströme einfach aus den gemessenen Spannungen berechnen zu können, wurde für den Mess-Widerstand der Wert 1 Ω gewählt.

4.2.2 HF-Spannungsmessung an den Ein- und Ausgängen

Ob ein mit Störungen behafteter Anschluss eines IC's zu Störungen führt, hängt von der Applikation, also von seiner Beschaltung ab. Wird ein Signalausgang über die Leiterplatte direkt mit der Peripherie, z. B. mit einem externen Stellglied verbunden, wirken sich die Störungen auf diesem Ausgang in der Praxis wesentlich stärker aus, als wenn lediglich auf der Platine in kurzer Entfernung ein weiterer Baustein angesteuert werden muss. Die Kenntnis des Störverhaltens einzelner IC-Anschlüsse ist also genau so wichtig wie das Wissen über das Gesamtstörverhalten des Bausteins.

Die Erfassung der Störungen an den einzelnen IC-Anschlüssen erfolgt über die Messung der HF-Störspannung in einer standardisierten Konfiguration. Für die angeschlossenen Leitungen ist als Antennenersatzschaltbild ein Wellenwiderstand von 150 Ω angenommen. Jeder zu vermessende Anschluss wird daher mit einem Widerstandsnetzwerk mit 150-Ω-Gesamtwiderstand beschaltet. Dieses Netzwerk ist in Form eines Spannungsteilers mit einem Sekundärwiderstand von 50 Ω aufgebaut, mit dem direkt die Störspannungen mit den üblichen HF-Messgeräten gemessen werden können.

4.3 Messkonfiguration

Um die in 4.1 angegebenen Anforderungen möglichst gut zu erfüllen, wurde ein standardisierter Messaufbau zum Anschluss der Messperipherie an den Prüfling entwickelt (in Anlehnung an das in [3] beschriebene Testboard für die Zeitmessung in schnellen Schaltungen). Für den Anschluss des HF-Messgerätes an die einzelnen Ein- und Ausgänge des zu prüfenden IC's wurde ein Haupt-Testboard mit gleichlangen, in Streifenleitertechnik realisierten, 50-Ω-Leitungen aufgebaut (**Bild 5**). Über die Steckerfelder können die Leitungen entweder als Messanschlüsse oder als Spannungsversorgungsanschlüsse geschaltet werden. Über die zentrisch kreisförmig angeordneten Kontakte (Federkontakte) werden diese Leitungen mit dem eigentlichen IC-Testboard verbunden. Der Prüfling wird in dieser Konfiguration auf dem kreisförmigen IC-Testboard (**Bild 6**) aufgebaut. Die Abschlüsse im Layout der Testschaltung werden über Kontaktflächen mit den Federkontakten des Haupt-Testboards verbunden. Fixiert wird das Testboard über Schraubverbindungen, die auch eine gute Masseanbindung sicherstellen.

Bild 5: EMC-Haupttestboard

Das IC-Testboard ist auf der Unterseite mit einer durchgängigen Massefläche aufgebaut, in der die Kontaktflächen für die Verbindungen mit dem Haupt-Testboard isoliert eingebettet sind. Diese Kontaktflächen sind über Durchkontaktierungen mit der Bauteilseite verbunden, auf der der zu vermessende Baustein, die Anschlussleitungen mit den Spannungsteilern und die Anschlussbuchse für den Tastkopf zur Strommessung untergebracht sind.

Das IC-Testboard muss für jeden zu testenden Baustein speziell entwickelt und aufgebaut werden. Der nicht benutzte Bereich auf der Bauteilseite ist idealerweise

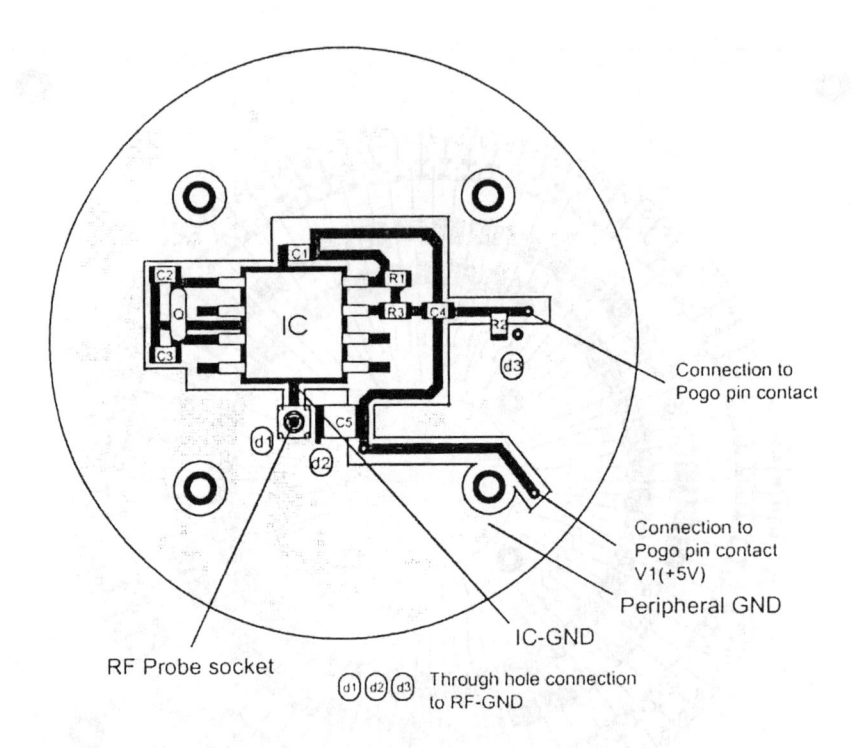

Bild 6 EMC IC-Testboard

ebenfalls als Massefläche ausgeführt und mehrfach durch Durchkontaktierungen mit der als Wellenleitmasse bezeichneten Massefläche auf der Platinenunterseite verbunden. **Bild 7** zeigt einen Testaufbau mit Haupttestboard, IC-Testboard und 1-Ω-Tastkopf (siehe 4.4.1).

4.4 Auslegung der Testschaltung

Das Layout der Testschaltung wird von der Umsetzung der Messprinzipien nach 4.2.1 und 4.2.2 bestimmt. Bei der Messkonfiguration wird davon ausgegangen, dass die Beschaltung mit Taktgenerator (z.B. Quarzbeschaltung) und Stützkondensators am Baustein selber lokalisiert wird und die Ausgleichsströme dafür im engen Bereich um den Baustein fließen und somit nicht wesentlich zur Störaussendung in die Umgebung beitragen. Die wesentlichen Anteile der Störströme sind die Ausgleichströme in der Peripherie und der Spannungsversorgung

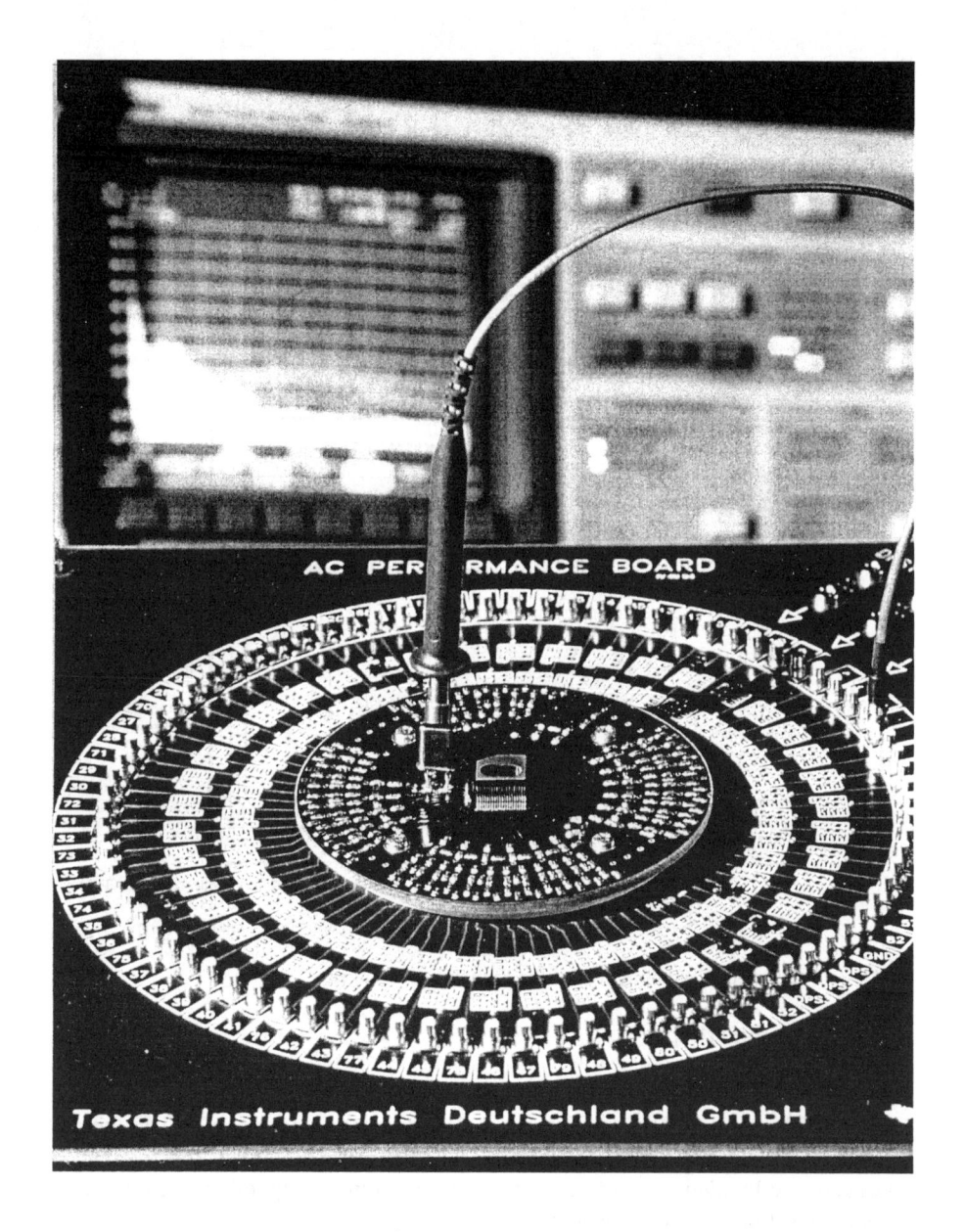

Bild 7 Testaufbau für Emissionsmessungen mit Haupttestboard, IC-Testboard und 1-Ω-Tastkopf

Der Stromtastkopf wird daher zwischen die Peripheriemasse und die Masse am Baustein (IC-Masse) geschaltet. **Bild 8** zeigt eine Beispiel-Testschaltung für ein IC-Testboard. Die Ein- und Ausgänge des IC's werden mit einem Gesamtwiderstand von 150 Ω beschaltet, der sich aus einem Widerstand mit 120 Ω in Reihe mit einem Kondensator zur DC-Entkopplung und der Parallelschaltung eines 51-Ω-Widerstands mit dem Innenwiderstand des Messgeräts zusammensetzt. Der Wellenwiderstand der Leitung zwischen Baustein-Anschluss und 120-Ω-Widerstand soll 150 Ω betragen oder möglichst kurz sein. Zwischen 51-Ω-Widerstand und dem Messgerät ist die 50-Ω-Streifenleitung auf dem Haupt-Testboard und die Anschlussleitung zum Messgerät geschaltet.

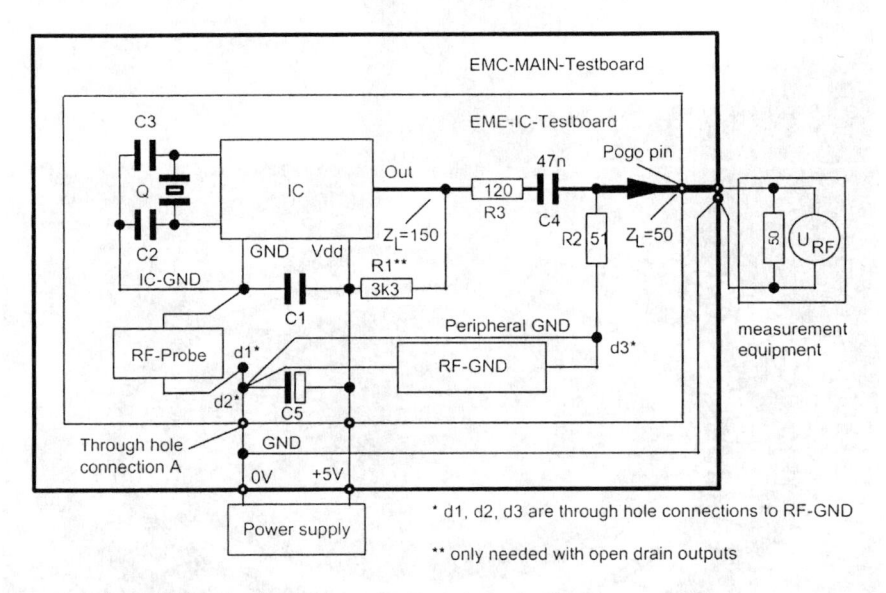

Bild 8 Prinzipielle Testkonfiguration für Emissionsmessungen

4.4.1 Stromtastkopf

Der Stromtastkopf ist nach **Bild 9** aufgebaut und weist einen Wert von 1 Ω auf. Dieser Widerstand ist HF-technisch möglichst ideal (niederinduktiv) aufgebaut und über einen 49-Ω-Serienwiderstand und ein Koaxialkabel mit dem HF-Messgerät verbunden. Am Messgerät findet über einen Koppelkondensator (DC-Block) ein Gleichspannungsentkopplung statt. Der Tastkopf wird über eine Einbaubuchse im IC-Testboard angeschlossen.

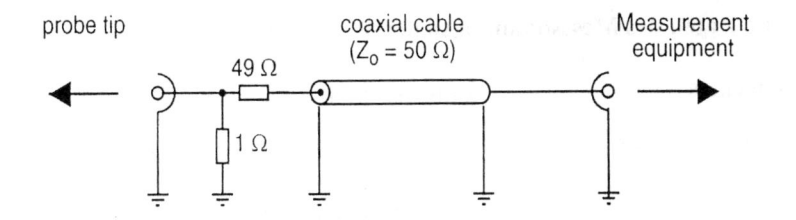

Bild 9 Schaltung des 1-Ω-Tastkopfes zur Erfassung des Massestroms

Technische Daten Stromtastkopf:

Frequenzbereich	$B = \text{DC} - 1\ \text{GHz}$
Messwiderstand	$Z_M = 1\ \Omega$ niederinduktiv
Anpasswiderstand	$R = 49\ \Omega$
maximaler Strom	$I_{max} < 0{,}5\ \text{A}$
Ausgangsimpedanz	$Z = 50\ \Omega\ (40\ \Omega \dots 60\ \Omega)$

4.4.2 Messspannungsteiler

Der Messspannungsteiler für die Messung der Störspannungen ist nach **Bild 10** aufgebaut.

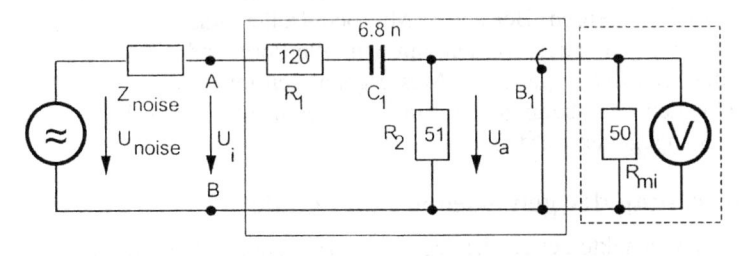

Noise Generator   Reactance Matching Network   Receiver

Bild 10 Schaltung des Messspannungsteilers zur Erfassung der Störspannungen

Technische Daten des Messspannungsteilers:

Frequenzbereich $\quad B = 10\,\text{kHz} - 1\,\text{GHz}$

Eingangsimpedanz $\quad Z_E = 145\,\Omega \pm 20\,\Omega$

Ausgangsimpedanz $\quad \begin{cases} Z_A = 36\,\Omega \text{ (bei } Z_{\text{Stör}} = 0\,\Omega) \\ Z_A = 36\,\Omega \text{ (bei } Z_{\text{Stör}} = 150\,\Omega) \\ Z_A = 36\,\Omega \text{ (bei } Z_{\text{Stör}} = \infty\,\Omega) \end{cases}$

Spannungsteilerfaktor $\quad U_A/U_1 = 0{,}259\,(-11{,}75\,\text{dB})$
gemessen als Einfügungsdämpfung im $50\text{-}\Omega\text{-}$System

4.5 Anforderungen an das HF-Messgerät

Die Störungen des IC's werden jeweils mit einem geeigneten Messempfänger gemessen. Es können sweepende Spektrum-Analysatoren und Messempfänger mit schrittweiser Frequenzerhöhung und definierter Verweildauer verwendet werden. In beiden Fällen muss der Messablauf, nämlich die Sweep-Zeit bzw. die Verweildauer, so gewählt werden, dass einerseits die Filter im Messgerät eingeschwungen sind und andererseits der langsamste periodische Vorgang im IC richtig erfasst wird.

4.6 Betrieb der Testobjekte

Um Messungen an einem Halbleiterbaustein durchführen zu können, muss dieser realistisch betrieben werden. Bei einem Mikrocontroller muss z.B. ein spezielles Test-Programm implementiert werden, mit dem alle Ports und anderer Anschlüsse bedient werden. Bei der Angabe von Messergebnissen müssen daher auch immer die entsprechenden Messbedingungen, unter anderem also auch der Betriebszustand des IC'S angegeben werden.

4.7 Bewertung der gemessenen Störsignale

Die Störungen von takterzeugenden oder -verarbeitenden IC's werden von den Taktsignalen hervorgerufen. Diese sind näherungsweise trapezförmig, wobei die Parameter des Trapezpulses für die Charakteristik des (Stör-) Spektrums verantwortlich sind. Der Abstand der Linien des Spektrums wird durch die

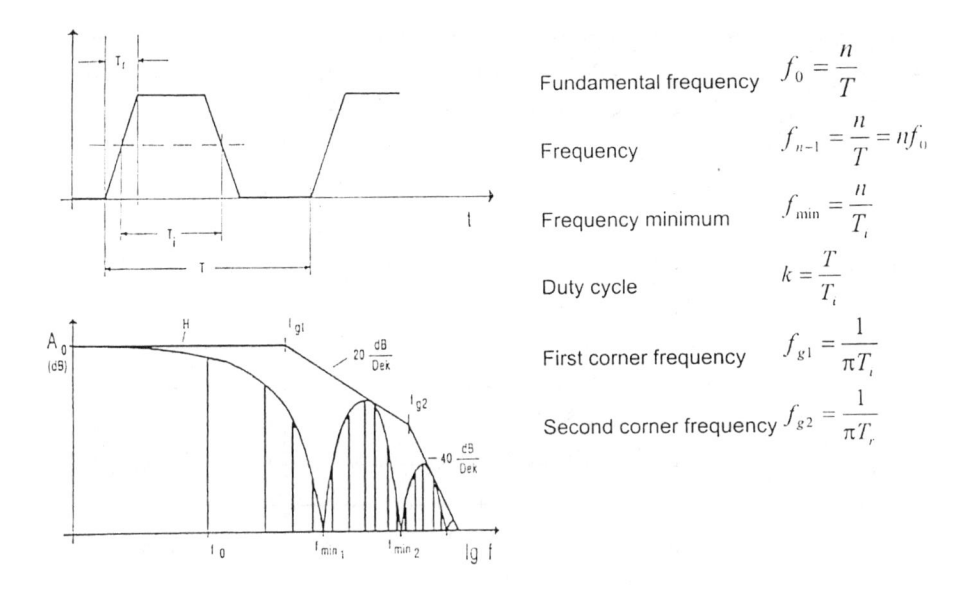

Fundamental frequency	$f_0 = \dfrac{n}{T}$
Frequency	$f_{n-1} = \dfrac{n}{T} = nf_0$
Frequency minimum	$f_{min} = \dfrac{n}{T_t}$
Duty cycle	$k = \dfrac{T}{T_t}$
First corner frequency	$f_{g1} = \dfrac{1}{\pi T_t}$
Second corner frequency	$f_{g2} = \dfrac{1}{\pi T_r}$

Bild 11 Zeitfunktion und Spektrum für einen Trapezpuls

Frequenz des Trapezpulses bestimmt. Die Einhüllende des Spektrums (**Bild 11**) kann durch drei Geraden charakterisiert werden. Zunächst verläuft die Einhüllende parallel zur Frequenzachse. Stellt man das Spektrum in einem Achsenkreuz mit doppelt logarithmischer Achsenskalierung dar, geht die Einhüllende, abhängig von der Pulsweite, in eine mit 20 dB abfallende Gerade (Steigung -20 dB/Dekade) über. Die Frequenz bei der dieser Knick auftritt, wird als erste Eckfrequenz bezeichnet. Abhängig von den Übergangszeiten (Anstiegs- bzw. Abfallzeit) geht der Verlauf der Einhüllenden des Spektrums in eine Gerade mit einer Steigung von – 40 dB/Dekade über. Die Frequenz, bei der dieser weitere Knick auftritt, wird zweite Eckfrequenz genannt.

Diesem physikalischen Zusammenhang wird bei dem für die Qualifizierung der Halbleiter vorgeschlagenen Bewertungsschema (**Bild 12**) entsprochen. Da die Messaufbauten einen nahezu konstanten Frequenzgang aufweisen, haben die gemessenen Spektren eine dem theoretischen Verlauf sehr ähnliche Charakteristik. Mit dem Bewertungsschema nach Bild 12 kann nun das Spektrum eines gemessenen Signals mit wenigen Angaben, nämlich den Bezeichnungen für die entsprechenden Geraden, beschrieben werden. Die Angabe „alle Ein- und

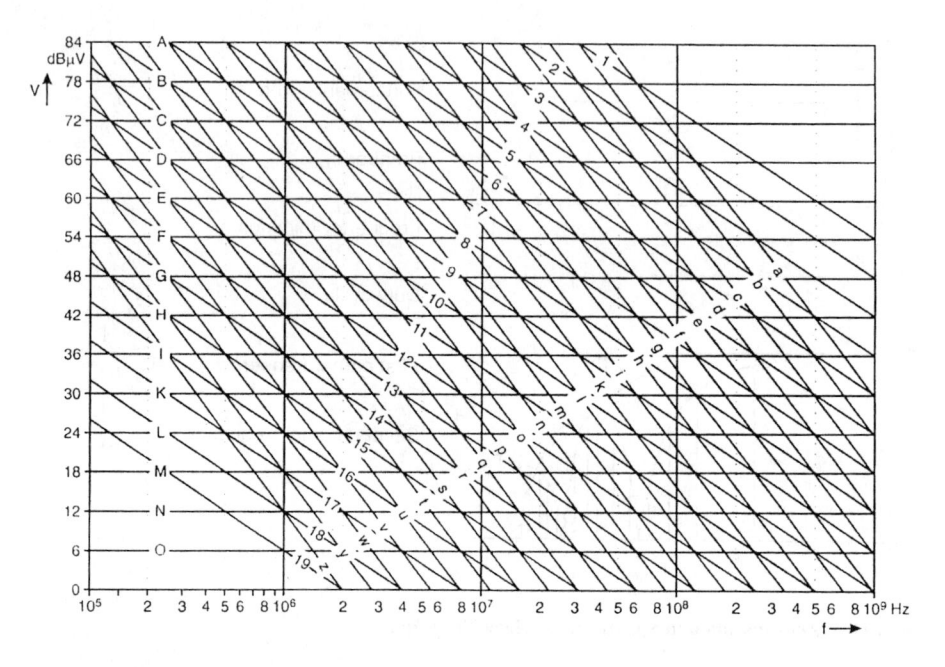

Bild 12 Bewertungsschema für Emissionsmessungen

Ausgänge unterschreiten die Grenzkurve „GF8", bedeutet z. B., dass die Spektren unterhalb den entsprechenden Geraden liegen. Die Grenzkurve „G8f" ist beispielhaft in **Bild 13** eingetragen.

4.8 Bewertung der gemessenen Störsignale

Mit den beschriebenen Messmethoden wurden eine Anzahl von unterschiedlichen Bausteinen untersucht. Sowohl bei der Messung nach der 1-Ω-Methode als auch bei der Erfassung der Störspannungen konnten Maßnahmen in den IC's zur Begrenzung der Störungen zweifelsfrei nachgewiesen werden.

In **Bild 13** ist für als Beispiel für einen Mikrocontroller, der ohne spezielle EMV-Maßnahmen und in einer verbesserten Version mit zusätzlichen Maßnahmen zur Verfügung stand, gezeigt, wie einerseits die vorgegebene Grenzkurve deutlich überschritten wurde und wie durch die getroffenen EMV-Maßnahmen eine beträchtliche Unterschreitung der Grenzkurve erreicht wurde.

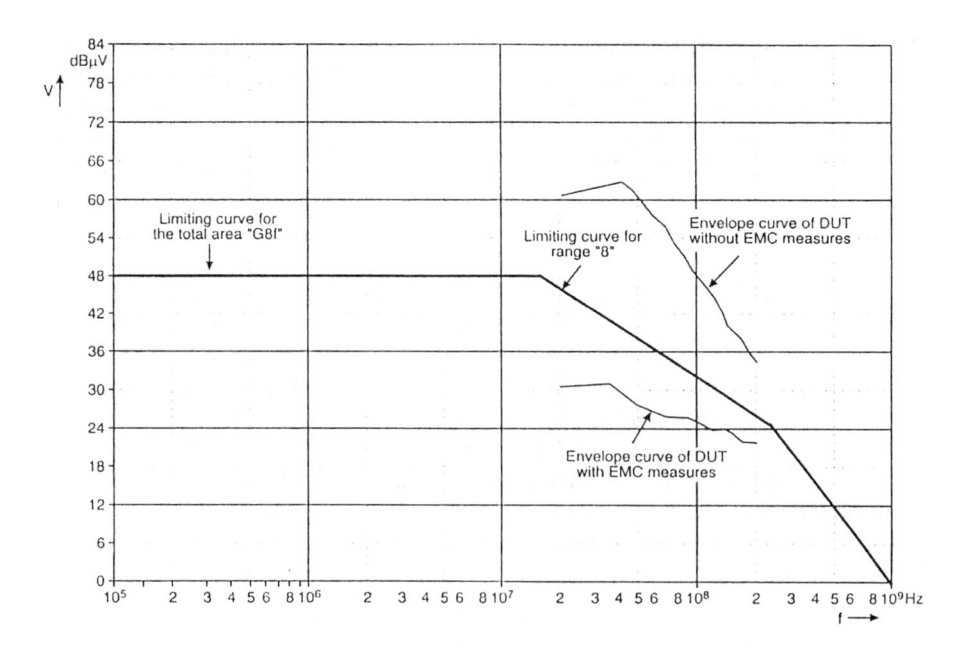

Bild 13 Messergebnis für einen Mikrocontroller mit und ohne EMV-Maßnahmen

5 Zusammenfassung und Ausblick

Mit den hier vorgestellten Messverfahren ist es möglich, Halbleiter in Bezug auf ihre Störaussendung und Störfestigkeit gegen schmalbandige, hochfrequente Störer zu prüfen und zu beurteilen. Somit können seitens der Halbleiterhersteller frühzeitig Schwachstellen erkannt und behoben werden. Auch ist eine Spezifikation der Störaussendung und Störfestigkeit möglich. Bei Angabe solcher Daten durch den Halbleiterherstellen wird es dem Elektronikentwickler erheblich erleichtert, den für seine Applikation günstigsten IC auszuwählen. Bezüglich der Störfestigkeit sind vor allem Mulitifunktions-ICs kritisch, daher müssen dort Entstörmaßnahmen zur Sicherstellung der Störfestigkeit schon auf dem Chip untergebracht werden, da diese Bausteine aufgrund ihrer wachsenden Komplexität durch den Elektronikentwickler nur noch mit immer größerem Aufwand zu entstören sind. Besonders bei sehr hohen Frequenzen (Mobilfunk usw.) ist eine Entstörung mit diskreten Bauelementen nicht mehr möglich.

Bei Mikrocontrollern, bei denen die Taktfrequenzen zu immer höheren Frequenzen gehen, ist besonders die Störaussendung entscheidend, ob in kritischen Einsatzfällen wie beim Kraftfahrzeug ein Mikrocontroller eines Herstellers eingesetzt werden kann oder nicht. Auch hier ist die externe Entstörung durch Layout und besonders durch extra eingesetzte Bauelemente aus technischen (besonders bei hohen Frequenzen) und wirtschaftlich Gründen nicht mehr sinnvoll darstellbar. Die Anwendung der hier beschriebenen Messverfahren sollte dazu führen, dass zukünftige IC eine geringere Störaussendung aufweisen und störfester werden und in den Datenblättern Angaben sowohl zur Störaussendung als auch zur Störfestigkeit spezifiziert werden. Wie bereits einleitend erwähnt befinden sich die hier beschriebenen Messverfahren zusammen mit weiteren Verfahren in einem internationalen Normungsprozess (IEC). Bei den anderen Messverfahren, die dort behandelt werden, ist besonders das Verfahren interessant, bei dem mit Hilfe einer kleinen TEM-Zelle auch die Direktabstrahlung von IC's erfasst werden kann. Dieses Messverfahren ist besonders für sehr hohe Frequenzen eine wertvolle Ergänzung der hier beschriebenen leitungsgebundenen Verfahren.

Literaturverzeichnis

[1] VDE AK 767.13/14.5 Halbleiter: Direct RF Power Injection to measure the immunity against conducted RF-disturbances of integrated circuits up to 1 GHz, IEC New Work Item Proposal (June '98).

[2] Dr. Phil./U.K. Dipl.-Ing. Brückner, Robert Bosch GmbH, Abt.: K8/EIC: EMV von IC, Störfestigkeitsmeßverfahren mit kapazitiver HF-Einkopplung in IC-Pins, aus Tagungsband „Analog '99, 5. ITG/GMM Diskussionssitzung, Entwicklung von Analogschaltungen mit CAE Methoden"

[3] Forstner, P.: Zeitmessungen bei schnellen Schaltungen; Texas Instruments, Applikationsbericht EB208, 1992

[4] Lütjens, H. W.: GME-Fachbericht 12, Elektromagnetische Verträglichkeit in der Kraftfahrzeugtechnik 1997

[5] Pfaff, W. R.: Messverfahren zur qualifizierung integrierter Halbleiterschaltungen, EMV '96, Karlruhe 1996, VDE-Verlag, S. 411-422

[6] Pfaff, W. R.; Schneider, G.: Störfestigkeitsprüfung von Halbleiterschaltkreisen, EMC Kompendium Elektromagnetische Verträglichkeit publish-industry Verlag GmbH, München, 2000

[7] Pfaff, W. R.: Application Independent Evaluation of Electromagnetic Emissions for Integrated Circuits by the Measurement of Conducted Signals, IEEE 1998 Int. Symp. On Electromagnetic Compatibility, Denver, CO. 1998

Absorptive Methoden für die EMV von Leiterplatten

Prof. Dipl.-Ing. Christian Dirks
FH Furtwangen

Absorptive Methoden
für die
EMV von Leiterplatten

Prof. Chr. Dirks

Modell einer Antenne

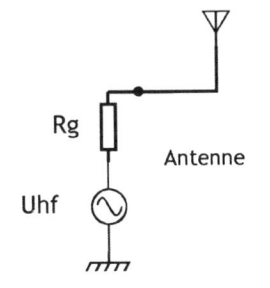

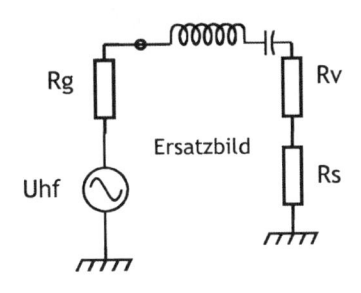

- Antennenwirkungsgrad abhängig von Rs/Rv
- Strahlungsmaximum bei Resonanz
- Da Leitungsresonanz, periodische Wiederholung
- Rs/Rv wird groß, wenn Antennenlänge die Größenordnung der Wellenlänge erreicht.

Index: Abstrahlung

Der Gesamtaufbau muss möglichst absorptiv sein, damit wenig abgestrahlt wird. Denn alles, was nicht absorbiert wird, wird abgestrahlt!

3 - 03.05.2002

Störleistung

" Nicht erzeugen
" Absorbieren

} Dies sind die einzigen Optionen, die es gibt

Index: Grundlagen

2 - 03.05.2002

Dahinter steht der Satz von der Erhaltung der Energie. Man kann Störleistung nicht "kurzschließen". Ein Kurzschluss ist lediglich eine Reflexionsstelle. Solche Diskontinuitäten fördern Abstrahlung. Die Abschirmung ist lediglich eine Sonderform der Absorption

---

EMV-sichere Leiterplatte 1/2 (Grundkonzept)

" Wenig Störung auf der Platine erzeugen
  - Störarme Bauelemente
  - Störarme Elektronik-Konzepte
" EM-Energie in sauber definierten Volumina führen
  - Signalleitungen als Microstrips auslegen
  - Stromversorgungssysteme flächig ausführen
" Verhältnis Strukturgröße/Wellenlänge klein halten
  - Störspektren nach oben begrenzen
  - Störungen nicht aus den IC´s herauslassen
  - Gruppenbildung nach Störverhalten
  - „Insel der Schrecklichen" / „Insel der Mimosen"
  - Störungen in Leiterplatteninseln halten

Index: Strategie

4 - 03.05.2002

Aufgelistet sind die grundsätzlichen Optionen, die zur Erreichung der EMV einer Leiterplatte zur Verfügung stehen.

EMV-sichere Leiterplatte 2/2 (Grundkonzept)

" Resonanzfähige Antennengebilde dämpfen

" Leiterplatte nach außen abschotten
- Zuleitungen filtern
- Abschirmen

" Breitbandentkopplung des Stromversorgungssystems
- Groundplane- / Powerplane mit weniger als 120µm Abstand
- Korrekte Kondensatorgruppen bestücken
- Dämpfung einfügen

Index: Strategie

Aufgelistet sind die grundsätzlichen Optionen, die zur Erreichung der EMV einer Leiterplatte zur Verfügung stehen.

5 - 03.05.2002

Entkopplungsschleife als Rahmenantenne

Stützkondensatorgruppe
Widerstand 3,3Ω
Chip
IC-Gehäuse
Vcc
GND-Pin
VIA
Massefläche
Platine

Index: Stromversorgung

Der Widerstand in der Entkopplungsschleife dämpft den Gütefaktor der Konstruktion und mindert dadurch die Abstrahlung. Der Widerstand muss so klein sein, dass er die Funktion nicht stört. Zumeist genügen 15 Ohm. Voraussetzung für diesen Ansatz ist die extrem niederohmige Stützung.

7 - 03.05.2002

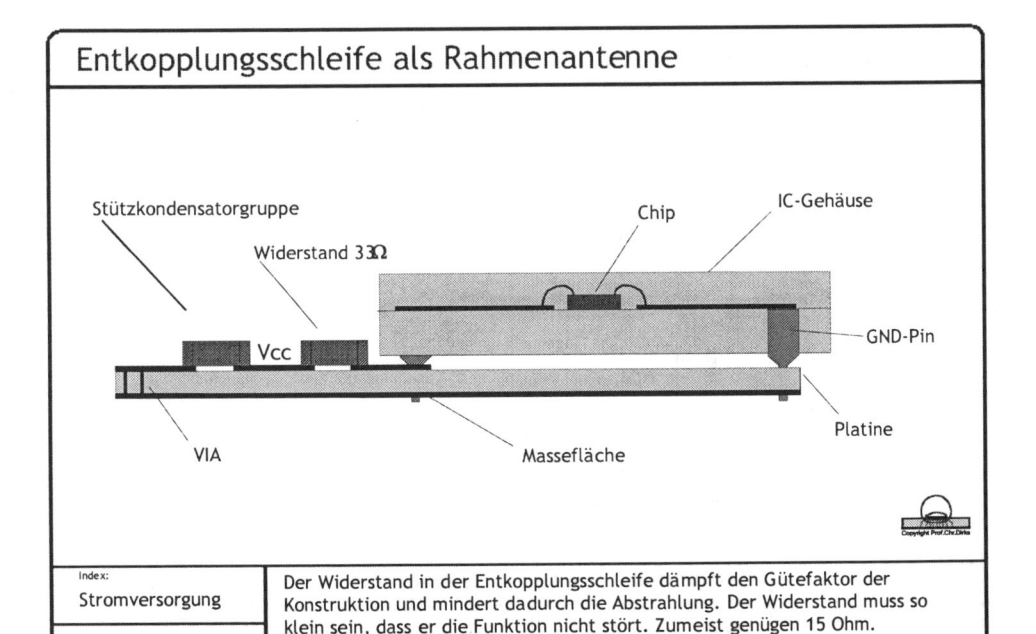

Entkopplungsschleife als Rahmenantenne

Stützkondensator — **Chip** — **IC-Gehäuse** — **GND-Pin** — **Platine** — **Massefläche** — **VIA**

Index: Stromversorgung

6 - 03.05.2002

Der Strompfad vom Vcc-Anschluss des Chips über den Bondingdraht, den Cu-Streifen im IC, den Vcc-Pin, den Stützkondensator, das VIA, die Massefläche, den GND-Pin und zurück, bildet scheinbar eine Rahmenantenne.

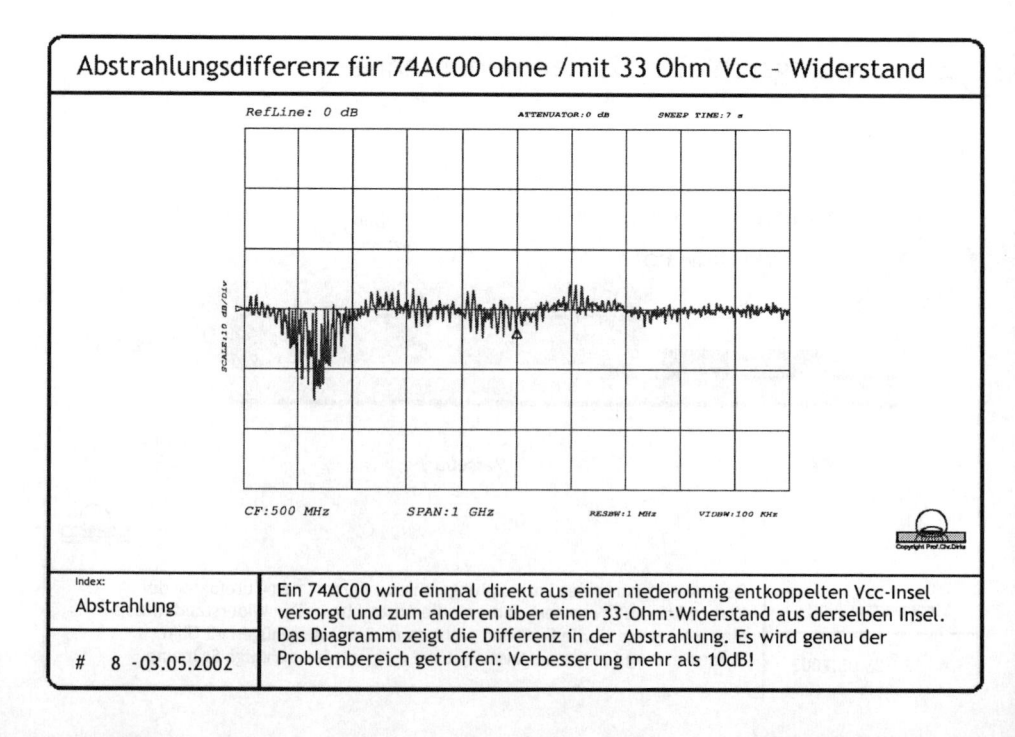

Abstrahlungsdifferenz für 74AC00 ohne /mit 33 Ohm Vcc – Widerstand

RefLine: 0 dB   ATTENUATOR: 0 dB   SWEEP TIME: ? s
SCALE: 10 dB/DIV
CF: 500 MHz   SPAN: 1 GHz   RESBW: 1 MHz   VIDBW: 100 KHz

Index: Abstrahlung

8 - 03.05.2002

Ein 74AC00 wird einmal direkt aus einer niederohmig entkoppelten Vcc-Insel versorgt und zum anderen über einen 33-Ohm-Widerstand aus derselben Insel. Das Diagramm zeigt die Differenz in der Abstrahlung. Es wird genau der Problembereich getroffen: Verbesserung mehr als 10dB!

Abstrahlungsvergleich Vcc/GND-Systeme ohne/mit 15 Ohm

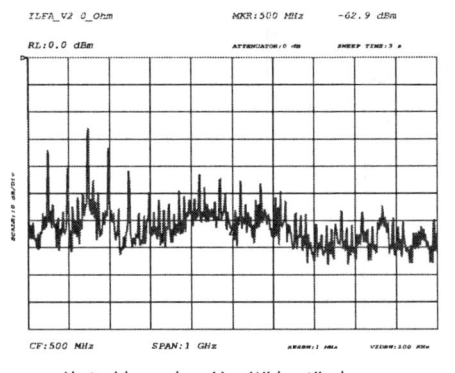

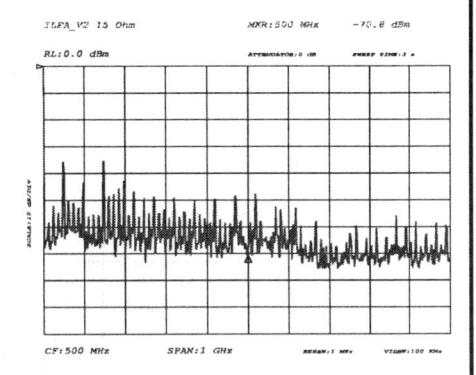

Abstrahlung ohne Vcc-Widerstände

Abstrahlung mit 15-Ohm-Vcc-Widerständen

Index: Abstrahlung

9 - 03.05.2002

Abstrahlung aus einem 4-Lagen-Multilayer (Europakarte) mit 100µm - Vcc / GND - System. Der zweite Fall führt zusätzlich 15 Ohm Vcc-Widerstände. Die Verbesserung ist erheblich.

Signalflanke 74ACT00 mit Vcc-Widerstand

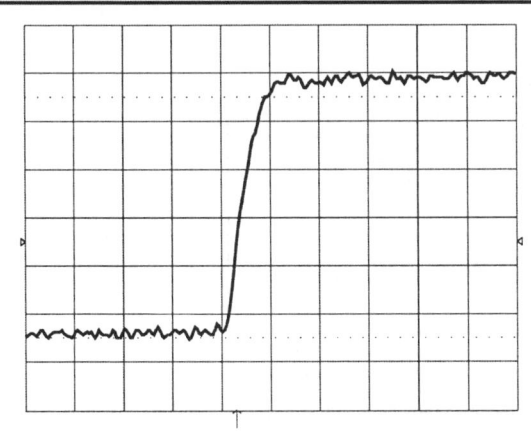

Index: Signalqualität

11 - 03.05.2002

Der Ausgang ist mit 145 Ohm belastet. Im Vcc - Anschluss liegt ein 15-Ohm Dämpfungswiderstand. Die Flankenzeit ist ca. 3ns. Die Signalqualität ist sehr gut. Der Vcc-Widerstand wirkt sich auch hier günstig aus.

Signalflanke 74ACT00 ohne Vcc-Widerstand

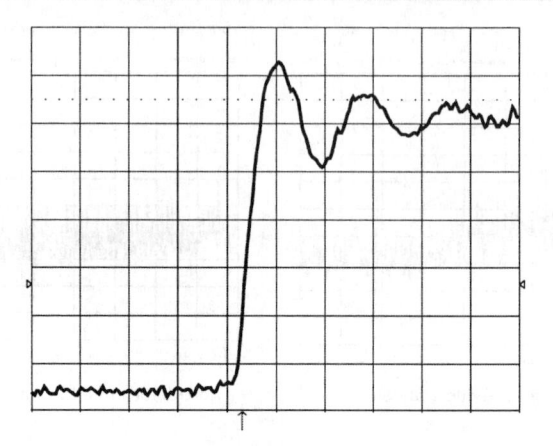

Index:
Signalqualität

10 - 03.05.2002

Der Ausgang ist mit 145 Ohm belastet. Im Vcc - Anschluss liegt kein Dämpfungswiderstand. Die Flankenzeit ist ca. 2ns. Die Signalqualität ist wegen des Überschwingers als schlecht zu bezeichnen. (4-Lagen-Multilayer)

Platine mit 74ACT163 ungedämpft / gedämpft (SMD-Ferrit)

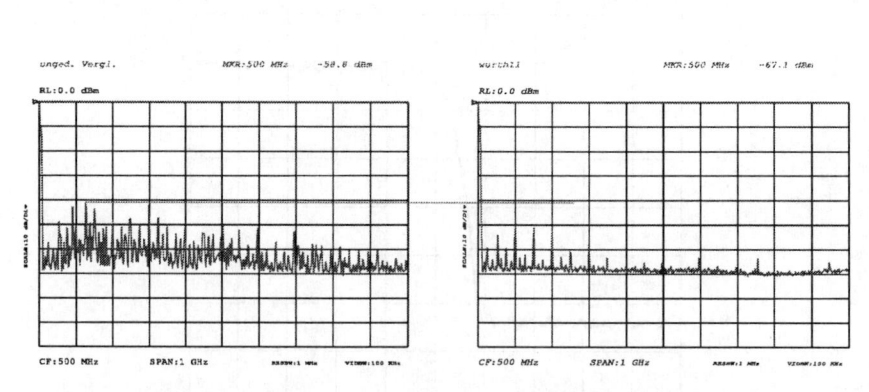

Ungedämpfte Platine   Gedämpfte Platine

Index:
Absorption

12 - 03.05.2002

Eine ungedämpfte Platine (4-Lagen-Multilayer) mit 100µm-Vcc-GND-System wird mit einer zweiten verglichen. Diese hat in allen Vcc-Anschlüssen der IC´s je eine Ferrit-SMD-Drossel (Würth Artikelnr. 7427920). Der Effekt ist bemerkenswert.

Platine mit 74ACT163 ungedämpft / gedämpft (SMD-Ferrit)

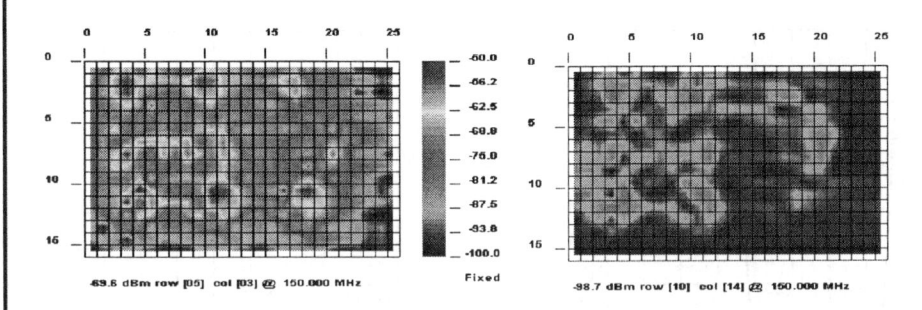

Ungedämpfte Platine

Gedämpfte Platine

Index: Absorption	Eine ungedämpfte Platine (4-Lagen-Multilayer) mit 100µm-Vcc-GND-System wird mit einer zweiten verglichen. Diese hat in allen Vcc-Anschlüssen der IC's je eine Ferrit-SMD-Drossel (Würth Artikelnr. 7427920). Der Effekt ist auch auf einem Nahfeldscanner eindrucksvoll dokumentiert. (Vorsicht, nur 1 Frequenz.)
# 13 - 03.05.2002	

Kurzgeschlossene Leitung wird Lambda-Halbe-Dipol

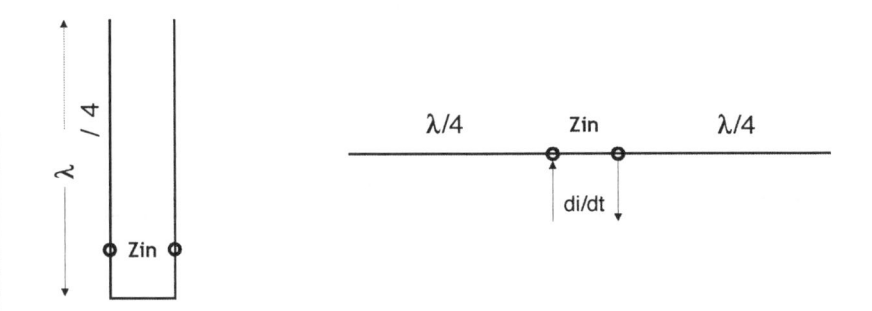

$\lambda/4$

$\lambda/4$ — Zin — $\lambda/4$

di/dt

Zin

Index: Abstrahlung	Die Lambda-Viertel-Leitung transformiert den Kurzschluss in einen Leerlauf. Die Impedanz des niederohmigen Einspeisepunktes wird in eine hochohmige Endimpedanz transformiert.
# 15 - 03.05.2002	

Signalverläufe in Platine mit 74ACT gedämpft (Vcc-Ferrit)

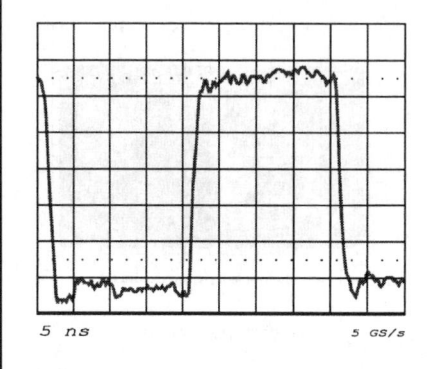

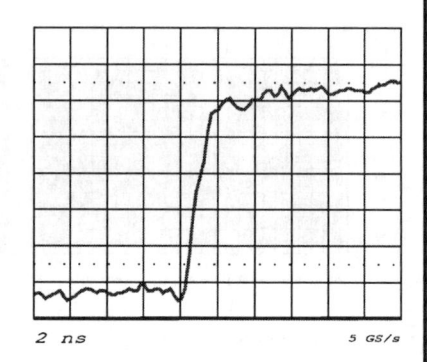

5 ns   5 GS/s   2 ns   5 GS/s

Index: Absorption

14 - 03.05.2002

Die Bilder zeigen die Signalverläufe aus den 74ACT, die in der Vcc-Zuleitung mit Ferriten gedämpft wurden. Die Flankengeschwindigkeit ist etwas verlangsamt. Der Verlauf hat keine Überschwinger.

Leitungstransformation im Vcc-/GND-Plane-System

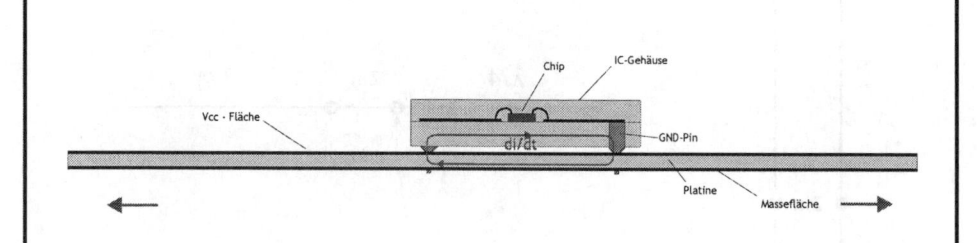

Chip — IC-Gehäuse
Vcc - Fläche
di/dt — GND-Pin
Platine — Massefläche

Index: Abstrahlung

16 - 03.05.2002

Der Querstrom der CMOS-Schaltung verursacht ein großes di/dt in einem kleinen Abschnitt des Vcc-/GND-Systems (>10A/ns möglich). Das Flächensystem ist elektrisch eine Leitung. Die Impedanz wird zu den Enden der Platine auf einen höheren Wert transformiert (gefährlicher Abstrahlungsmechanismus)

Aufbau eines Multilayers mit absorptivem Vcc-/GND-System

- Signallage 1
- GND
- Vcc-Fläche, unterbrochene Struktur
- 350µm FR4
- 100µm Polyimid
- 100µm Polyimid
- Karbonpaste auf unterbochener Struktur
- 350µm FR4
- GND
- 2mm
- 2mm
- Signallage 2

Index: Absorption

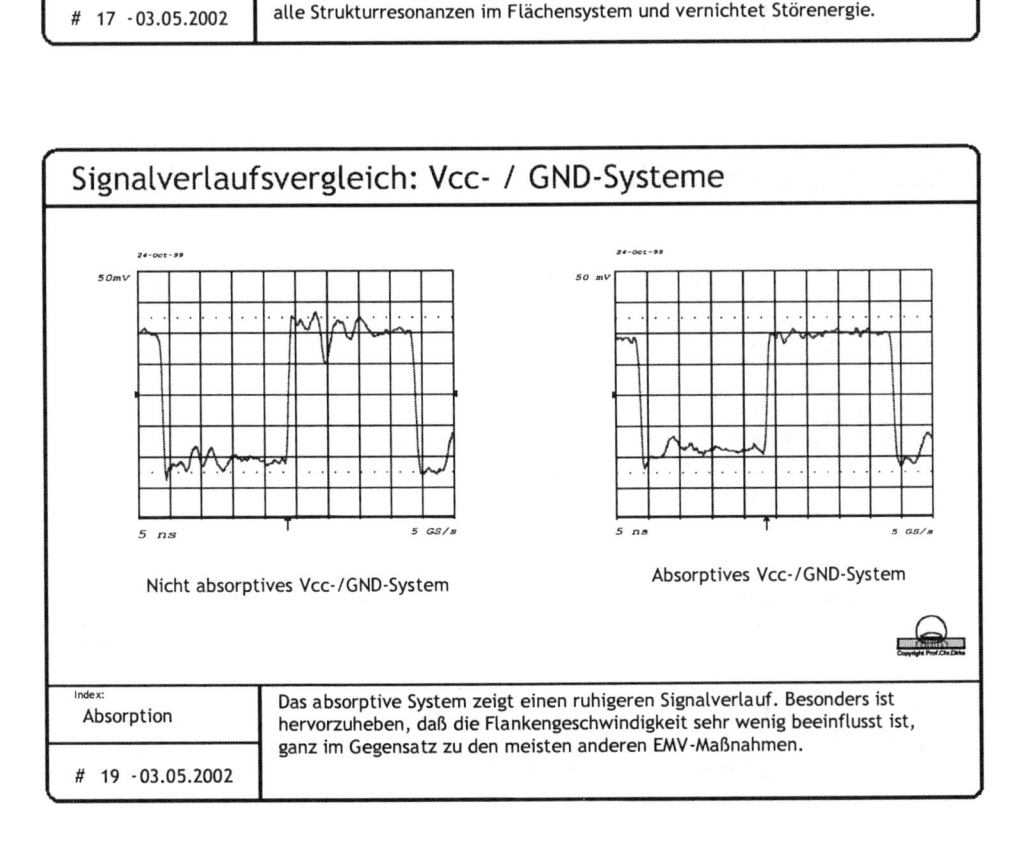

17 - 03.05.2002

Die absorptive Vcc-Fläche ist zwischen zwei Masseflächen eingebettet, um erhöhte E-Feldabstrahlung zu vermeiden. Die in der Fläche auftretenden Potentialdifferenzen werden sonst zu einem Problem. Die Absorption beseitigt alle Strukturresonanzen im Flächensystem und vernichtet Störenergie.

Signalverlaufsvergleich: Vcc- / GND-Systeme

Nicht absorptives Vcc-/GND-System

Absorptives Vcc-/GND-System

Index: Absorption

19 - 03.05.2002

Das absorptive System zeigt einen ruhigeren Signalverlauf. Besonders ist hervorzuheben, daß die Flankengeschwindigkeit sehr wenig beeinflusst ist, ganz im Gegensatz zu den meisten anderen EMV-Maßnahmen.

Abstrahlungsvergleich: Vcc- / GND-Systeme

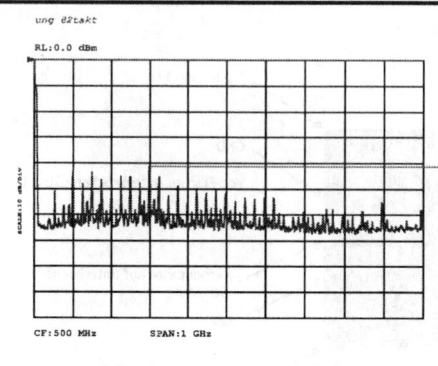

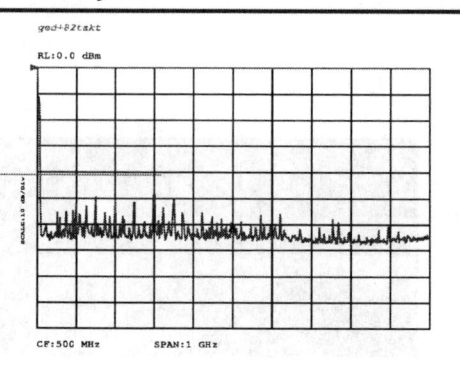

Nicht absorptives Vcc-/GND-System

Absorptives System (25 Ohm diagonal)

Index: Absorption

\# 18 - 03.05.2002

Das absorptive System liegt etwa 10dB breitbandig besser, als das nicht absorptive. In beiden Systemen ist die Hauptverteilerleitung des Taktes am Treiber mit einem Längswiderstand (82 Ohm) bedämpft.

Abstrahlungsvergleich: Vcc- / GND-Systeme (zweistufig)

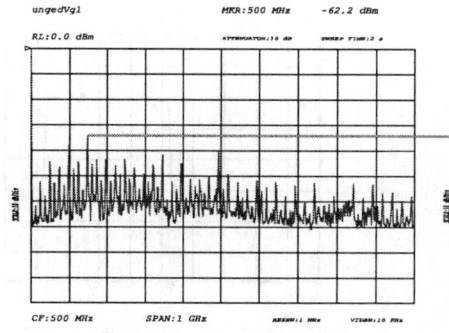

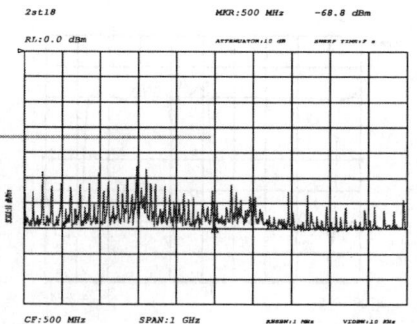

Nicht absorptives Vcc-/GN-System

Absorptives System (18 Ohm / Drosseln)

Index: Absorption

\# 20 - 03.05.2002

Das absorptive System liegt über 10dB breitbandig besser, als das nicht absorptive. **Problemfrequenz 150MHz 19dB gedämpft.** Die Absorption wird in zwei Stufen gewonnen: 1.Vcc-Drosseln (Würth:74279201); 2. Carbonisierung der Vcc-Fläche (18 Ohm diagonal)

Abstrahlungsvergleich: Vcc- / GND-Systeme (zweistufig)

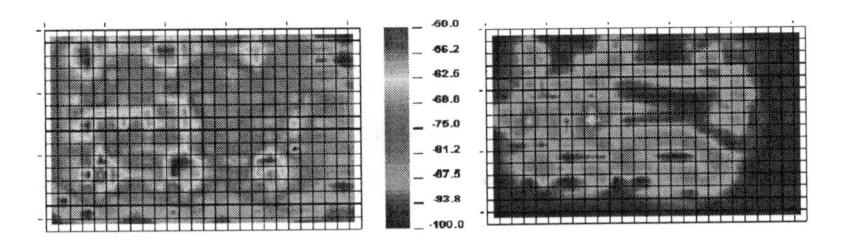

Nicht absorptives Vcc-/GND-System   Absorptives System (Drosseln/ Carbonisierung)

Index: Absorption

21 -03.05.2002

Das absorptive System liegt etwa 25dB besser, als das nicht absorptive. Dargestellt sind die Verhältnisse bei 150 MHz, der ursprünglichen Problemlinie. Die Nahfeldmessung stellt die Situation etwas günstiger dar, als sie im Fernfeld aussieht.

Massefläche mit Kantenabsorber

Index: Abstrahlung

23 -03.05.2002

Die Kantenabsorber werden dadurch gebildet, daß die Kupferfläche (schwarz) an den Kanten in zahlreiche Keile ausläuft. Das fehlende Material wird durch Karbonpaste ersetzt. Der Strom wird aus dem Kupfer in die Carbonmasse verdrängt.

Leitungstransformation in der Platinen - Masse

Index:
Abstrahlung

22 - 03.05.2002

Der Querstrom der CMOS-Schaltung verursacht ein großes di/dt in einem kleinen Abschnitt der Masse. Dies wird nach den Enden der Platine zu einer höheren Impedanz transformiert.

EMV-Testzentren
Neues Hallendesign für Semi- und Fully-Anechoic Chambers

Dipl.-Ing. Rudolf Schaller
Frankonia GmbH, Heideck

EMV Testzentren

Neues Hallendesign
für
Semi-und Fully-Anechoic Chambers

Dipl.-Ing. Rudolf Schaller
Geschäftsführer der Frankonia GmbH
Rambacher Str. 2
D-91180 Heideck
Tel.09177-98500
Fax 09177-98520
Email:rs.frankonia@t-online.de
Home page:http://www.Frankonia-EMC.com

Einleitung:

Auch auf dem Gebiet der EMV ändern sich die „Zeiten", oftmals schneller, als manchen Fachkollegenauf diesem Gebiet lieb ist.

Dies trifft besonders auf die EMV-Messtechnik und auf die Definition und Konstruktion von EMV-Absorberhallen zu. Derzeit werden besonders Themen wie z. B. die Erweiterung des Frequenzbereichs bis in den oberen GHz-Bereich, unter Berücksichtigung der neuen Technologien wie z.B. UMTS, GPRS, Bluetooth, etc., diskutiert.

Sehr intensiv wird auch die Normung von „Fully-Anechoic-Chambers", in der Hoffnung eine Alternative zu den vorhandenen Freifeldern und den „10m Semi-Anechoic-Chambers" zu erhalten, behandelt.

Die Motivation zu dieser „neuen Normtätigkeit", ist in dem Ziel einer kostengünstigeren Lösung hinsichtlich der Anschaffung von Absorberhallen und der Durchführung der EMV-Messungen begründet.

Damit ist natürlich auch eine Anpassung und Änderung der vorhandenen EMV-Grenzwerte für die strahlungsgebundene Emission (Feldstärke-Grenzwerte) verbunden. Dies ist kein technisches, sondern ein wirtschaftliches Problem.

Es wird wohl kaum möglich sein, die neue Norm (prEN50147-3) für „Fully-Anechoic Chambers" der bisherigen Norm für Feldstärkemessungen auf Freifeldern und in 10m-Absorberhallen (EN50147-2) gleichzustellen (zumindest in kurzer Zeit nicht), ohne einen Konflikt mit den etablierten Labors heraufzubeschwören (Meinung des Autors).

Aus der Sicht der Lieferanten von Absorberhallen (wie z.B. Frankonia) sind keine neuen tiefgreifenden Entwicklungen notwendig, da die Technologie der Schirmung und Absorber bereits vorhanden ist und nur entsprechend auf die neuen EMV-Normen angepasst und abgestimmt werden muss.

Allerdings sind doch Neuerungen auf dem Gebiet der Absorbertechnologie in den letzten Jahren geschehen (sind teilweise noch nicht bemerkt oder auch verdrängt worden), wie z.B. die Entwicklung von **nicht brennbaren Pyramidenabsorbern** durch Frankonia. Eine wirkliche **Neuerung**, die von den Brand-Versicherungen mit Sicherheit in Zukunft eingefordert werden wird.

Die Absorberhalle der FH Kiel ist mit nicht brennbaren Pyramidenabsorbern von Frankonia ausgerüstet, eine gute Investition in die Zukunft.

Normen, die für das Hallendesign berücksichtigt werden müssen:

Nebenstehend sind die wichtigsten Normen genannt, die für das Hallendesign berücksichtigt werden müssen.

Ausschlaggebend für das Hallendesign sind jedoch nur die Normen „ANSI C63.4, IEC 61000-4-3, EN 50147 Teil 1 bis Teil 3 und ETS".
Bei Einhaltung dieser Normen, werden im Prinzip alle anderen Normen erfüllt.

Frequenzbereich von Anechoic Chambers:

Nach dem derzeitigen Stand der Normung wird unterschieden zwischen folgenden Frequenzbereichen:

- 30 MHz (26 MHz)bis 1 GHz: Es genügt die Auskleidung der Anechoic Chamber mit Ferritabsorbern.

- 30 MHz (26 MHz)bis 3 GHz (Telekommunikation): Auskleidung mit Ferritabsorbern in Kombination mit Flachabsorbern erforderlich.

- 30 MHz (26 MHz)bis >18 GHz (Telekommunikation und weitere zukünftige Anwendungen): Auskleidung mit Pyramiden-hohlabsorbern oder Hybridabsorbern erforderlich.

- 1 GHz bis 40 GHz und höher: Spezielles Anwendungsgebiet im Mikrowellenbereich, wie z. B. Compact Rang Anechoic Chambers oder für militärische Anwendung.

Ist eine Erweiterung des Frequenzbereichs von Anechoic Chambers notwendig?

Die Beantwortung dieser Frage hängt davon ab, um welchen Prüfling und damit um welche anzuwendende EMV-Norm es sich handelt. Ausserdem ist die vorhandene Absorberauskleidung zu berücksichtigen.

Für die „Wireless-Technologie" mit einem Frequenzbereich bis mindestens 18 GHz reicht z.B. die Auskleidung mit Ferrit-Absorbern nicht aus, da der wirksame Frequenzbereich von Ferrit-Absorbern auf max. 1-2 GHz begrenzt ist.

Mit Pyramidenabsorbern ausgekleidete Hallen sind in der Regel für den Frequenzbereich von über 18 GHz geeignet. Alle von Frankonia mit Pyramidenabsorbern oder Hybridabsorbern errichteten Anechoic Chambers erfüllen den Frequenzbereich bis weit über 18 GHz.

Neue Absorbertechnologie von Frankonia:

Weltweit einzigartig ist, dass Frankonia in der Lage ist, **nicht brennbare Pyramidenabsorber in Dünnfilmtechnik** herzustellen und zu liefern.

Für die Anwendung im Mikrowellenbereich finden auch schwerentflammbare Hybrid-Absorber, bestehend aus Ferrit-Absorbern und Schaumstoff-Pyramiden, ihre Anwendung.

Die elektrischen Eigenschaften (Reflexionsdämpfung) der nicht brennbaren Pyramidenabsorber von Frankonia sind identisch mit den baugleichen Schaumstoffabsorbern anderer Hersteller

Funktionsprinzip von Pyramidenabsorbern:

Absorber im allgemeinen haben die Aufgabe, den Feldwellenwiderstand der Strahlungsquelle (Antenne oder EUT) an einen elektrischen Kurzschluss (Wand des geschirmten Raumes) anzupassen bzw. zu transformieren.

Im Fernfeld einer Strahlungsquelle (ebene Welle)mit einem Feldwellenwiderstand von 377 Ohm ist diese Aufgabe relativ einfach zu lösen, indem der Absorber selbst seine elektrische Impedanz. möglichst kontinuierlich in Richtung Kurzschluss (geschirmte Wand) reduziert. Dies kann durch geeignete Materialauswahl oder durch seine geometrische Form (z. B.Pyramide) oder beides geschehen.

Eine andere Möglichkeit der Erklärung der Funktion von Pyramidenabsorbern ist auch die Vorstellung, dass sich die elektromagnetische Welle wie ein gebündelter Lichtstrahl ausbreitet. Diese „Ersatzvorstellung" ist jedoch nur für den hohe Frequenzbereich (GHz-Bereich) erlaubt.

Nebenstehende Abbildung stellt beideErklärungsmöglichkeiten dar.

Schwieriger wird es jedoch, wenn sich die Strahlungsquelle nicht im Fernfeld, sondern im Nah-oder Übergangsfeld befindet. In diesem Fall ändert sich der Feldwellenwiderstand mit der Frequenz und mit dem Abstand zur Strahlungsquelle.

Hinzu kommt noch bei der Anwendung von Absorbern in geschlossenen geschirmten Räumen, dass die Absorber auch die zwangsweise auftretenden stehenden elektromagnetischen Wellen (Raumresonanzen) bedämpfen müssen. Eine besonders schwierige Aufgabe, speziell im unteren MHz Bereich (30MHz bis 100MHz).

Länge von Pyramidenabsorbern:

Die „Performance" von Absorbern wird unter anderem durch die Ermittlung der Reflexionsdämpfung (reflection attenuation oder return loss) beschrieben. Je größer der Absolutwert der Reflexionsdämpfung ist, desto höher ist die Absorptionswirkung des Absorbers.

Bei Pyramidenabsorbern hängt die Reflexionsdämpfung vom Verhältnis von Absorberlänge oder Absorberdicke zur Wellenlänge der elektromagnetischen Welle ab. Das bedeutet, dass die Reflexionsdämpfung mit größer werdender Absorberlänge und höher werdender Frequenz (kleiner werdende Wellenlänge) besser wird.

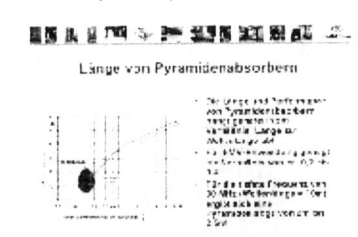

Nebenstehendes Diagramm zeigt, dass bei einem Verhältnis von > 1 (d. h. die Länge der Absorber ist gleich der Wellenlänge) die Reflexionsdämpfung weiter prop. mit 20 dB/Dekade ansteigt. Für Mikrowellenanwendung mit Reflexionsdämpfungswerten von grösser 55 dB muss demnach die Länge des Pyramidenabsorbers das 6 bis 8 fache der Wellenlänge betragen (Beispiel: 40 GHz, Wellenlänge gleich 7,5 mm, d. h. die Pyramidenlänge sollte mind. 6 × 7,5 mm = 45 mm betragen).

Für die EMV-Anwendung in Semi-und Fully AnechoicChambers genügt eine Reflexionsdämpfung von 15 bis 20 dB, d.h. es genügt ein Verhältnis „Absorberlänge zu Wellenlänge" von 0,2 bis 0,4. Bei einer Frequenz von 30 MHz (Wellenlänge = 10m) z. B. ergibt sich hieraus eine Pyramidenlänge von 2 bis 2,5 m.

Definition der Reflexionsdämpfung:

Die Reflexionsdämpfung errechnet sich aus dem log.Verhältnis aller reflektierten Wellen zur direkt empfangenen Welle. Für die messtechnische Ermittlung aller reflektierten Wellen und der direkten Welle in Anechoic Chambers werden verschiedene Verfahren angewendet, auf die hier nicht näher eingegangen werden kann, da diese ohnehin für EMV-Anechoic Chambers nicht relevant sind. Für die Beurteilung der „Performance" von EMV-Anechoic Chambers sind nur die Normen nach ANSI, EN und IEC anzuwenden. Zur Beurteilung der „Performance" von kleinen Absorberflächen ist jedoch die Ermittlung der Reflexionsdämpfung hilfreich.

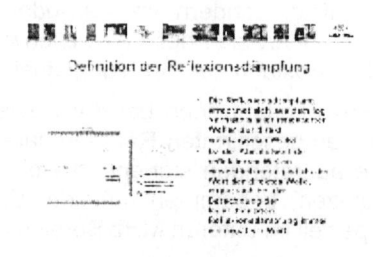

Reflexionsdämpfung von Absorbern:

Abhängig vom Frequenzbereich, werden Absorber in großen koaxialen Messeinrichtungen (Koaxline), in Wellenleitern und mit Hilfe von Antennen als sog „Free Space-Messung" ermittelt.

Das nebenstehende Foto zeigt die Reflexionsdämpfungsmessung (return loss) von Pyramidenabsorbern in einem von Frankonia entwickelten 17m langen Koaxialleiter im Frequenzbereich von 20 MHz bis ca. 1 GHz.

Reflexionsdämpfung von Ferrit-Absorbern

Ferrit-Absorber sind Resonanzabsorber, d. h. sie erreichen ihre beste Reflexionsdämpfung bei ihrer Resonanzfrequenz.

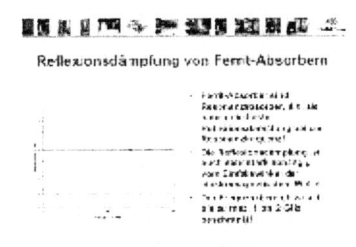

Reflexionsdämpfung von Ferrit-Absorbern

[Abbildung: Reflexionsdämpfung von Ferrit-Absorbern]

Die Resonanzfrequenz hängt dabei von den Materialeigenschaften des Ferrits und dessen Dicke sowie vom Abstand der „Ferrit-Kachel" zur reflektierenden Fläche (z. B. Schirmung) ab. Mit dem Abstand kann man in gewissen Grenzen die Resonanzfrequenz einstellen.

Per Definition kann ein Ferrit-Absorber zum Breitband-Absorber erklärt werden, wenn man einen Mindestwert der Reflexionsdämpfung festlegt. Durch geschickte Festlegung dieses Wertes, gelingt es für die EMV-Anwendung von Ferrit-Absorbern einen Frequenzbereich von 30 MHz bis 1 GHz zu definieren. Ferrit-Absorber haben gegenüber Pyramiden-Absorbern den Nachteil, dass deren Reflexionsdämpfung sehr stark abhängig ist vom Einfallswinkel der elektromagnetischen Welle.

Dieser Nachteil vereitelt den Einsatz von reinen Ferrit-Absorbern in 10m-Hallen, abgesehen von der Tatsache, dass der Frequenzbereich auf maximal 1 bis 2 GHz begrenzt ist.

Ferrit-Absorber werden deshalb in erster Linie in Kombination mit Pyramidenabsorbern kleiner Bauhöhe als sog „Hybrid-Absorber" eingesetzt

Reflexionsdämpfung von Hybrid-Absorbern:

Wie schon gesagt, bestehen Hybrid-Absorber aus einer Kombination von Ferrit-Absorbern und Pyramiden-Absorbern.

Die grundlegende Idee dieser Kombination ist in der Reduzierung der Gesamt-Bauhöhe dieser Absorber begründet.

Bei Pyramidenabsorbern wird die Bauhöhe von der niedrigsten Frequenz (z. B. bei 30 MHz beträgt die Bauhöhe ca. 2 m bis 2,5 m) der Anwendung bestimmt. Diese Bauhöhe zu reduzieren, war das Ziel der Hybridabsorber-Entwicklung.

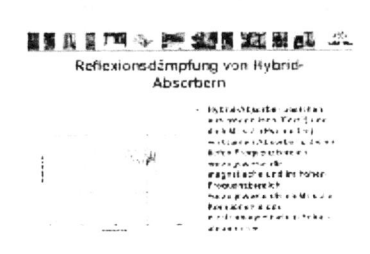

[Abbildung: Reflexionsdämpfung von Hybrid-Absorbern]

Allerdings besteht ein großer Nachteil bei dieser Art der Kombination hinsichtlich der unterschiedlichen Wirksamkeit beider Absorbermaterialien.

So absorbieren Ferritabsorber vorzugsweise die magnetische und Pyramidenabsorber vorzugsweise die elektrische Komponente des elektromagnetischen Feldes.

Im Übergangsbereich zwischen der unterschiedlichen Funktionsweise beider Absorber kommt es deshalb zu einer gewissen „Fehlanpassung ", was sich in einer Reduzierung der Reflexionsdämpfung in diesem Bereich bemerkbar macht. Dies ist daran zu erkennen, dass die Reflexionsdämpfung in einem weiten Bereich (ca. 100 MHz bis 1 GHz) praktisch konstant bleibt (siehe nebenstehendes Diagramm) und sich nicht wie bei Pyramidenabsorbern üblich, nach höheren Frequenzen hin, verbessert.

Verbesserung kann nur dadurch erzielt werden, dass die Pyramidenhöhe bis über 1m, bei der Anwendung in 10m-Absorberhallen, vergrössert wird.

Damit ist natürlich der Vorteil der niedrigeren Bauhöhe von Hybridabsorbern gegenüber Pyramidenabsorbern nicht mehr so deutlich gegeben.

Für 10m-Absorberhallen empfiehlt deshalb Frankonia, lange Pyramidenabsorber zu verwenden und nur für 3m-Absorberhallen die Hybridabsorber zu verwenden (abgesehen von höheren Kosten für Hybridabsorber).

Reflexionsdämpfung von Pyramiden-Absorbern:

Pyramidenabsorber absorbieren in erster Linie die elektrische Komponente des elektromagnetischen Feldes. Damit ist das Problem der „Fehlanpassung" wie bei Hybridabsorbern nicht gegeben. Anscheinend nachteilig ist die größere Bauhöhe der Pyramidenabsorber bei 30 MHz, die jedoch bei 10m-Hallen nicht ins Gewicht fällt. Vorteilhaft ist die bessere Performance und der günstigere Preis der Pyramidenabsorber gegenüber Hybridabsorber.

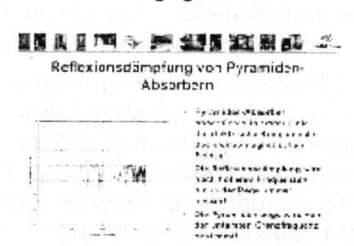

Nebenstehendes Diagramm zeigt die gute Reflexionsdämpfung von 2,4m langen Pyramidenabsorbern im Frequenzbereich von 10 MHz bis 18 GHz.

Nicht brennbare Pyramidenhohlabsorber von Frankonia:

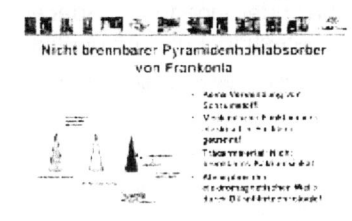

Der Aufbau von **nicht brennbaren** Pyramidenhohlabsorbern von Frankonia unterscheidet sich grundsätzlich von Schaumstoff-Pyramidenhohlabsorbern des Mitbewerbs.

Für die Formgebung (Pyramide) des Absorbers wird **kein Schaumstoff** verwendet.

Die mechanische und elektrische Funktion ist getrennt und unabhängig von einander. Bei Schaumstoffabsorbern dient der Schaumstoff gleichzeitig zur mechanischen Formgebung (Pyramide) und durch die Kohlenstofftränkung als Absorptionsmaterial.

Die nicht brennbaren Frankonia-Pyramidenhohlabsorber verwenden als Trägermaterial (mechanische Funkton) Kalziumsilikatplatten, welche elektrisch gesehen völlig neutral sind und somit von der elektromagnetischen Welle nicht „gesehen" werden können. Dieses Material wird normalerweise für die Wärmeisolation von Öfen verwendet und verträgt Temperaturen von mehreren 1000 Grad C ohne zu brennen.

Die Absorption der elektromagnetischen Welle selbst erfolgt durch eine sehr dünne Absorberfolie in Dünnfilmtechnologie die auf dem mechanischen Trägermaterial (Kalziumsilikat) mit nicht brennbarem Kleber sozusagen „auftapeziert" ist.

Die elektrische Funktion des fertigen Absorbers ist daher die gleiche, wie bei einem Schaumstoff-Pyramidenhohlabsorber, jedoch ohne die Nachteile (Brennbarkeit und mangelhafte Stabilität) des Schaumstoffs.

Die Absorberfolie selbst ist durch eine zusätzliche Schicht aus elektrisch neutralem Glasfaser-Gewebe gegen mechanische und umweltbedingte Beschädigungen (Feuchtigkeit, Hitze, etc.) geschützt.

Hybridabsorber:

Wie bereits beschrieben, bestehen Hybridabsorber aus einer Schicht Ferrit-Absorber und aufgesetzten Pyramidenabsorbern in nicht brennbarer oder schwerentflammbarer Ausführung.

Zur Verbesserung der „Anpassung" beider Absorbertechnologien wird in vielen Fällen der Pyramidenabsorber über einen sog. Spacer (Abstandhalter) auf dem Ferrit-Absorber befestigt. Für Immunitätsmessungen müssen zusätzlich Ferrit-Absorber oder Hybridabsorber als Teilfläche auf die Ground Plane der Semi-Anechoic Chamber aufgelegtwerden. Hierzu dienen fahrbare Absorber-Paneele, die bei Nichtbenützung leicht von der Ground Plane entfernt werden können.

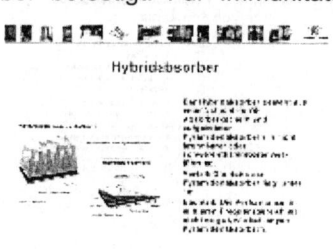

Freifeld als Referenz:

Für die Beurteilung von Semi-Anechoic Chambers nach ANSI oder EN 50147 dient als Referenz ein normgerechtes Freifeld.

Dieses Freifeld muss nebenstehenden Bedingungen entsprechen und nach den einschlägigen Normen vermessen werden.

Alle bei der Ermittlung der NSA in Semi-Anechoic Chambers verwendeten Messeinrichtungen (Antennen, Antennmast, Kabel, Empfänger, Generatoren etc.) sind auf diesem Referenz-Freifeld zu kalibrieren.

Ermittlung der NSA in Semi-Anechoic Chambers:

Semi-Anechoic Chambers sind in ANSI oder der EN 50147 als alternatives Messgelände definiert.

Wegen der restlichen Reflexionen (trotz Absorberauskleidung) an den Wänden und der Decke der Semi-Anechoic Chamber (die bei einem idealen Freigelände nicht auftreten) ist es notwendig, dass die NSA (< = 4 dB) im vollen Prüfvolumen (Durchmesser der Drehscheibe und verschiedene Sende-Antennenhöhen in horizontaler und vertikaler Polarisation) vermessen und garantiert werden muss.

Details über den genauen Prüfverlauf sind in ANSI oder in der EN 50147 Teil 2 nachzulesen.

Das oben dargestellte Bild zeigt die Messanordnung für horizontal polarisierte Antennen.

Ermittlung der Homogenität nach IEC 61000-4-3:

Nach IEC 61000-4-3 ist für Immunitätsmessungen die Homogenität der elektromagnetischen Feldstärkeverteilung innerhalb einer vertikal aufgespannten Fläche von 1,5m × 1,5m nachzuweisen.

Die vertikal aufgespannte Fläche von 1,5 m × 1,5 m ist dabei unterteilt in 16 Teilflächen von 0,5 m × 0,5 m. Nach IEC müssen 75 % (das sind 12 Teilflächen) der Gesamtfläche von 1,5 m × 1,5 m das Kriterium der Homogenität von –0 dB bis +6 dB erfüllen, um als Messumgebung zugelassen zu werden.

In Semi-Anechoic Chambers ist für die Erfüllung dieser Anforderung eine Teilbelegung der Ground Plane mit Absorbern zwischen der Sendeantenne und der vertikal aufgespannten Fläche notwendig.

Diese Absorber sind so konstruiert, dass sie bei Emissionsmessungen leicht entfernt werden können.

PrEN 50147-3 für Fully-Anechoic Chambers:

Seit einigen Jahren wird in nationalen und internationalen Normengremien an der Normung von Fully-Anechoic Chambers gearbeitet.

Der Autor ist selbst Mitglied im CENELEC Arbeitskreis für die Normung von Fully-Anechoic Chambers und kennt die Problematik sehr genau.

Ziel der Normtätigkeit ist es, ein einfacheres und damit kostengünstigeres Messverfahren gegenüber den konventionellen Methoden der Feldstärkemessung auf Freifeldern und in Semi-Anechoic Chambers zu kreieren.

prEN50147-3 für Fully-Anechoic Chambers

P-EN50147-3 für Fully-Anechoic Chambers

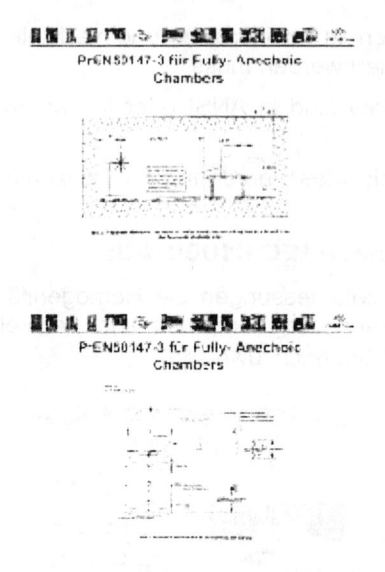

Bezüglich der Kosten für die Fully-Anechoic Chamber musste in der Zwischenzeit ein herber Rückschlag hingenommen werden, da die Wunschvorstellung einer kostengünstigeren Lösung gegenüber den Semi-Anechoic Chambers nicht in Erfüllung gehen wird.

Es hat sich nämlich herausgestellt, dass die Abmessungen der Fully-Anechoic Chamber gegenüber einer Semi-Anechoic Chamber nicht verkleinert werden können um Kosten zu sparen.

Das Gegenteil ist eingetreten (was vom Autor schon ganz am Anfang der Diskussion vor einigen Jahren vorausgesagt worden war), nämlich, dass die Fully-Anechoic Chamber annähernd die gleichen Raum-Abmessungen wie die Semi-Anechoic Chamber benötigt (bei vergleichbarer Mess-Strecke), wobei noch zusätzlich die Kosten für die Bodenabsorber hinzukommen.

Weiterhin ist der Messaufwand für die Überprüfung der Performance der sog. „Quiet Zone" viel höher, da in der zukünftigen Norm statt 5 Messorten auf einer Drehscheibe (wie bei Semi-Anechoic Chambers) jetzt 15 Messorte innerhalb eines Zylinders (im Raum zwischen Fussboden und Decke) die NSA von <4dB erfüllen müssen.

Ausserdem ist eine Fully-Anechoic Chamber viel anfälliger gegen störende Einflüsse wie z. B. die Kabelverlegung und die Anordnung des Prüflings.

Dies bedeutet, dass die Reproduzierbarkeit von Messergebnissen in Fully-Anechoic Chambers wesentlich schlechter sein wird als in Semi-Anechoic Chambers.

Hinzu kommt noch, dass der Entstöraufwand für die betroffenen Geräte höher sein wird als bei Tests in Semi-Anechoic Chambers, da in Fully-Anechoic Chambers die „hilfreiche" Ground Plane fehlt.

prEN 50147-3 für Fully-Anechoic Chambers

prEN50147-3 für Fully-Anechoic Chambers

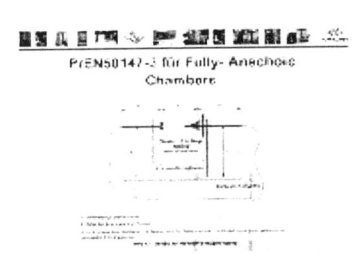

Für den Lieferanten von Fully-Anechoic Chambers ergeben sich keine Probleme, da die Festlegung der erforderlichen Performance sehr gut spezifiziert ist, was aber für den praktischen Betrieb (Feldstärkemessung) erstmal nicht viel bedeutet. Die Probleme werden sich erst bei der Prüfung der EUT's ergeben.

Die oben dargestellten Abbildungen sind eine Kopie aus der prEN 50147-3 die die Anordnung des Prüfvolumens (Zylinder) und des Prüflings zeigen. Außerdem ist die Methode der Referenzmessung der NSA für Fully-Anechoic Chambers dargestellt.

EMV Testzentrum:

Viele EMV Testzentren in Deutschland und im europäischen Raum verfügen sowohl über eine 10m-Semi- wie auch über eine 3m-Fully-Anechoic Chamber um für „alle Fälle" gewappnet zu sein.

EMV Testzentrum

Hinzu kommen noch geschirmte Räume für leitungsgebundene EMV-Messungen und als Kontroll- und Verstärkerraum.

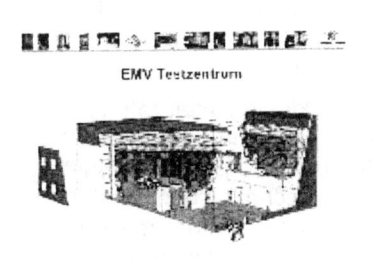

Als Standardkonfiguration eines EMV Testzentrums können folgende Messräume definiert werden:

- Semi-Anechoic Chamber für 10m Mess-Strecke
- Fully-Anechoic Chamber für 3m Mess-Strecke
- Geschirmter Kontrollraum
- Geschirmter Verstärkerraum

- Div.Geschirmte Räume für Störspannungsmessungen, ESD, Burst, Störleistungsmessungen, Störfestigkeitsmessungen in Striplines, etc.

Über die Notwendigkeit und die Anzahl dieser Räume kann man streiten, doch spielen bei der Entscheidung nicht nur technische, sondern auch andere (geschäftspolitische) Überlegungen eine Rolle.

Das nebenstehende Bild zeigt die typische Anordnung bzw. den Grundriss eines EMV Testzentrums.

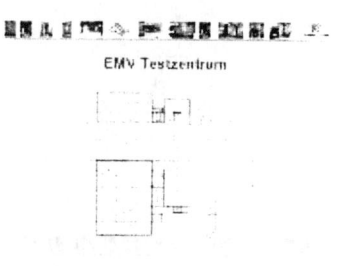

Fully-Anechoic Chamber:

Fully-Anechoic Chambers sollen den freien Raum, ohne Begrenzung in allen Richtungen (free space) nachbilden, d. h. die elektromagnetischen Wellen, die von einer Quelle (Störquelle, EUT, oder Antenne) ausgehen, sollen im Idealfall nirgendwo reflektiert werden.

Diesen Idealfall gibt es in der Praxis natürlich nicht,so dass selbst die Absorberwände einer Fully-Anechoic Chamber mit sehr guter „Performance" immer noch einen kleinen Anteil der elektromagnetischen Welle reflektieren.

Dieser kleine Anteil (oftmals nur ein Prozent der direkten Welle) der elektromagnetischen Wellen kann zu den gefürchteten Interferenzen oder dem sog. „Phase-Shifting" in Anechoic Chambers (Semi-und Fully Anechoic Chambers) führen. Die Folge ist,dass es zu Feldstärke-Minima bzw. Maxima kommt und die geforderte NSA z. B. < 4 dB) nicht mehr erfüllt werden kann.

Ein wirksames Mittel gegen dieses sog. „Phase-Shifting" besteht darin, dass man die Messstrecke zwischen Prüfling und Antenne nicht in die Symmetrieachse der Anechoic Chamber legt, sondern etwas versetzt in Richtung der Längsdiagonalen des Raumes.

Besonders kritisch hinsichtlich auftretender Reflexionen macht sich der Fussboden (Doppelboden) über den Bodenabsorbern bemerkbar. Neuere Erkenntnisse ergaben, dass selbst ein Fussboden aus „gewachsenem" Holz, verlegt über den Bodenabsorbern, zu unerwünschten Reflexionen der elektromagnetischen Wellen im GHz-Bereich führt.

So verwendet Frankonia für begehbare Flächen in Fully-Anechoic Chambers, heute keine Holzböden mehr, sondern setzt jetzt aufgeständerte Kunststoffgitter mit niedriger Dielektrizitätskonstante (siehe nebenstehende Fotos) ein.

Semi-Anechoic Chamber Krauss Maffei Wegmann München:

Das Foto zeigt als Beispiel eine von Frankonia im Jahre 1999 fertig gestellte Semi-Anechoic Chamber für die Fa. Krauss Maffei Wegmann in München, in der sehr große Prüfobjekte (wie z. B. Gelenkbusse oder auch militärische Fahrzeuge) geprüft werden können.

Als sog. Highlight ist zu nennen, dass die dort eingebaute Drehscheibe mit einem Durchmesser von 8m für eine max. Belastung von 100 to ausgelegt ist. Diese Last muss natürlich auch von der „Ground Plane" und von der Überfahrbrücke des Schiebetores der Chamber getragen werden.

EMV-Labor Fachhochschule Kiel GmbH:

Beim EMV-Labor der Fachhochschule Kiel besteht die Besonderheit darin, dass dort die weltweit kleinste EMV-Absorberhalle (Semi-Anechoic Chamber) mit einer 3m und 10m Mess-Strecke errichtet wurde.

EMV-Labor Fachhochschule Kiel GmbH

Äussere Zwänge (begrenzter Platzbedarf, Planungsumstände,etc.) waren der Grund für diese Lösung.

Trotz dieser schwierigen Randbedingungen ist das Projekt sehr gut gelungen und kann heute eingeweiht werden.

Dokumentiert wird der Erfolg durch die in der Zwischenzeit erfolgte Akkreditierung des EMV-Labors der Fachhochschule Kiel.

EMV-Labor Fachhochschule Kiel GmbH

Hierzu möchte der Autor herzlichst gratulieren, der Fachhochschule Kiel und besonders dem Initiator des Projekts, Herrn Prof. Dr. Klaus Scheibe.

Akkreditierungs-Urkunde des EMV-Labors der Fachhochschule Kiel GmbH

Ausblick auf zukünftige Märkte für EMV Testzentren:

Und nun zum Schluss noch ein kurzer Ausblick auf zukünftige Märkte für EMV Testzentren.

Die irrige Annahme, dass der Markt für EMV-Testzentren oder EMV-Absorberhallen für 3m oder 10m Mess-Strecken in Deutschland oder Europa gesättigt sei, ist natürlich unzutreffend.

Es mag ja sein, dass „10m-Absorberhallen" nicht mehr in der Anzahl gebaut werden wie zu früheren Zeiten, doch besteht selbst in Deutschland immer noch ein gewisser Bedarf wie z.b.in der Automobilindustrie oder in den neuen Bundesländern.

Der Bedarf an „kleineren" Absorberräume wird noch wachsen, angesichts der neuen Technologien auf dem Gebiet der Telekommunikation etc.

Im osteuropäischen Raum besteht erheblicher Nachholbedarf an EMV-Absorberhallen und EMV-Messtechnik. Dies zeigt sich an der guten Auftragslage von Frankonia aus Polen, der Tschechei und anderen osteuropäischen Ländern.

Sehr interessant stellt sich die Entwicklung der EMV derzeit in den asiatischen Ländern wie z. B. in China dar. So hat Frankonia in den letzten zwei Jahren 3 Gross-Aufträge für **schlüsselfertige EMV-Testzentren** erhalten und auch teilweise schon fertig gestellt und in Betrieb genommen. Von den Chinesen wird dabei die „deutsche Qualität" und die „deutsche Zuverlässigkeit" geschätzt. Der chinesische Markt für EMV „boomed" zur Zeit, von vielen in Deutschland oft nicht bemerkt.

In wenigen Jahren werden die Chinesen mit Produkten auf dem Weltmarkt sein, die die EMV-Normen besser erfüllen werden,als eventuell unsere einheimischen Produkte (Meinung des Autors).

Für den Autor bleibt es daher unverständlich,warum die positive Bewertung der EMV in Deutschland von Jahr zu Jahr nachlässt.

Nach Meinung des Autors hat die EMV-Technik eine gute Zukunft vor sich, zumal der technische Fortschritt auf dem Telekommunikationssektor und in der Mikroelektronik an Geschwindigkeit zunimmt.

❖✦✦✦✦✦✦✦✦✦✦✦✦✦✦✦✦✦❖

Akkreditierung von Prüflaboratorien im Umbruch (EN 45001 und EN 17025)

Dipl.-Ing. (FH) Ralf Egner
Deutsche Akkreditierungsstelle Technik DATech e.V.,
Frankfurt/M.

Akkreditierung von Prüflaboratorien im Umbruch

Dipl.-Ing. (FH) Ralf Egner
Deutsche Akkreditierungstelle Technik (DATech) e.V.
Gartenstraße 6
60594 Frankfurt/Main

1. Einleitung

Die anwendbaren Kriterien für die Anerkennung bzw. die Akkreditierung von Prüf- und Kalibrierlaboratorien waren bisher in Europa in der Norm EN 45001 (Ausgabe 1989) und für die Länder außerhalb Europa in dem ISO/IEC Guide 25 definiert und wurden von den zuständigen Akkreditierungsstellen als Grundlage für die Tätigkeit entsprechend angewendet.

Diese Situation hat sich durch die Annahme und Verabschiedung der Norm ISO/IEC 17025 am Jahresende des Jahres 1999 wesentlich verändert. Die EN 45001 und der ISO/IEC Guide 25 wurden als Basis für die Arbeit der Akkreditierer abgelöst. In Deutschland erschien im April 2000 die DIN EN ISO/IEC 17025 als deutsche Norm.
Seitdem kann die Kompetenz von Prüf- und Kalibrierlaboratorien **weltweit nach den gleichen Anforderungen** begutachtet, überprüft und akkreditiert werden.

Die Zielvorgabe für die Erarbeitung der ISO/IEC 17025 an das zuständige Normengremium ISO/CASCO war klar und eindeutig. Es sollten die bisherigen Anforderungen der EN 45001 und des ISO/IEC Guide 25 harmonisiert sowie die Anforderungen an ein Qualitätssicherungssystem nach ISO 9001 bzw. ISO 9002, soweit diese für ein Laboratorium sinnvoll anwendbar sind, in einer Norm zusammengefaßt werden.

Welche Veränderungen kommen jetzt auf die Laboratorien und auf die Akkreditierungsstellen bei der Umstellung auf die Anforderungen der neuen Norm EN ISO/IEC 17025 gegenüber der abgelösten EN 45001 zu ?

2. Änderungen in der Struktur und im Inhalt der Norm

Auf den ersten Blick fällt eine Reduzierung des Inhaltes der Norm EN 45001 von bisher sieben Abschnitten auf nun fünf Abschnitte in der EN ISO/IEC 17205 auf. Es fehlen die Abschnitte Sechs („Zusammenarbeit") und Sieben („Pflichten, die sich aus der Akkreditierung ergeben") der EN 45001 vollständig in der neuen Norm.

Dies ist durch die Forderung der Normungsorganisationen begründet, Anforderungsnormen und Anwendungsregelungen bei der Neuerstellung von Normen zu trennen.

Die Abschnitte Drei („Rechtliche Identifizierbarkeit") und Vier („Unparteilichkeit, Unabhängigkeit und Integrität") der EN 45001 wurden im neuen Abschnitt Vier der EN ISO/IEC 17025 zusammengefaßt. Dieser Abschnitt enthält außerdem zusätzlich die Anforderungen an das „Qualitätsmanagementsystem" und die „Lenkung von Aufzeichnungen". Die beiden letztgenannten Punkte wurden bisher im Abschnitt Fünf („Technische Kompetenz") der EN 45001 behandelt.

Vereinfachend kann festgestellt werden, daß die Anforderungen an die Laboratorien in der EN ISO/IEC 17025 in zwei großen Blöcken, den **„Anforderungen an das Management"** (Abschnitt Vier) und den **„Technischen Anforderungen"** (Abschnitt Fünf) zusammengestellt sind.

Dabei gehört zu dem ersten Block, den „Anforderungen an das Management", alles, was sich unter den folgenden Schwerpunkten „Interne Angelegenheiten", „Schnittstellen mit Externen" und „Qualitätsmanagement", zusammenfassen läßt.

Zu den „Internen Angelegenheiten" gehören:
- Organisation (Abs. 4.1);
- Lenkung von Dokumenten (Abs. 4.3);
- Lenkung bei fehlerhaften Prüf- und Kalibrierergebnissen (Abs. 4.9);
- Korrekturmaßnahmen (Abs. 4.10);
- Vorbeugende Maßnahmen (Abs. 4.11);
- Lenkung von Aufzeichnungen (Abs. 4.12).

Zu den „Schnittstellen mit Externen" gehören:
- Prüfung von Anfragen, Angeboten und Verträgen (Abs. 4.4);
- Vergabe von Prüfungen und Kalibrierungen im Unterauftrag (Abs. 4.5);
- Beschaffung von Dienstleistungen und Ausrüstungen (Abs. 4.6);
- Dienstleistungen für den Kunden (Abs. 4.7);
- Beschwerden (Abs. 4.8);

Zum „Qualitätsmanagement" gehören:
- Qualitätsmanagementsystem (Abs. 4.2);
- Interne Audits (Abs. 4.13);
- Management-Bewertungen (Abs. 4.14).

Der zweite Block mit dem Titel „Technische Anforderungen" besteht wie bisher aus vier Schwerpunkten, nämlich „Personal", „Technik", „Verfahren" und „Prüfberichte".

Zu „Personal" gehören:
- Allgemeines (Abs. 5.1);
- Personal (Abs. 5.2).

Zu „Technik" gehören:

- Räumlichkeiten und Umgebungsbedingungen (Abs. 5.3);
- Einrichtungen (Abs. 5.5);
- Meßtechnische Rückführung (Abs. 5.6);

Zu „Verfahren" gehören:

- Prüf- und Kalibrierverfahren (Abs. 5.4);
- Probenahme (Abs. 5.7);
- Handhabung von Prüf- und Kalibriergegenständen (Abs. 5.8);
- Sicherstellung der Qualität von Prüf- und Kalibrierergebnissen (Abs. 5.9);

Zu „Prüfberichte" gehört:

- Ergebnisberichte (Abs. 5.10).

Viele Anforderungen der vorgenannten beiden Blöcke und der in ihnen näher betrachteten Schwerpunkte waren in der EN 45001 bisher schon vorhanden. Allerdings erfolgte eine, vor allem auf der Basis der bei der Anwendung in den Laboratorien und bei der Akkreditierung gewonnenen langjährigen Erfahrungen, eindeutigere und detailliertere Definition der meisten Anforderungen.

3. Neue Inhalte der EN ISO/IEC 17205

Neben den bereits in Kapitel 2 erwähnten Änderungen in der Struktur und den detaillierteren Definitionen der bisherigen Anforderungen enthält die neue Norm zusätzlich auch neue Anforderungen, die vorher nicht Bestandteil der Norm EN 45001 waren.

Dies betrifft im Block „**Anforderungen an das Management**" die Beurteilung der Lieferanten von Ausrüstungen und Dienstleistungen mit kritischer Bedeutung für die Qualität der Prüfungen und Kalibrierungen (Abs. 4.6). Diese Beurteilungen müssen aufgezeichnet und die zugelassenen Lieferanten aufgelistet werden.

Außerdem schließt die ausdrückliche Forderung nach der Durchführung von Management-Reviews (Abs. 4.14) mit eindeutig beschriebenen Fragestellungen den offenen Regelkreis des Abschnittes 5.4.2 der EN 45001, der lediglich die Durchführung von regelmäßigen Überwachungen des Qualitätssicherungssystems im Namen der Leitung vorschrieb.

Vollkommen neu für die Laboratorien ist die Forderung nach der Ermittlung von notwendigen Verbesserungen oder möglichen Fehlerquellen technischer Art oder des Qualitätsmanagementsystems (Abs. 4.11). Es muß an dieser Stelle klar zum Ausdruck gebracht werden, dass Tätigkeiten zur Korrektur von Fehlern bzw. Maßnahmen auf der Grundlage der Internen Audits keine ausreichenden Antworten auf die Frage nach den vorbeugenden Maßnahmen eines Laboratoriums sind.

Es handelt sich bei dieser Forderung der EN ISO/IEC 17025 nicht um eine in der Vergangenheit begründete und somit reagierenden Tätigkeit, sondern vielmehr um eine in die Zukunft gerichtete Planung der durchzuführenden Maßnahmen der Laboratorien.

Auch bei den „**Technischen Anforderungen**" gab es drei nennenswerte Neuerungen. Erstens ist dabei die Ermittlung der wesentlichen Faktoren auf die Richtigkeit und Zuverlässigkeit der Prüf- und Kalibrierergebnisse in „Allgemeines" (Abs. 5.1) und damit direkt zusammenhängend die Abschätzung der Messunsicherheit (Abs. 5.6.4) zu nennen. Gerade bei der Frage der Abschätzung der Messunsicherheit besteht, zumindest bei den Prüflaboratorien, zur Zeit eine große Unsicherheit.

Für den Bereich der Elektromagnetischen Verträglichkeit (EMV) hat CISPR-A bereits einen ersten Entwurf als CD erstellt. Dabei wurde der „Guide to the Expression of Uncertainty in Measurement", kurz GUM genannt, als grundlegende Methode zur Ermittlung der Messunsicherheit verwendet.

Als zweite Neuerung ist die „Probenahme" (Abs. 5.7) zu nennen, die allerdings im wesentlichen bei den Laboratorien Anwendung findet, die im Bereich der chemischen Analyse tätig sind (z.B. Bodenproben zur Bestimmung der Belastung von Grundstücken mit Schwermetall). Für die Laboratorien im Bereich der EMV dürfte diese Anforderung allerdings nicht relevant sein.

In diesem Block ist ein Aspekt gegenüber der EN 45001 auch im Ansatz vollkommen neu. Dies ist der Abschnitt 5.9, die „Sicherung der Qualität von Prüf- und Kalibrierergebnissen". Hier ist analog zum Abschnitt 4.11 keine Reaktion auf Vergangenes, sondern vorausschauendes Denken und Handeln der Laboratorien gefragt.

4. Internationale Übergangsregelungen

Da es bei der Ablösung der EN 45001 durch die EN ISO/IEC 17025 keine Übergangszeiten, wie dies bei Produktnormen der Fall ist, gibt, wurde von den Mitgliedern der „International Laboratory Accreditation Cooperation" (ILAC) eine Übergangsregelung für die in ILAC mitwirkenden Akkreditierungstellen, die auch Unterzeichner des ILAC Multi Lateral Agreements (MLA) sind, definiert.
Ab dem 1. Januar 2003 müssen alle Akkreditierungsdokumente (z.B. alle Akkreditierungsurkunden) auf der Basis der ISO/IEC 17025 ausgestellt sein.

Die Akkreditierungsstellen müssen sich vorher im Rahmen einer Begutachtung vor Ort von der Erfüllung der Anforderungen der ISO/IEC 17025 überzeugt haben. Dies kann auch im Rahmen der planmäßigen Überwachungen geschehen.

5. Erfahrungen in der Praxis

Die Begutachtungen für die Erstakkreditierungen von Laboratorien werden seit April 2000 in Deutschland auf der Grundlage der DIN EN ISO/IEC 17025 durchgeführt. Dabei zeigt sich, dass vor allem die in Kapitel 3 genannten neuen Forderungen nach der „Beurteilung der Lieferanten und Anbieter von Dienstleistungen" und die „Vorbeugenden Maßnahmen" in vielen Fällen nicht in ausreichendem Maß beschrieben und umgesetzt wurden.

Bei der Beurteilung der Lieferanten und Anbieter von Dienstleistungen wurden oft die Kalibrierlaboratorien und die von Ihnen ausgestellten Kalibrierscheine nicht genügend vom Prüflaboratorium auf die notwendigen Kriterien Kompetenz, eindeutige und nachvollziehbare Angabe der Rückführbarkeit sowie ausreichende Angabe der Messunsicherheit geprüft. Dies führt dann zwangsläufig bei der Begutachtung zu einer Abweichung, welche allerdings die Erfüllung der Anforderungen der Norm und damit die Wirkungsweise des Qualitätsmanagementsystem des Laboratoriums in diesem Punkt vollständig in Frage stellt.

Die Regelungen der Laboratorien zu den „Vorbeugenden Maßnahmen" sind häufig eine Sammlung von notwendigen Tätigkeiten bei Korrekturmaßnahmen, der Behandlung von Fehlern und dem Umgang mit den Ergebnissen von Internen Audits. Dies zeigt leider, dass die Forderungen der Norm ebenfalls nicht erfüllt und vielleicht auch vom Laboratorium nicht richtig interpretiert wurden. Das Ergebnis ist wieder eine Abweichung.

Die bereits beschriebenen Erkenntnisse gelten vergleichbar auch für die „Ermittlung der Einflußfaktoren", die „Schätzung der Messunsicherheit" und die „Sicherung der Qualität".

Während bei den beiden zuerst genannten Punkten die in den Laboratorien vorgefundenen Regelungen und ihre Umsetzungen meist nicht ausreichend sind, ist bei der Erfüllung der „Sicherung der Qualität" häufig das Ziel der Norm überhaupt nicht getroffen. Auch in diesen Fällen ist eine Abweichung zu notieren und somit wird zusätzlicher Aufwand für das Labor nach der Begutachtung notwendig.

6. Ausblick

Die Erfüllung der neuen sowie der verfeinerten Anforderungen der DIN EN ISO/IEC 17025 durch die Laboratorien und der Nachweis gegenüber der Akkreditierungsstelle wird für beide Seiten während der nächsten Zeit noch einigen Aufwand verursachen.

Vor allem für die Laboratorien, die bereits seit längerer Zeit nach der EN 45001 akkreditiert sind, wäre es ein relativ großes Risiko, die Umstellung im Rahmen einer Begutachtung durch die Akkreditierungsstelle ohne eine angemessene Vorbereitung zu versuchen. Eine erfolgreiche Umstellung „nebenbei" ist aus den zuvor geschilderten Gründen eher unwahrscheinlich.

Dies bedeutet konkret, sowohl zeitlich (notwendige Anpassung des Qualitätsmanagementsystems plus Implementierung der Anpassungen plus Interne Auditierung plus Management-Bewertung plus Erfüllung von evtl. notwendigen Maßnahmen) wie auch inhaltlich (Ermittlung der Einflußfaktoren und Abschätzung der Messunsicherheit; Vorbeugende Maßnahmen und Sicherung der Qualität; Beurteilung der Lieferanten und Dienstleister) muß ausreichend Kapazität für die

Umstellung auf die DIN EN ISO/IEC 17025 eingeplant und bis zur nächsten Begutachtung durch die Akkreditierungsstelle im Laboratorium entsprechend genutzt werden.

Literatur

[1] DIN EN ISO/IEC 17025: Allgemeine Anforderungen an die Kompetenz von Prüf- und Kalibrierlaboratorien (April 2000)

[2] DIN EN 45001: Allgemeine Kriterien zum Betreiben von Prüflaboratorien (Mai 1990)

[3] DAR-EM 32: ILAC-Anleitung zur Akkreditierung nach ISO/IEC 17025 (März 2000)

[4] Dr. M. Wloka: The new ISO/IEC 17025 comes to vote. DAR-aktuell (1999) Ausgabe 3/99

[5] Guide to the Expression of Uncertainty in Measurement, Issued by BIPM, IEC, IFCC, ISO, IUPAC, IUPAP and OIML, revised in 1995

EMV-Mobilfunkprüfungen in und an Kraftfahrzeugen

Prof. Dr.-Ing. T. Form
Dipl.-Ing. Christian Hillmer
Volkswagen AG, Wolfsburg

EMV-Mobilfunkprüfungen in und an Kfz

Autor:
Prof. Dr.-Ing. T. Form
Volkswagen AG, Brieffach 1732, D-38436 Wolfsburg

Vortrag:
Dipl.-Ing. C. Hillmer
Volkswagen AG, Brieffach 1732, D-38436 Wolfsburg

Inhalt

1 Einleitung und Übersicht 2

2 Mobilfunkanwendungen im Kraftfahrzeug 2
   2.1 Mobilfunksysteme 2
      2.1.1 Global System for Mobile Communication - GSM 2
      2.1.2 Trans European Trunked Radio - TETRA 3
      2.1.3 Universal Mobile Telecommunication System - UMTS 4
   2.2 Elektromagnetische Umwelt 5

3 Mobilfunkprüfungen am Kraftfahrzeug 9
   3.1 Messverfahren 9
   3.2 Bewertung 11

4 Literatur 13

1 Einleitung und Übersicht

Die bis zum heutigen Tage verwendete Grenzwert- und Messphilosophie für die EMV im Kfz-Bereich hat sich seit Jahrzehnten bewährt. Sie basiert primär auf den Erfahrungen mit in Kraftfahrzeugen eingebauten analogen AM/FM-Rundfunkempfängern, deren abseits der Straße stehenden Sendestationen und Schmalbandfunkgeräten für Behörden, Betriebs- und Amateurfunk. In den letzten Jahren haben aber eine Reihe von neuen Funkdiensten, wie z. B. digitale Mobilfunk- und Satellitennavigationssysteme ihren Einzug in das Kraftfahrzeug gefunden bzw. werden in naher Zukunft Verwendung finden.

Allen diesen Systemen ist gemeinsam, dass sie generell auf digitalen Übertragungsverfahren basieren und z. T. höhere Frequenzbereiche über 1 GHz bzw. bisher im Kfz eher selten genutzte Frequenzbänder nutzen. Damit stellt sich die Frage, inwieweit die EMV-Grenzwertphilosophie bezüglich der Störfestigkeitsanforderungen an Kfz-Elektronik zu überarbeiten bzw. zu erweitern ist. Darüber hinaus ist zu prüfen, ob der bisher gebräuchliche Prüfaufbau – Kraftfahrzeug vor breitbandiger Sendeantenne – in seiner Prüfschärfe ausreichend ist, um diese neuen Systeme mit abzudecken.

Dazu will dieser Beitrag einen Überblick über EMV relevante Mobilfunkanwendungen im Kraftfahrzeug, der daraus resultierenden elektromagnetischen Umwelt und den erforderlichen Mobilfunkprüfungen geben.

2 Mobilfunkanwendungen im Kraftfahrzeug

2.1 Mobilfunksysteme

Eine vollständige Auflistung/Behandlung digitaler Mobilfunkanwendungen in Kraftfahrzeugen muss aufgrund des schnellen technischen Wandels und der weltweiten Verbreitung von Kraftfahrzeugen immer unvollständig bleiben. Aus diesem Grund beschränkt sich dieser Beitrag auf die Kfz-EMV relevanten Eigenschaften der folgenden drei Systeme:

GSM - eingeführter weltweiter Mobilfunkstandard der 2. Generation,
TETRA - zukünftiger europäischer Bündelfunk als Ersatz für BOS-Systeme,
UMTS - in der Einführung befindlicher globaler Mobilfunkstandard der 3. Generation,

als repräsentativen Querschnitt durch unterschiedliche Anwendungen.

2.1.1 Global System for Mobile Communication – GSM

GSM-Endgeräte gehören nach einer stürmischen Entwicklung der letzten Jahre inzwischen zu den klassischen Mobilfunkgeräten der 2. Generation im Kfz-Bereich. Ingesamt gibt es fünf Systeme mit unterschiedlichen Frequenzbereichen für Uplink (d. h. Mobilstation -> Basisstation) und Downlink (d. h. Basisstation -> Mobilstation).

Während bei den GSM900-Systemen die maximale Sendeleistung (Spitzenwert) der Mobilgeräte zwischen 2 W (Handgeräte), 8 W (portable Handgeräte „Portys") und 20 W für Festeinbauten variiert, ist für GSM1800- und GSM1900-Endgeräte lediglich max. 1 W zulässig.

System	Uplink	Downlink	Anwendungsgebiet	Region
GSM900	890 – 915 MHz	935 – 960 MHz	Mobiltelefon	Europa, Asien
GSM900(E)	880 – 890 MHz	925 – 935 MHz	Spezialanwendungen	Europa
GSM900(R)	876 – 880 MHz	921 – 925 MHz	Eisenbahnanwendungen	Europa
GSM1800	1710 - 1785 MHz	1805 - 1880 MHz	Mobiltelefon	Europa, Asien
GSM1900	1850 - 1910 MHz	1930 - 1990 MHz	Mobiltelefon	Amerika

Tabelle 1: Übersicht über GSM-Anwendungen.

Die Parameter des GSMK modulierten HF-Signals sind bei allen GSM-Systemen identisch:

Kanalraster: 200 kHz

Modulation: GMSK mit TDMA/FDMA Zugriff
577 µs Zeitschlitz im 4,615 ms
Rahmen (= 217 Hz Pulsmodulation)

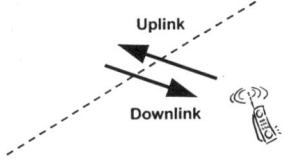

Bei EMV-Störfestigkeitsprüfungen wird das GSM-Signal im Allgemeinen durch ein mit 217 Hz pulsmoduliertes (Pulslänge 577µs) Dauerstrichsignal ersetzt. Mit Einführung des HSCSD-Technik (High-Speed-Circuit-Switched-Data) können Mobilteilnehmer wie auch Basisstationen weitere Zeitschlitze zur Erhöhung der Datenrate nutzen. Zur Nachbildung müsste für EMV-Prüfzwecke die Pulslänge um die Zahl der genutzten Zeitschlitze (n · 577 µs) verlängert werden.

2.1.2 Trans European Trunked Radio – TETRA

Als Nachfolgesystem für BOS-Schmalbandfunksysteme, wie aber auch für Bündelfunknetze steht beispielhaft der digitale europäische Standart **TETRA** (Trans European Trunked Radio), der zur Zeit in der Erprobungsphase ist. TETRA umfasst ein Angebot unterschiedlicher Dienste wie Sprach-, Daten- und verschiedene Multimediaanwendungen. So kann ein Teilnehmer gleichzeitig Sprach-, Bild- und Datenübertragungen durchführen. Besonders erwähnenswert ist der Direct-Mode (DMO), d. h. die direkte Kommunikation zwischen zwei Endgeräten ohne Verwendung einer Basisstation.

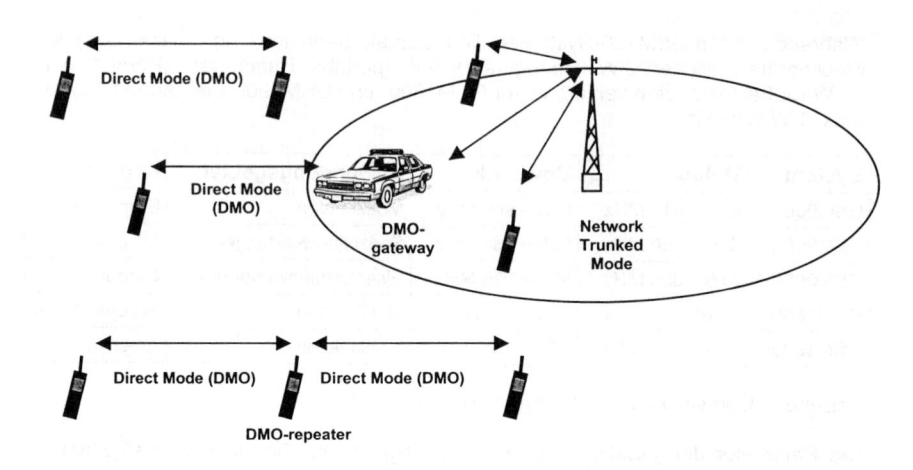

Bild 1: TETRA-Direct-Mode Direkte Kommunikation zwischen zwei Endgeräten, d. h. keine Aufteilung in Ober-/Unterband- bzw. Up-/Downlinkfrequenzen.

Für die EMV-Grenzwertbetrachtung relevant sind die Kenngrößen der Luftschnittstelle:

Frequenz (Up- und Downlink): 380 – 440 MHz
870 – 890 MHz (zusätzlich geplant)
Kanalraster: 25 kHz
Modulation: π/4-DQPSK
4:1 TDMA-Zeitschlitz

Sendeleistungen: Basistation max. 25 W
Mobilgeräte mit 1, 3 u. 10 W (Leistungsregelung)
Empfindlichkeit der Endgeräte: ca. 3 dBµV bei S/N > 19 dB

TETRA nutzt benachbarte Frequenzbänder zu seit langem im Kfz etablierten Mobilfunksystemen. Mit seiner zu diesen Diensten vergleichbaren Sendeleistung ≤ 10 W ist von diesem System keine wesentliche Änderung hinsichtlich der EMV-Grenzwertphilosophie Störfestigkeit zu erwarten.

2.1.3 Universal Mobile Telecommunication System – UMTS

UMTS ermöglicht als System der 3. Generation nicht nur Sprach- und Datenkommunikation, sondern auch Multimediaanwendungen und ist als Ersatz heutiger Mobilfunksysteme wie GSM gedacht. Durch ihr modulares Konzept sind UMTS-Endgeräte abwärtskompatibel zu GSM-Geräten. Die Luftschnittstelle UTRA (Universal Terristrial Radio Access) wurde nach folgenden Vorgaben konzipiert:

- variable Datenrate 8 kBit/s bis 2 Mbit/s
- unsymetrische Nutzung des Up- und Downlinkkanals
- weitgehende Kompatibilität zu GSM
- Rahmenlänge 10 ms, Telegrammlänge 625 µs
- Frequenzbänder (Europa): 1900-1980 MHz und 2010-2170 MHz

Als internationaler Kompromiß wurde zwei Luftschnittstellen standardisiert: TD/CDMA für ungepaarte Frequenzbänder und WCDMA für gepaarte Frequenzbänder. Gepaarte Frequenzbänder sind solche, bei denen eine feste Zuordnung der Frequenzkanäle für Up- und Downlink vorliegt, analog GSM oder BOS. Der Vorteil ungepaarter Frequenzbänder liegt in der besonders effizienten Nutzung des Funkkanals bei unsymetrischen Datenverkehr, wie z. B. bei Internetanwendungen.

TD/CDMA-Schnittstelle (TDD):

- Trägerbandbreite 1,6 MHz
- 16 Zeitschlitze mit max. 8 Teilnehmer pro Zeitschlitz
- pro Zeitschlitz 4PSK CDMA mit variabler Spreizrate

WCDMA-Schnittstelle (FDD):

- Trägerbandbreite 5 MHz, Datenraten bis 384 kBit/s (2 Mbit/s)
- 4PSK Direct-Sequence-CDMA Chiprate 3,84 Mcps

Ein erster Versuchsbetrieb wird in Kürze in Japan erfolgen. Funktionsfähige Netze in Europa werden in 2 bis 3 Jahren zu erwarten sein.

2.2 Elektromagnetische Umwelt

Störfestigkeitsanforderungen an Kraftfahrzeuge sind aus deren härtesten möglichen elektromagnetischen Umgebungsbedingungen abzuleiten. Diese werden in zunehmenden Maße durch fahrzeugeigene Sender bestimmt. Die für die Höhe der Störfestigkeitsgrenzwerte maßgeblichen Parameter sind:

1. **max. Sendeleistung (und Sendeantennengewinn),**
2. **Frequenzbereich,**
3. **Modulationsverfahren**

des störenden Senders. Aus der max. Sendeleistung läßt sich über die elektrische Feldstärke eine Ersatzgröße als Maß für die am Ort des Fahrzeuges verfügbare Störleistung und damit für die Höhe der Bedrohung fahrzeugeigener Systeme messen bzw. ableiten. Solange sich die Senke (d. h. das bedrohte System) im Fernfeld der Sendeantenne befindet – also der Abstand größer gleich der Wellenlänge ist – ist diese Vereinfachung sicherlich zulässig. Bei geringeren Abständen ist strenggenommen eine zusätzliche Betrachtung der magnetischen Feldkomponente erforderlich.

Bei der Beurteilung der Frage, inwieweit neue auf Funkübertragung basierende Systeme aufgrund ihrer erzeugten Störfeldstärke einen Einfluss auf die Störfestigkeitsphilosophie haben, ist Gleichung (1) hilfreich.

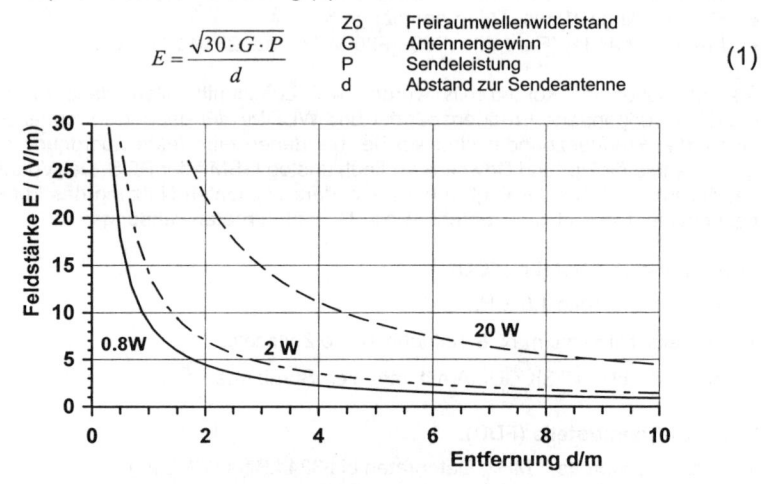

$$E = \frac{\sqrt{30 \cdot G \cdot P}}{d} \quad \quad \begin{array}{ll} Z_o & \text{Freiraumwellenwiderstand} \\ G & \text{Antennengewinn} \\ P & \text{Sendeleistung} \\ d & \text{Abstand zur Sendeantenne} \end{array} \quad (1)$$

Bild 2: Elektrische Feldstärke E im Fernfeld (Z_o=377 Ohm) einer $\lambda/4$-Sendeantenne (Gewinn G) über der Entfernung d für verschiedene Sendeleistungen P.

Neben der erzeugten Störfeldstärke ist zu berücksichtigen, welche Leistung ein ggf. gestörtes System überhaupt aus einem elektromagnetischen Feld auskoppeln kann.

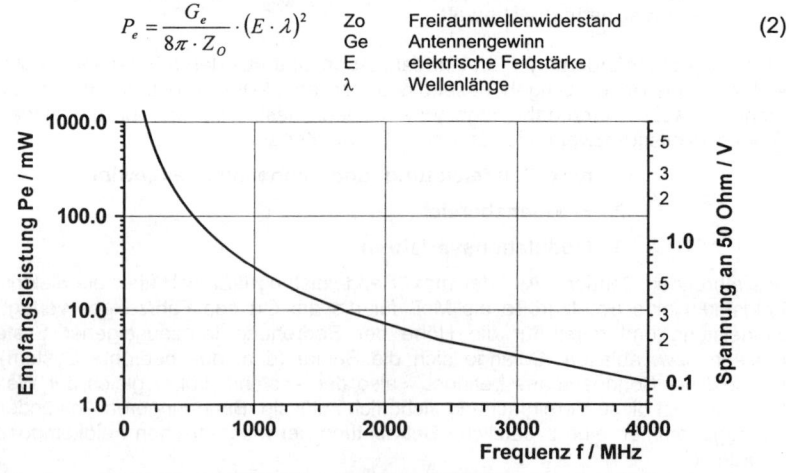

$$P_e = \frac{G_e}{8\pi \cdot Z_O} \cdot (E \cdot \lambda)^2 \quad \quad \begin{array}{ll} Z_o & \text{Freiraumwellenwiderstand} \\ G_e & \text{Antennengewinn} \\ E & \text{elektrische Feldstärke} \\ \lambda & \text{Wellenlänge} \end{array} \quad (2)$$

Bild 3: Aus einem Fernfeld (30 V/m, Z_o = 377 Ohm) durch eine $\lambda/4$-Sendeantenne auskoppelbare Leistung P_e bzw. Spannung über der Frequenz.

Dieser Betrag hängt von verschiedenen Faktoren ab: z. B. der Geometrie und HF-Impedanz des als Empfangsantenne wirkenden Leitungstranges, wie auch von der Frequenz bzw. Wellenlänge des Störfeldes. **Bild 3** zeigt, wie mit kleiner werdender Wellenlänge die auskoppelbare Störleistung quadratisch sinkt. D. h. mit steigender Störfrequenz sollte auch die Störbarkeit eines Systems abnehmen.

Der Sendeantennenstandort am bzw. im Fahrzeug hat einen sehr entscheidenden Einfluss. Die Schirmdämpfung der Karosserie sinkt mit steigender Frequenz aufgrund der vielen Fahrzeugöffnungen wie z. B. Fenster und Türen. Maßgeblich wird für höhere Frequenzen der Abstand Quelle-Senke. Dazu zeigt **Bild 4** die im Fahrzeuginnenraum über der Sitzfläche der Vordersitze gemessene Feldstärke, die von einer im Ascher vor dem Schalthebel abgelegten Handynachbildung bzw. von einer Dachantenne mit jeweils gleicher Sendeleistung erzeugt wird. Es wird deutlich, welche vergleichsweise hohen Feldstärken im Vergleich zur Außenantenne im Fahrzeuginneren erreicht werden.

Handydummy (2W) im Ascher abgelegt

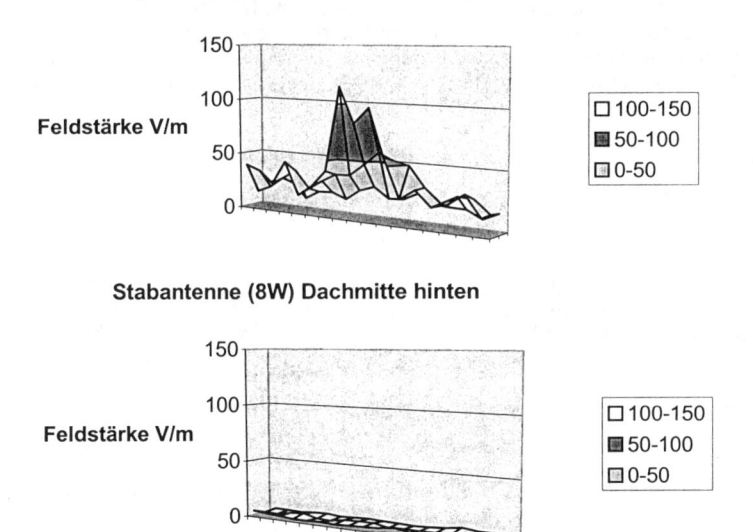

Stabantenne (8W) Dachmitte hinten

Bild 4: Gemessene elektrische Feldstärke im Fahrzeuginneren in Höhe der Sitzfläche der Vordersitze für verschiedene Sendeantennen und Sendeleistungen bei 900 MHz.

Das von einem Mobilfunkgerät (Störer) erzeugte Sendesignal weist je nach System bzw. Frequenzband unterschiedliche Modulationen auf (z. B. AM, FM, PM usw.). Diese Modulation des Störeres kann einen gewissen Einfluss auf die Störbarkeit von Fahrzeugsystemen haben. Dabei ist zwischen zwei Faktoren sehr fein zu unterscheiden: 1.) zwischen einem direkten Einfluss der Modulation durch eine bestimmte

Modulationsfrequenz, die z. B. gerade der Arbeitsfrequenz eines Systems entspricht und so sehr leicht zu Störungen führen kann und 2.) einer mehr indirekten Auswirkung über die gemessene Störfeldstärke. Letzteres sei am folgenden Beispiel erklärt.

Zur Einstellung der Prüffeldstärke werden Feldstärke- und HF-Leistungsmessgeräte verwendet. Diese werten vom zu messenden HF-Signal entweder den Spitzen- oder Effektivwert aus. Der Zusammenhang zwischen diesen Werten ist bei Sinussignalen über den Faktor $\sqrt{2}$ gegeben. Bei pulsförmigen Signalen hängt dieses Verhältnis darüber hinaus auch vom Tastverhältnis ab. Dies bedeutet z. B. bei einem GSM-Sendesignal mit einem Tastverhältnis 1 zu 8, dass sich Effektivwert und Spitzenwert der Feldstärke hier um den Faktor $8 \cdot \sqrt{2} = 11{,}3$ unterscheiden und nicht wie bei einem Sinussignal lediglich um den Faktor 1,41.

Bei der Bewertung von Prüfergebnissen mit und ohne Modulation muss daher genau unterschieden werden, ob entweder der Spitzenwert oder der Effektivwert des Prüfsignals konstant gehalten wird und ob die verwendete Messtechnik überhaupt in der Lage ist, derartig modulierte Signale korrekt zu messen. Andernfalls ist nicht auszuschließen, dass unterschiedliche Ergebnisse allein durch die Veränderung des Effektiv- bzw. Spitzenwertes verursacht werden und nicht von der speziellen Modulation.

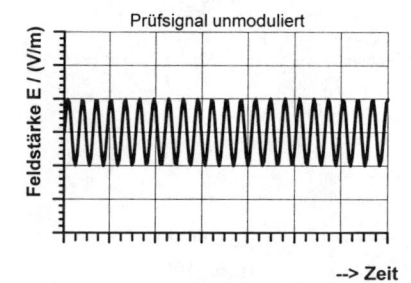

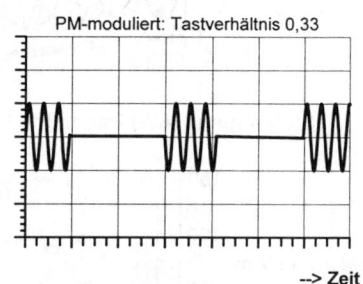

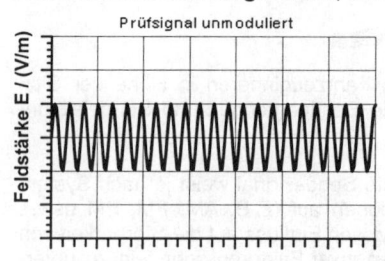

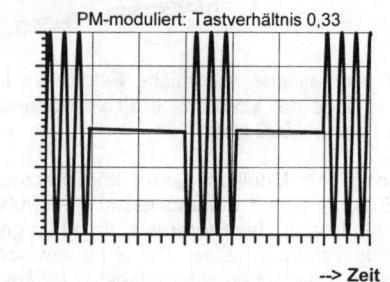

Bild 5: Vergleich der Prüffeldstärken (Effektiv- und Spitzenwert) am Beispiel eines un- bzw. pulsmodulierten Prüfsignals (Tastverhältnis 0,33).

Eine genaue Nachbildung z. B. eines GSM-Sendesignals mit plausiblen Datentelegrammen ist für Störfestigkeitsprüfungen nach derzeitigem Kenntnisstand nicht notwendig. Vielmehr ist ein Trägersignal vollkommen ausreichend, das mit einer Hüllkurve moduliert ist, die dem zu simulierenden Mobilfunksystem entspricht. Dies bedeutet am Beispiel eines GSM-Sendesignals die Simulation durch einem HF-Träger, moduliert durch eine Pulsmodulation mit einer Impulsdauer von 577 µs und einer Wiederholfrequenz von 217 Hz.

3 Mobilfunkprüfungen am Kraftfahrzeug
3.1 Messverfahren

Störfestigkeitsprüfungen an kompletten Fahrzeugen dienen der Simulation der elektromagnetischen Umwelt, wie sie durch:
- fahrzeugexterne Sender am Straßenrand (z. B. Rundfunksender),
- fahrzeugeigene Sender (z. B. Mobilfunk)

erzeugt wird. Für beide Prüfszenarien gibt es seit längerem entsprechende internationale Prüfnormen (ISO11451 Teil 1 bis 4). Teil 2 dieses Standards beschreibt die Prüfung vor einer breitbandigen Sendeantenne (z. B. Log.-Periodische- oder Hornantenne). Dagegen definieren Teil 3: *Simulation eines Senders im Fahrzeug* und Teil 4: *Stromeinspeisung in den Kabelbaum* Prüfungen mit direkt am bzw. im zu prüfenden Fahrzeug eingebauten Sendeanlagen, die sogenannte „Mobilfunkprüfung".

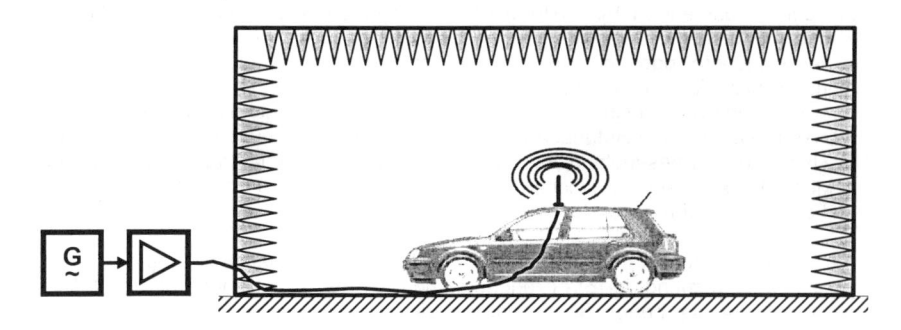

Bild 6: Störfestigkeitsprüfung (Mobilfunkprüfung) mit Sendeantenne am Fahrzeug (ISO11451 Teil 3).

Die Mobilfunkprüfung nach Teil 3 soll den Fall von außen am Fahrzeug montierten Sendeantennen nachvollziehen. Es sind Antennenstandorte zu prüfen, die der Fahrzeughersteller ggf. in speziellen Kundeninformationen für die Anbringung von Sendeantennen freigegeben hat, darüber hinaus aber auch solche, die sich unter Umständen in kritischen Entfernungen zu besonders empfindlichen Elektronikkomponenten (z. B. Sensoren) befinden.

Zur Erzielung einer ausreichenden Prüfschärfe ist es sinnvoll, im jeweiligen Frequenzband mit einer deutlich höheren als der eigentlich erlaubten Sendeleistung zu prüfen, da nicht beliebig viele Antennenstandorte geprüft werden können. Als Prüfsignal wird entweder ein Signal mit der Originalmodulation oder eine geeignete Ersatzmodulation z. B. AM oder PM verwendet.

Funkdienst		Frequenz MHz	Prüfleistung Watt	Prüf- modulation
KW	(Funk, weltweit)	7 - 30	100 (eff.)	AM
4m	(Funk, weltweit)	30 - 87	100 (eff.)	FM
2m	(Funk, weltweit)	120 - 180	100 (eff.)	FM
70cm	(Funk, weltweit)	420 - 450	100 (eff.)	FM
23cm	(Funk, weltweit)	1200 - 1300	50 (eff.)	FM
NMT450 **C-Netz**	(Mobiltelefon, Europa) (Mobiltelfon, D)	450 - 460	50 (eff.)	PM
PDC	(Mobiltelefon, Pazifik)	880 - 960	50 (Peak)	PM
NADC	(Mobiltelefon, USA)	820 - 850	50 (Peak)	PM
GSM900	(Mobiltelefon, weltweit)	890 - 915	50 (Peak)	PM
GSM1800 GSM1900	(Mobiltelfon, weltweit) (Mobiltelfon, weltweit)	1710 - 1910	25 (Peak)	PM

Tabelle 2: Empfohlene Frequenzbänder, Sendeleistungen und Modulationsarten für Mobilfunkprüfungen (nach VW TL 82166).

Mit der zunehmenden Verbreitung von Handgeräten (Handys) gewinnt aber ein weiteres Prüfszenario zunehmend an Bedeutung. Hier wird entweder mit einem realen Handgerät oder mit einer Nachbildung – dem „Handydummy" – der Betrieb eines Mobiltelefons im Fahrzeuginneren ohne Außenantenne an allen denkbaren bzw. kritischen Stellen simuliert (auch als „Misusetest" bezeichnet). Dieser Betriebsfall wird zwar in den Betriebsanleitungen fast aller Fahrzeughersteller aus technischen und/oder gesundheitlichen Gründen ausdrücklich untersagt, nichtsdestotrotz zeigt die Praxis, dass mit solchen Handgeräten z. T. an den unmöglichsten Stellen im Fahrzeuginneren gesendet wird.

Bei vielen Mobilfunkstandards regelt die Basisstation die Sendeleistung des Handgerätes entsprechend der Streckendämpfung Basisstation – Handgerät, damit diese nicht mit unnötig hoher Sendeleistung senden müssen und so Akkukapazität geschont wird. Zum Ausgleich der Schirmdämpfung der Karosserie senden Handgeräte im Fahrzeug daher meistens mit maximaler Sendeleistung. Vielen Nutzern ist auch nicht bewusst, das Mobilfunkgeräte auch bei nicht aufgebautem Gespräch Kontakt mit der Basisstation halten – also senden. Besonders kritisch ist besonders die Zeit kurz vor einem Anruf, wenn die Basisstation ein Gespräch mit dem Handgerät aufbauen will, in dieser Zeit wird immer mit maximaler Sendeleistung gesendet. Zu diesem Zeitpunkt liegt das Mobiltelefon vielleicht gerade in irgend einer Ablage in der Instrumententafel, also möglicherweise besonders nahe zu elektronischen Systemen bzw. Sensoren.

Prinzipiell hat eine Prüfung mit einem realen Störer z. B. einem Mobiltelefon den unbestrittenen Vorteil, dass so exakt die Realität wie im Fahrzeug existent nachvollzogen werden kann. Dagegen sprechen allerdings zwei Gründe:

1. Mobiltelefone nach dem GSM-Standard senden auf einem von der Basisstation zugewiesenen Frequenzkanal und mit einer von der Basisstation gesteuerten Sendeleistung. Dies bedeutet, dass eine Störfestigkeitsprüfung mit einem realen Telefon im Sendebetrieb ohne spezielle Testkarten bzw. einen Basisstationssimulator zu vollkommen unreproduzierbaren Prüfergebnissen führt, da weder Frequenz noch aktuelle Sendeleistung definiert sind.

2. Zur Reduzierung des Prüfumfanges und schnellen Lokalisation von Schwachstellen sind Prüfungen mit höherer Sendeleistung sinnvoll, als im jeweiligen Standard erlaubt. Diese können nur über spezielle nicht normgerechte und damit teure und kaum zu beschaffende Mobiltelefone erreicht werden.

Einen Ausweg aus dem Dilemma: undefinierte Frequenz und undefinierte bzw. nicht ausreichende Sendeleistung bietet die Verwendung eines „Handydummys". Hierbei handelt es sich um ein Metallgehäuse mit ähnlichen Abmessungen wie ein Mobiltelefon, bei dem an der einen Seite eine angepaßte Antenne montiert ist, die über einen koaxialen Anschluß gespeist werden kann. Das Prüfsignal wird von einem Messsender mit nachgeschaltetem Leistungsverstärker erzeugt, dessen Signal dann über ein Koaxialkabel in diese Handynachbildung eingespeist wird. Zur Dämpfung von Mantelwellen auf dem Speisekabel ist dieses mit ausreichend dimensionierten Mantelwellenfiltern zu bestücken, da sonst das Speisekabel selbst als Sendeantenne wirkt.

3.2 Bewertung

Gegenüber der klassischen Störfestigkeitsprüfung vor einer breitbandigen Sendeantenne weisen Mobilfunkprüfungen einen wesentlichen Vorteil auf. Bestimmte Fahrzeugsysteme, z. B. Fahrwerks- und Bremsregelungen wie das elektronische Stabilitätsprogramm, lassen sich auf einem Rollenprüfstand nur eingeschränkt prüfen. Mit einem Mobilfunkaufbau, entweder mit Sendeantenne am Fahrzeug bzw. mit Handydummy im Fahrzeuginneren, bei dem sich auch die gesamte Technik zur Erzeugung des Prüfsignals (Stromversorgung, Messsender, Leistungsverstärker und –messgerät) im Fahrzeug befindet, sind dagegen auch Störfestigkeitsprüfungen im fahrenden Fahrzeug denkbar. Ein derartiger Aufbau ermöglicht also die Prüfung der Fahrzeugelektronik in praktisch allen Betriebszuständen. Natürlich erfordern derartige Freifeldprüfungen entsprechende behördliche Genehmigungen, ggf. ist hierzu in andere Länder bzw. sehr abgeschiedenen Gegenden auszuweichen.

Für EMV-Störfestigkeitsprüfungen stehen demnach die drei folgenden drei Prüfvarianten zur Verfügung:
1. Prüfung vor breitbandiger Sendeantenne,
2. Mobilfunkprüfung mit Sendeantenne außen am Fahrzeug,
3. Mobilfunkprüfung mit Mobiltelefon oder -nachbildung im Fahrzeug.

Alle drei Methoden haben Vor- und Nachteile, die aber in Abhängigkeit vom Prüfziel und zu prüfendem Frequenzband in Bezug auf den Prüfaufwand, d. h.:

- Zeitbedarf,
- erforderliche HF-Verstärkerleistung und
- Absorberhallenanforderungen

unterschiedlich bewertet werden müssen.

Die Prüfung vor einer breitbandigen Sendeantenne erfordert im Normalfall < 1 GHz durch unterschiedliche Antennenpolarisation (horizontal und vertikal) und Einstrahlrichtung (von vorne, hinten, rechts und links) typ. 8 Prüfdurchläufe. Dies gilt aber nur für solche Prüfeinrichtungen, bei denen der Abstand der Sendeantenne so ausreichend ist, dass das Fahrzeug sich komplett in der Hauptkeule der Sendeantenne befindet. Dieses zu erreichen, wird mit steigender Frequenz immer schwerer bzw. aufwendiger, da der Antennengewinn bzw. die Richtcharakteristik immer höher bzw. ausgeprägter wird. Bei Frequenzen über 1 GHz bedeutet dies z. B., dass entweder:

- die Sendeantenne entlang des Fahrzeuges zu verschieben ist, um sicherzustellen, dass das komplette Fahrzeug abgedeckt ist;
- mit vergleichsweise sehr großen Antennenabständen zu prüfen ist, die aber bei realistischen Prüffeldstärken wiederum kaum bezahlbare HF-Verstärkerleistungen erfordern.

Bei einer Mobilfunkprüfung erreicht die Zahl der zu prüfenden Antennenstandorte außen am Fahrzeug schnell ähnliche Größenordnungen (z. B. Kotflügel vorne/hinten bzw. rechts und links) und Dach vorne/Mitte/hinten jeweils rechts, links oder mittig. Dagegen ist die Zahl der möglichen Handypositionen im Fahrzeug beliebig hoch, da solche Geräte durch Fahrzeuginsassen an den verschiedensten Stellen abgelegt bzw. betrieben werden können.

Die für Mobilfunkprüfungen erforderlichen HF-Verstärkerleistung liegen im Vergleich zur klassischen Störfestigkeitsprüfung um eine Größenordnung niedriger, welches einen nicht zu unterschätzenden Kostenvorteil bedeutet. Auch sind die Anforderungen an die Größe der geschirmten Absorberhalle erheblich geringer.

Die Erfahrung hat gezeigt, dass eine sinnvolle Kombination der drei beschriebenen Prüfverfahren die optimale Lösung darstellt. Für niedrigere Frequenzen sind die potentiellen HF-Störquellen außerhalb des Fahrzeuges am Straßenrand (typ. Rundfunk- und Fernsehsender oder Radaranlagen). Bei ausreichend hoch gewähltem Störfestigkeitsgrenzwert zeigen sich EMV-Probleme bereits bei einer klassischen Störfestigkeitsprüfung, so dass zusätzliche Mobilfunkprüfungen hier mehr der Absicherung des Herstellers gegenüber Produkthaftungsfällen dienen.

Mit steigender Frequenz sinkt die Bedrohung durch externe Sender und oberhalb von 1 GHz sind für die elektromagnetische Störfestigkeit praktisch nur noch HF-Störquellen (Mobilfunkgeräte bzw. -anlagen) am eigenen Fahrzeug relevant. In diesem Bereich werden auch Störfestigkeitsprüfungen vor Sendeantennen immer aufwendiger. Die Frequenzbänder, in denen mit einer potentiellen Bedrohung zu rechnen ist, sind vergleichsweise schmal – HF-Verstärkerleistung damit auch relativ preiswert, so dass sich hier Mobilfunkprüfungen am und im Fahrzeug in immer stärkeren Maß durchsetzen werden.

4 Literatur

ISO 11451 Teil 2: Straßenfahrzeuge – Störstrahlungsquellen außerhalb des Fahrzeuges; Deutsche Ausgabe, Beuth Verlag, Februar 1997.

ISO 11451 Teil 3: Straßenfahrzeuge – Simulation eines Senders im Fahrzeug; Deutsche Ausgabe, Beuth Verlag, Februar 1997.

John V. Evans, „*Satellite Systems for Personal Communications*," in IEEE Antennas & Propagation Magazine, Vol. 39, No. 3, Juni 1997.

Anne Wiesler u. Friedrich Jondral, „Mobilfunkgeräte der Zukunft," Funkschau 1/2 99, WEKA Fachzeitschriften Verlag.

EMV für den US-Markt:
FCC-Zertifizierung in Europa

Dipl.-Ing. Holger Bentje
Phoenix Test-LAB GmbH, Blomberg

EMV für den US-Markt: FCC Zertifizierung in Europa

Dipl.-Ing. Holger Bentje
PHOENIX TEST-LAB GmbH
Königswinkel 10
32825 Blomberg

1 Einleitung

Mit dem Abkommen über die gegenseitige Anerkennung von Prüfergebnissen und Zertifizierungen von Produkten zwischen der Europäischen Gemeinschaft und den USA werden Hemmnisse im transatlantischen Handel von telekommunikations- und elektronischen Produkten (US-$ 30 Mrd. Handelsbilanz [1]) abgebaut. Dieses Abkommen erleichtert den amerikanischen Markteintritt für europäische Hersteller; reduziert Kosten und Marktzugangszeiten für Produkte auf beiden Seiten des Atlantiks.

Die Anforderungen an die elektromagnetische Verträglichkeit von Produkten ist in den USA in den Vorschriften der amerikanischen Behörde Federal Communications Commission (FCC) beschrieben. Der Vortrag beschreibt in einem kurzen Überblick die technischen und administrativen Anforderungen der FCC, die erfüllt werden müssen, bevor Produkte in den USA legal geliefert, verkauft oder importiert werden dürfen.

2 Das Abkommen über die gegenseitige Anerkennung (MRA)

Nach einer zweijährigen Übergangszeit ist das Abkommen über die gegenseitige Anerkennung von Prüfergebnissen und Zertifizierungen (Mutual Recognition Agreement MRA) zwischen den USA und der

EU für die Sektoren Telekommunikation und EMV in Kraft getreten. U.S. Behörden müssen Zertifikate, die von europäischen Konformitätsbewertungsstellen (Conformity Assessment Body CAB) über Produkte, die U.S. Anforderungen erfüllen und in Europa ausgestellt werden, anerkennen.

Im Rahmen des MRA zwischen den USA und der EU wurden die ersten Konformitätsbewertungsstellen im Februar 2001 in Europa benannt. In der Bundesrepublik Deutschland laufen zur Zeit die Anerkennungsverfahren für CABs an. Die ersten deutschen CABs werden in Kürze Ihre Arbeit aufnehmen, um Produkte, die für die Vermarktung in den USA vorgesehen sind, bereits im Herstellerland nach den Vorschriften des Importlandes zu prüfen und zu zertifizieren.

Spezielle CABs sind die Telecommunication Certification Bodies (TCB). TCBs sind akkreditierte Stellen, die ermächtigt wurden, Geräte nach den FCC Rules zu zertifizieren. Im Juni 2000 wurden die ersten TCBs in den USA, im Februar 2001 in Europa benannt.

3 Die FCC Organisation und deren Vorschriften

Die amerikanische Behörde Federal Communication Commission (FCC) ist durch Section 302 des US Communication Act von 1934 autorisiert, Geräte, die imstande sind, störende Interferenzen zu generieren, zu regulieren. Die FCC Vorschriften für den Funkschutz und die Telekommunikation sind im Titel 47 des Code of Federal Regulations beschrieben. Dieser besteht zur Zeit aus 101 Teilen [2]. Die Teile beschreiben EMV Spezifikationen, Test Methoden und Geräte- Zulassungsanforderungen.

Für Geräte, die ohne individuelle Betriebsgenehmigung in den USA betrieben werden dürfen, sind die Anforderungen der parts 2, 15 und 18 hervorzuheben. Das Equipment Authorization Program im part 2 beschreibt die Verfahren Verification, Declaration of Conformity (DoC) und Certification, unter denen Produkte zertifiziert werden können. Der Part 15 für „Radiofrequency Devices" umfasst ein breiteres Produktspektrum als alle anderen Teile der FCC Vorschriften, denn diese Norm legt Emissions-Grenzwerte u. a. für Rundfunkempfänger, PCs und deren Peripheriegeräte, Fernbedienungen für Auto und Gebäudealarmanlagen, Garagentoröffner und Industrieelektronik fest. FCC part 15 ist eine sehr dynamische Norm, die, bedingt durch neue Produkte und Technologien, jährlichen Änderungen unterworfen ist.

Grenzwerte für Industrial, Scientific, Medical (ISM) Geräte sind in part 18 beschrieben. Beispiele für ISM Geräte, die Hochfrequenzenergie benötigen, um ihre Funktion zu erfüllen, sind Mikrowellenöfen oder Funkenerosionsmaschinen. Andere Teile des CFR legen Vorschriften für Produkte wie Mobiltelefone (part 22) Family Radio Service (part 95) oder Private Mobile Radio (part 90) fest.

4 Das Equipment Authorization Program

Produkte müssen mit den technischen und den Zulassungsanforderungen der FCC übereinstimmen, bevor sie legal in den USA versandt, verkauft, importiert oder zum Verkauf angeboten werden können. Die FCC beschreibt im part 2 des CFR 47 drei Zulassungsprozeduren: Verification, Declaration of Conformity und Certification. Der Typ der Zulassung ist in den Regeln für die jeweiligen Geräte spezifiziert. Eine Zusammenfassung ist in **Tabelle 4.1** beschrieben.

VERIFICATION	DoC	CERTIFICATION
die meisten ISM Geräte	Cable Sys Term. Devices	Cable Sys Term. Devices
TV + FM Empfänger	PC's + Peripherie	PC's + Peripherie
Alle anderen Digital Devices	die meisten Empfänger	die meisten Empfänger
PtP Richtfunk	TV Interface Geräte	TV Interface Geräte
Rundfunksender	Consumer ISM Geräte	Consumer ISM Geräte
Inmarsat Geräte	Tel. Term. Eqmt. (TTE)	Tel. Term. Eqmt. (TTE)
406 MHz ELT		die meisten Sender
Kabel TV Relay Xmtrs		Scanning Receivers
		Part 11 EAS

Tabelle 4.1 Produktzuordnung nach den FCC Zulassungsanforderungen des Equipment Authorization Programs

Bei dem Verfahren Verification führt der Hersteller Messungen durch und unternimmt die notwendigen Schritte, um sicherzustellen, dass das Gerät mit den entsprechenden technischen Vorschriften übereinstimmt. Nach der Konformitätsbewertung erstellt er eine Herstellererklärung und kennzeichnet das Produkt. Die Zusendung eines Gerätemusters oder repräsentativer Daten ist nicht erforderlich, sofern sie nicht von der FCC angefordert werden.

Das Verfahren Declaration of Conformity entspricht dem Verfahren Verification. Allerdings müssen die Prüfungen in einem akkreditierten Labor durchgeführt werden. Die Akkreditierung muss durch die FCC anerkannt sein. Ferner werden die Produkte besonders gekennzeichnet. **Bild 4.1** zeigt ein Muster der Kennzeichnung.

```
┌─────────────────────────────────────────────┐
│   Trade Name        Model Number            │
│                                             │
│   ┌──┐   Tested To Comply                   │
│   FC    With FCC Standards                  │
│   └──┘                                      │
│        FOR HOME OR OFFICE USE               │
└─────────────────────────────────────────────┘
```

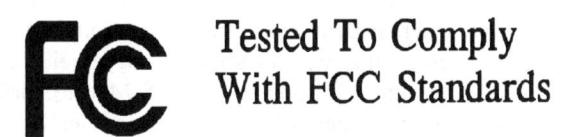

Bild 4.1 Muster einer Kennzeichnung nach dem DoC Verfahren

Certification ist ein bilaterales Zulassungsverfahren, bei dem ein Antrag an die FCC oder einen Telecommunication Certification Body (TCB) gestellt werden muss. Der Antrag muss in elektronischem Format eingereicht werden und eine komplette technische Beschreibung des Produktes und einen Prüfbericht, der die Übereinstimmung mit den technischen Standards der FCC darstellt, beinhalten. Das Prüflabor, das den Prüfbericht ausstellt, muss bei der FCC gelistet sein.

Das Produkt ist mit einem FCC Identifier zu kennzeichnen. Dieser besteht aus dem Grantee Code, der von FCC vergeben wird, und dem Equipment Product Code, der vom Hersteller ausgewählt werden kann.

Zusätzlich zu den Kennzeichnungsanforderungen der einzelnen Verfahren sind gegebenenfalls spezifische Warnhinweise auf das Produkt anzubringen.

5 Zusammenfassung

Durch das Abkommen der gegenseitigen Anerkennung von Konformitätsbewertungen zwischen den USA und der EU entfällt die doppelte Konformitätsbewertung von Produkten auf zwei Kontinenten. Geräte können bereits in Europa für den US-Markt geprüft und zertifiziert werden. Hierzu stehen schon heute auf beiden Seiten des Atlantiks jeweils über 30 Konformitätsbewertungsstellen (CABs) für Prüfungen und Zertifizierungen von Produkten zur Verfügung, die von den europäischen bzw. amerikanischen Behörden anerkannt wurden. In Deutschland werden die ersten CABs in Kürze ernannt werden.

Literatur

[1] Office of the United States Trade Representative: U.S. and EU Implement Agreement to Reduce Barriers on Transatlantic Trade of Telecommunications and Electronic Products, USTR Press Release, USTR website www.ustr.gov, January 17, 2001

[2] Code of Federal Regulation 47 CFR parts 0-101, FCC website www.fcc.gov

Die Überwachung der CE-Kennzeichnung in Bezug auf die elektromagnetische Verträglichkeit sowie für Funkanlagen und Telekommunikationsendeinrichtungen in Deutschland

Dipl.-Ing. Gerd Jeromin
LtdRegDir a.D.

Die Überwachung der CE-Kennzeichnung in Bezug auf die elektromagnetische Verträglichkeit sowie für Funkanlagen und Telekommunikationsendeinrichtungen in Deutschland

Bedingungen, die von Herstellern und Importeuren beim Inverkehrbringen elektrischer Geräte zu beachten sind

Dipl.- Ing. Gerd Jeromin, LtdRegDir a.D.

1 Einleitung

Die Prüfung von Geräten auf dem deutschen Markt stellt eine Maßnahme dar, die von der Europäischen Kommission und den anderen, am Europäischen Wirtschaftsraum (EWR) teilnehmenden Mitgliedstaaten als „Market Surveillance" beschrieben wird. Die so bezeichnete Kontrolltätigkeit bezieht sich auf die Beobachtung von Produkten, die in Verkehr gebracht oder in Betrieb genommen werden, durch die öffentlichen Verwaltungen der EWR- Staaten. Damit soll sichergestellt werden, dass diese Produkte die für sie geltenden Richtlinienanforderungen erfüllen, die vereinbarten Kennzeichnungen besitzen sowie mit den erforderlichenfalls richtigen Begleitdokumentationen versehen sind.
Mittels der Marktüberwachung soll aber auch gleichzeitig verhindert werden, dass solche Produkte auf den Gemeinschaftsmarkt gelangen, die die für sie geltenden speziellen Richtlinienanforderungen nicht einhalten.

Mit der Einführung des Gemeinschaftsmarkts wurden von der Europäischen Union eine Reihe von Richtlinien veröffentlicht, in denen im wesentlichen Sicherheitsanforderungen zum Schutze der Verbraucher festgelegt sind. Die detaillierten Anforderungen sind in der Regel in gemeinsamen harmonisierten europäischen Normen festgelegt.
Alle Richtlinien der EU nach dem „Neuen Appproach", (New Appproach Directives) enthalten Regelungen, mit denen den Mitgliedstaaten die Pflicht auferlegt wird, alle erforderlichen Vorkehrungen zu treffen, damit die von der Richtlinie betroffenen Produkte nur dann in Verkehr gebracht oder in Betrieb genommen werden können, wenn sie bei einwandfreier Installation und Wartung sowie bestimmungsgemäßem Betrieb den in den für das Produkt geltenden Richtlinien festgelegten Anforderungen entsprechen.
Grundsätzlich gilt die beschriebene Verpflichtung zur Marktüberwachung für alle von „New Approach-Richtlinien" betroffenen Produkte.
Die Hauptverantwortung für die Durchsetzung liegt dabei bei den nationalen Behörden der Mitgliedstaaten.

Aufgrund der in der Bundesrepublik Deutschland geltenden unterschiedlichen Kompetenzen für die Ausführung der jeweiligen EU-Richtlinien wird im vorliegenden Beitrag sowohl die Marktkontrolle im Zusammenhang mit der Durchsetzung der EMV-Richtlinie 89/336/EWG als auch der R&TTE – Richtlinie 99/5/EG und den in Deutschland entsprechenden Gesetzen, dem EMVG und dem FTEG beschrieben.

Der Zweck der Geräteüberprüfung nach diesen Gesetzen ist, darüber zu wachen, dass die in den Richtlinien festgelegten EMV-Schutzanforderungen und grundlegenden Anforderungen eingehalten werden und zwar nicht nur zum Schutze der Verbraucher beziehungsweise Gerätebetreiber, sondern auch im Interesse der seriösen Gerätehersteller oder -importeure, damit diese nicht durch illegal in Verkehr gebrachte Produkte einen Wettbewerbsnachteil erfahren.

Die Pflicht der Prüfung von Geräten auf dem deutschen Markt ist durch das EMVG (§7, Absätze 1 und 2) der Regulierungsbehörde für Telekommunikation und Post übertragen worden.

2 Rechtsgrundlagen

2.1 Die EMV-Schutzanforderungen

Der Rat der Europäischen Gemeinschaften verpflichtete mit seiner EMV-Richtlinie seine Mitgliedstaaten, sicherzustellen, dass die Funkdienste sowie die Vorrichtungen, Geräte und Systeme, deren Betrieb Gefahr läuft, durch die von elektrischen und elektronischen Geräten verursachten elektromagnetischen Störungen behindert zu werden, gegen diese Störungen ausreichend zu schützen; gleiches gilt für den Schutz der Verteilnetze für elektrische Energie gegen elektromagnetische Störungen, da diese Netze und die durch diese Netze gespeisten Geräte beeinträchtigt werden können.

Als Schutzanforderungen wurden gemäß EMV-Richtlinie festgelegt, dass

- die Erzeugung elektromagnetischer Störungen soweit begrenzt wird, dass ein bestimmungsgemäßer Betrieb von Funk- und Telekommunikationsgeräten sowie sonstigen Geräten möglich ist (Begrenzung der Störemissionen);

- die Geräte eine angemessene Festigkeit gegen elektromagnetische Störungen aufweisen, so dass ein bestimmungsgemäßer Betrieb möglich ist (ausreichende Störimmunität)

Gleichzeitig beschloss der Rat der Europäischen Gemeinschaften mit dieser, nach dem neuen Konzept erstellten Richtlinie, den europäischen Binnenmarkt zu fördern, und damit für die in den Anwendungsbereich der Richtlinie fallenden Produkte einen freien Warenverkehr, frei von Handelshemmnissen, innerhalb des Europäischen Wirtschaftsraums zu gewährleisten.

Mit Artikel 3 der EMV-Richtlinie erhielten die Mitgliedstaaten die Aufgabe, alle Vorkehrungen zu treffen, damit die vom Geltungsbereich der Richtlinie betroffenen Geräte bei angemessener Installierung und Wartung sowie zweckgerechter Verwendung nur dann in Verkehr gebracht oder in Betrieb genommen werden können, wenn sie mit der CE-Kennzeichnung gemäß Artikel 10, mit der die Konformität mit allen Bestimmungen dieser Richtlinie einschließlich dem Konformitätsbewertungsverfahren angezeigt wird, versehen sind. Nach dieser Regel sind entsprechend den Vereinbarungen für den freien Warenverkehr innerhalb des Europäischen Wirtschaftsraums keinerlei Beschränkungen im Warenfluss möglich, wenn Produkte den jeweils sektoriell festzulegenden Anforderungen entsprechen. Diese Regelung basiert auf dem Gedanken, dass Produkte in den einzelnen Mitgliedstaaten oft unterschiedlichen Vorschriften unterliegen, diese jedoch nur dann zu Einschränkungen im Warenverkehr führen dürfen, wenn dadurch schutzwürdige Interessen gefährdet sind. Hierbei handelt es sich üblicherweise um Schutzanforderungen, die zur Beeinträchtigung - beispielsweise des Funkverkehrs - führen können.

Entsprechen die Geräte den EMV-Schutzanforderungen, so haben die Mitgliedstaaten gemäß Artikel 5 die Verpflichtung, weder das Inverkehrbringen noch die Inbetriebnahme in ihrem Gebiet zu behindern. Stellt jedoch ein Mitgliedstaat fest, dass ein von der EMV-Richtlinie betroffenes Gerät, welches ein CE-Kennzeichen aufweist, den Schutzanforderungen nicht entspricht, so hat nach Artikel 9 der EMV-Richtlinie die zuständige Behörde alle zweckdienlichen Maßnahmen zu ergreifen, um das Inverkehrbringen des Gerätes rückgängig zu machen oder zu verbieten oder seinen freien Verkehr einzuschränken.

2.2 Die Grundlegenden Anforderungen des FTEG

Die R&TTE Richtlinie 99/5/EG enthält in Artikel 3 die Bestimmungen über die von Telekommunikationsendeinrichtungen und Funkanlagen einzuhaltenden grundlegenden technischen Anforderungen. Diese Vorschriften sind mit dem § 3 des FTEG umgesetzt worden. Zu den grundlegenden Anforderungen zählen:

1. der Schutz der Gesundheit und Sicherheit des Benutzers und anderer Personen,
2. die Schutzanforderungen in bezug auf die elektromagnetische Verträglichkeit und
3. die effektive Nutzung der für Funkanlagen zugewiesenen Frequenzspektren sowie der für satellitengestützte Funkkommunikation zugewiesenen Orbitressourcen,

Sicherheitsanforderungen

§3 Absatz 1 Nr.1 FTEG zählt die von **allen** Geräten im Sinne des FTEG, also sowohl von Telekommunikationsendeinrichtungen, als auch von Funkanlagen, einzuhaltenden grundlegenden Anforderungen auf. Hierzu gehören nicht nur die im Produktsicherheitsgesetz (ProdSG) und Gerätesicherheitsgesetz (GSG) beschriebenen allgemeinen Sicherheitsanforderungen, wie zum Beispiel: Gefahren durch Oberflächen, Kanten, Ecken; Gefahren durch fehlerhafte Montage; Gefahren durch chemische Bestandteile; Bruchgefahr beim Betrieb; Gefahren durch

extreme Temperaturen etc., sondern auch die Vorschriften bezüglich der von Funkgeräten ausgehenden elektromagnetischen Felder und ihre Wirkungen auf den Benutzer.
Diese, in der Ersten Verordnung zum Gerätesicherheitsgesetz (Umsetzung der Niederspannungsrichtlinie) festgelegten Bedingungen bezüglich der von Funkgeräten ausgehenden elektromagnetischen Felder und ihre Auswirkungen auf den Benutzer gelten ohne Berücksichtigung der Spannungsgrenzen. Daraus folgt, dass auch Geräte mit beispielsweise 6V Betriebsspannung die in der Niederspannungsrichtlinie festgelegten Sicherheitsanforderungen erfüllen müssen.

EMV-Anforderungen

Mit § 3 Abs. 1 Nr. 2 des FTEG werden nicht unmittelbar die EMV-Schutzanforderungen genannt, sondern Bezug genommen auf die in §3 Abs.1 des Gesetzes über die elektromagnetische Verträglichkeit (EMVG) definierten Vorschriften bezüglich der Störaussendungen und der Störfestigkeit.

Anforderungen bezüglich der effektiven Frequenznutzung

Neben den in §3 Abs.1 beschriebenen grundlegenden Anforderungen, die für alle Funkanlagen und Telekommunikationseinrichtungen gelten, wird in §3 Absatz 2 FTEG eine darüber hinausgehende grundlegende Anforderung genannt, die **ausschließlich für Funkanlagen** gilt. Sie soll sicherstellen, dass Funkanlagen das Frequenzspektrum und die Orbitressourcen effektiv nutzen, damit während des Betriebs von den Funkanlagen keine funktechnischen Störungen auftreten.

2.3 Technische Unterlagen

Wie in den meisten Richtlinien der EU nach dem neuen Konzept, werden sowohl nach der EMV-Richtlinie als auch nach der R&TTE-Richtlinie die Hersteller verpflichtet, technische Unterlagen zu erstellen, aus denen die Konformität ihres Erzeugnisses mit den Anforderungen der Richtlinie hervorgeht. Diese technischen Unterlagen sind die wichtigste Basis für die Bewertung der Gerätekonformität durch die zuständige Behörde im Rahmen der Marktüberwachung. Die technischen Unterlagen, die nach beiden Richtlinien der Prüfung unterliegen, sind die EG-Konformitätserklärung des Herstellers und - falls die Einhaltung der EMV-Schutzanforderungen durch eine zuständige oder eine benannte Stelle bescheinigt wurde - der technische Bericht bzw. die "Bescheinigung einer zuständigen Stelle", oder die „EG-Baumusterbescheinigung der benannten Stelle".

Die von den Herstellern gefertigten technischen Unterlagen sind im Grundsatz für die Aufsichtsbehörden der Mitgliedstaaten bestimmt; sie müssen ihnen, wenn das entsprechende Produkt im EWR in Verkehr gebracht wird, auf Verlangen zur Verfügung gestellt werden.

Nach der Entschließung des Rates vom 7. Mai 1985 haben die nationalen Aufsichtsbehörden das Recht, wenn sie gute Gründe haben, dass ein Produkt nicht in jeder Hinsicht die verlangte Sicherheit bietet, vom Hersteller oder Importeur Angaben über die durchgeführten Sicherheitsprüfungen zu verlangen. Eine Weigerung des Herstellers oder Importeurs, diese Angaben zu liefern, ist ein Grund, die vermutete Übereinstimmung zu bezweifeln.

Das Hauptziel eines Konformitätsbewertungsverfahrens ist nach dem Beschluss 90/683/EWG des Rates vom 13. 12. 1990, die Behörden in die Lage zu versetzen, sich davon zu überzeugen, dass die in Verkehr gebrachten Geräte - insbesondere in bezug auf den Gesundheitsschutz und die Sicherheit der Benutzer und Verbraucher - den Anforderungen der Richtlinien gerecht werden. Diese Aussage umfasst auch die EMV-Schutzanforderungen.

Um die bei der Marktüberwachung notwendige Auswertung der technischen Unterlagen nicht zu erschweren, ist der Umfang dieser Dokumentation zu begrenzen.

2.4 Die EG-Konformitätserklärung

Die EG-Konformitätserklärung wird vom Hersteller oder seinem in der Gemeinschaft oder im EWR niedergelassenen Bevollmächtigten erstellt in Übereinstimmung mit den Bestimmungen der in der Erklärung genannten EG-Richtlinien. Sie ergänzt das Anbringen der CE-Kennzeichnung an das betreffende Produkt, wodurch die Konformität des Produktes mit den Bestimmungen der betreffenden Richtlinien bestätigt wird.

Die EG-Konformitätserklärung muss in einer der offiziellen Sprachen der Europäischen Gemeinschaften (oder des Europäischen Wirtschaftsraums) erstellt werden. Einige Richtlinien legen spezifische Regeln hinsichtlich der zu verwendenden Sprache fest. Die Hersteller sollten daher den Text der jeweiligen Richtlinien prüfen, auf die in der Erklärung Bezug genommen wird.

Da die EMV-Richtlinie keine Bestimmung darüber enthält, in welcher Sprache die Unterlagen abzufassen sind, kann zwar der jeweilige Mitgliedstaat verlangen, dass diese Dokumente in seiner Amtssprache verfasst sind. Er kann und sollte auf diese Forderung jedoch verzichten, wenn anderssprachige Unterlagen für die nationale Behörde verständlich sind. Sollte eine Übersetzung verlangt werden, ist dem Besitzer der Unterlagen dafür eine angemessene Frist einzuräumen. Es werden keine besonderen Anforderungen an die Qualifikation der mit der Übersetzung befassten Personen gestellt.

Auch wenn es gesetzlich nicht gefordert ist, kann es im Interesse des Herstellers oder seines in der Gemeinschaft (oder im EWR) niedergelassenen Bevollmächtigten sein, die EG-Konformitätserklärung in der Sprache zu erstellen, die in dem Lande, wo das Produkt vertrieben wird, verstanden wird.

Die mit der Prüfung und Kontrolle beauftragten Kräfte der nationalen Behörden sind hinsichtlich des Inhalts der technischen Unterlagen an ihr Berufsgeheimnis gebunden.

Da viele Produkte in den Anwendungsbereich mehrerer Richtlinien fallen können, hat jeder Hersteller die Verpflichtung, alle für sein Erzeugnis geltenden Richtlinienvorschriften anwenden zu müssen, damit er sein Produkt auf dem Gemeinschaftsmarkt in den Verkehr bringen darf. Es ist wichtig, in der EG-Konformitätserklärung die zur Berücksichtigung gekommenen Richtlinien aufzuführen.

In der EG-Konformitätserklärung muss das Produkt eindeutig gekennzeichnet sein, so dass der Zusammenhang zwischen der Erklärung und dem betreffenden Produkt eindeutig hergestellt werden kann. Abhängig von der Art des Produkts wird eines oder werden mehrere der folgenden Elemente, je nach Zweckmäßigkeit, für diese Kennzeichnung empfohlen:

- Name
- Typ
- Markenname
- Handelsmarke
- Modell
- Los- oder Seriennummer

Bei einem Massenprodukt ist es nicht notwendig, die Seriennummer der betreffenden Produktserie anzugeben.

Gemäß Anhang I zur EMV-Richtlinie 89/336/EWG müssen die folgenden Mindestinformationen in der EG-Konformitätserklärung enthalten sein:

- die Beschreibung des betreffenden Geräts oder der betreffenden Geräte;

- die Fundstelle der Spezifikation, in bezug auf die die Übereinstimmung erklärt wird, sowie gegebenenfalls unternehmensinterne Maßnahmen, mit denen die Übereinstimmung der Geräte mit den Vorschriften der Richtlinie sichergestellt wird. Hier ist entweder Bezug auf die im Konformitätsbewertungsverfahren nach Art.10, Abs.1 zur Anwendung gekommenen Europäischen harmonisierten Normen oder auf die im Konformitätsbewertungsverfahren nach Art.10, Abs.2 „Bescheinigung einer Zuständigen Stelle" zu nehmen;

- die Angabe des Unterzeichners, der für den Hersteller oder seinen Bevollmächtigten rechtsverbindlich unterzeichnen kann;

- gegebenenfalls die Fundstelle der von einer benannten Stelle ausgestellten EG-Baumusterbescheinigung (gilt nur für Sendefunkgeräte)

Da für die EG-Konformitätserklärung nach der EMV-Richtlinie keine Formvorschrift besteht, sollte der Hersteller zweckmäßigerweise die im Memorandum Nr. 3 der CENELEC beschriebene Ausführung gemäß Anlage 1 wählen.

2.5 Die CE-Kennzeichnung

In gleicher Weise wie in der EMV-Richtlinie gefordert, hat auch jeder Hersteller oder Bevollmächtigter nach dem EMVG die CE-Konformitätskennzeichnung auf dem Gerät, oder, wenn es dort wegen zu geringer Größe nicht möglich ist, auf der Verpackung, der Gebrauchsanweisung oder dem Garantieschein anzubringen. Das EMVG verlangt keinen Nachweis des Kennzeichnenden, dass und warum die CE-Kennzeichnung auf dem Gerät nicht möglich ist.

Die CE-Konformitätskennzeichnung besteht aus dem Kurzzeichen CE.
Bei Verkleinerung oder Vergrößerung der CE-Kennzeichnung müssen die sich aus dem dargestellten Raster ergebenden Proportionen eingehalten werden.
Falls Geräte auch von anderen Richtlinien erfasst werden, die andere Aspekte behandeln und in denen die CE-Konformitätskennzeichnung vorgesehen ist, wird mit dieser Kennzeichnung angegeben, dass auch von der Konformität dieser Geräte mit den Bestimmungen dieser anderen Richtlinien auszugehen ist.
Steht jedoch laut einer oder mehrerer dieser Richtlinien dem Hersteller während einer Übergangszeit die Wahl der anzuwendenden Regelung frei, so wird durch die CE-Kennzeichnung lediglich die Konformität mit den Bestimmungen der vom Hersteller angewandten Richtlinien angezeigt. In diesem Fall müssen die gemäß dieser Richtlinien den Geräten beiliegenden Unterlagen, Hinweise oder Anleitungen die Nummern der jeweils angewandten Richtlinien entsprechend ihrer Veröffentlichung im Amtsblatt der Europäischen Gemeinschaften tragen.

Abweichend zu den Regelungen der Richtlinie ist nach dem EMVG jedoch auch noch zusätzlich der Name des Inverkehrbringers, d. h. des Ausstellers der EG-Konformitätserklärung oder des Importeurs in Verbindung mit der Kennzeichnung anzugeben. Bei Produkten, deren Hersteller- oder Importeurname beim Europäischen Patentamt als eingetragener Handelsname registriert ist, reicht das Anbringen dieses Namens.

Mit der vorstehenden Forderung soll erreicht werden, dass die Produkte in Störungsfällen den Inverkehrbringern zugeordnet werden können. (Verbraucherschutz)

Für den Inhalt der EG-Konformitätserklärung nach Anhang II des EMVG sowie für das Anbringen der CE-Konformitätskennzeichnung ist in jedem Fall derjenige verantwortlich, der das Gerät in einem Mitgliedstaat des EWR in den Verkehr bringt.
Die Mitgliedstaaten haben nach Art. 10, Abs.1 EMV-Richtlinie jedoch auch alle erforderlichen Maßnahmen zu treffen, um auf dem Gerät, der Verpackung, der Gebrauchsanweisung oder dem Garantieschein das Anbringen von Kennzeichnungen zu untersagen, durch die Dritte hinsichtlich der Bedeutung und des Schriftbildes der CE-Kennzeichnung irregeführt werden können. Jede andere Kennzeichnung darf auf dem Gerät, der Verpackung, der Gebrauchsanweisung oder dem Garantieschein angebracht werden, wenn dadurch die Sichtbarkeit und Lesbarkeit der CE-Kennzeichnung nicht beeinträchtigt wird.

3. Die Prüfung von Geräten auf dem Markt

Das am 13. November 1992 in Kraft getretene Gesetz über die elektromagnetische Verträglichkeit von Geräten (EMVG) in seiner gültigen Fassung vom 18. September 1998 stellt die Umsetzung der EMV-Richtlinie der EU in deutsches Recht dar.

Der dritte Abschnitt dieses Gesetzes, in dem die Aufgaben und Befugnisse der zuständigen Behörde definiert sind, regelt mit seinem § 7 die Aufgaben und Zuständigkeiten der Regulierungsbehörde für Telekommunikation und Post. Danach hat die Reg TP unter anderem die in Verkehr gebrachten Geräte auf Einhaltung der EMV-Schutzanforderungen sowie der CE-Kennzeichnungsvorschriften zu prüfen. Weiterhin erstreckt sich der Prüfumfang auf die von den Inverkehrbringern bereitzuhaltenden EG-Konformitätserklärungen.

Gemäß § 8 Abs. 2 EMVG haben die Beauftragten der Re TP das Recht, Betriebsgrundstücke ebenso wie die Betriebs- und Geschäftsräume, als auch Fahrzeuge, auf denen oder in denen Geräte hergestellt oder zum Zwecke des Inverkehrbringens gelagert werden, ausgestellt sind oder betrieben werden ‚während der Geschäfts- und Betriebszeiten zu betreten. Die Reg TP - Beauftragten dürfen die Geräte besichtigen und prüfen und dürfen sie auch zu Prüfzwecken betreiben lassen. Weiterhin sind sie durch das Gesetz berechtigt, die Geräte zu Prüf- und Kontrollzwecken vorübergehend zu entnehmen.

Die Hersteller und alle anderen, welche Geräte in Verkehr bringen, ausstellen oder betreiben, sowie die zuständigen und benannten Stellen haben die Prüf- und Kontrollmaßnahmen zu dulden. Sie sind darüber hinaus verpflichtet, der Regulierungsbehörde auf Verlangen die zur Erfüllung ihrer Aufgaben erforderlichen Auskünfte zu erteilen und sonstige Unterstützung zu gewähren.

Die Auskunftspflicht ist insbesondere angesprochen, wenn im Rahmen der Prüfung von den Beauftragten der Reg TP Einsichtnahme in die in § 5 Abs. 3 EMVG beschriebene EG-Konformitätserklärung oder in die technische Dokumentation, die von jedem Inverkehrbringer während eines Zeitraums von 10 Jahren seit dem Inverkehrbringen aufzubewahren ist, gefordert wird.

Die technischen Unterlagen müssen für die Reg TP zu Prüf- und Kontrollzwecken stets zugänglich sein. Die Pflicht zum Vorhalten dieser Unterlagen obliegt grundsätzlich dem Hersteller oder seinem in der Gemeinschaft niedergelassenen Bevollmächtigten. Verfügt der Hersteller im EWR weder über eine Niederlassung noch über einen Bevollmächtigten, geht die Pflicht auf die Person über, die das Gerät im EWR in Verkehr bringt.

Jeder, der für das Inverkehrbringen des Geräts im EWR verantwortlich ist, selbst jedoch nicht im Besitz der technischen Unterlagen ist, muss in der Lage sein, anzugeben wo sie sich im EWR befinden und sie der Reg TP auf Anforderung unverzüglich vorzulegen.

Grundsätzlich gilt, dass die Unterlagen nur bei Kontrollen durch die Reg TP im Rahmen der Prüfung von Geräten am Markt verlangt werden und somit nicht systematisch von den Inverkehrbringern angefordert werden.

Damit die Hersteller die gleichen technischen Unterlagen nicht mehrfach bei verschiedenen Aufsichtsbehörden einreichen müssen, soll nach dem Willen der EG-Kommission eine koordinierte Marktaufsicht organisiert werden. In der Bundesrepublik Deutschland die Regulierungsbehörde für Telekommunikation und Post ein elektronisches Datenerfassungssystem zur Registrierung der beobachteten, insbesondere der auffallenden Geräte.

Die Prüfung durch die Reg TP findet bei den Inverkehrbringern und Ausstellern elektrischer Geräte statt. Inverkehrbringer sind Hersteller, Bevollmächtigte oder Erstimporteure in Deutschland; bei Ihnen finden die Prüfungen jedoch nur für solche Produkte statt, die bereits in den Binnenmarkt gelangt sind, Produkte, die für den Export in Drittländer vorgesehen sind, fallen gemäß EMVG nicht unter das Gesetz und somit auch nicht unter die Reg TP-Marktprüfungsmaßnahmen. Aussteller ist jeder, der Geräte in seinen Geschäftsräumen für Kunden zugänglich zur Ansicht ausstellt, der Geräte vertreibt im Rahmen eines Handelsgeschäfts, im Ausstellungs- und Messeverkauf oder auf andere Art und Weise Geräte den Endbenutzern überlässt.

Wird bei der Prüfung festgestellt, dass ein Gerät nicht den CE-Kennzeichnungsbestimmungen des EMVG oder FTEG entspricht, so hat die Reg TP gemäß §8 Absatz 2 EMVG alle erforderlichen Maßnahmen zu treffen, um das Inverkehrbringen oder das Betreiben dieses Geräts zu verhindern oder zu beschränken.

Ein Gerät entspricht z.B. dann nicht den Kennzeichnungsbestimmungen, wenn die CE-Kennzeichnung ganz fehlt oder das vorhandene Kennzeichen den in der Anlage II Absatz 2 EMVG beschriebenen Vorschriften hinsichtlich des Schriftbildes oder der Größe nicht entspricht. Weiterhin dürfen keine Kennzeichnungen, durch welche Dritte hinsichtlich der Bedeutung und des Schriftbildes irregeführt werden können, auf dem Produkt, auf der Verpackung, der Gebrauchsanweisung oder dem Garantieschein angebracht werden.

Stellt sich im Rahmen der Prüfung heraus, dass ein mit einer CE-Kennzeichnung versehenes Gerät den EMV-Schutzanforderungen bzw. den grundlegenden Anforderungen des FTEG nicht entspricht, so erlässt die Reg TP gegen den Hersteller, seinen in einem Mitgliedstaat der Europäischen Union oder einem anderen Vertragsstaat des Abkommens über den Europäischen Wirtschaftsraum niedergelassenen Bevollmächtigten oder den Importeur die notwendigen Anordnungen, um diesen Mangel zu beheben und um einen weiteren Verstoß zu verhindern. Die Frist, in der der Mangel zu beheben ist, wird im Einzelfall unter Berücksichtigung der jeweiligen technischen Verhältnisse von der Reg TP festgelegt.

Wird der Mangel innerhalb der gesetzten Frist nicht behoben, so trifft die Regulierungsbehörde für Telekommunikation und Post alle erforderlichen Maßnahmen, um das Inverkehrbringen des betreffenden Geräts einzuschränken, zu unterbinden oder rückgängig zu machen oder seinen freien Verkehr einzuschränken.

3.1 Prüfobjekte

Die Prüfung durch die Reg TP- Beauftragten erstreckt sich im wesentlichen auf folgende Geräte:

- Ton- und Fernsehrundfunkempfänger für den privaten Gebrauch
- Industrieausrüstungen
- mobile Funkgeräte
- kommerzielle mobile Funk- und Funktelefongeräte
- medizinische und wissenschaftliche Apparate und Geräte
- informationstechnische Geräte
- Haushaltsgeräte und elektronische Haushaltsausrüstungen
- Funkgeräte für die Luft- und Seeschifffahrt
- elektronische Unterrichtsgeräte
- Telekommunikationsnetze und -geräte
- Sendegeräte für Ton- und Fernsehrundfunk
- Leuchten und Leuchtstofflampen

Da Funkgeräte, die von Funkamateuren im Sinne des § 1 des Amateurfunkgesetzes verwendet werden, nicht in den Anwendungsbereich des EMVG fallen, erstreckt sich die Prüfung nur auf solche Funkgeräte und Bausätze, die im Handel erhältlich sind.

Von einer weitergehenden Prüfung sind ebenfalls solche Geräte ausgenommen, die aufgrund anderer Einzelrichtlinien der Europäischen Gemeinschaften in Verkehr gebracht werden. Die Grundlage, nach der bestimmte Geräte in Verkehr gebracht worden sind, kann bei einigen Geräten möglicherweise erst nach dem Einblick in die Konformitätsunterlagen ermittelt werden, dies gilt insbesondere für solche Produkte, die während der Geltungsdauer von Übergangsbestimmungen auf der Basis verschiedener Richtlinien in Verkehr gebracht werden können. Ein charakteristisches Beispiel dafür sind medizinisch-technische Geräte, deren EMV-Schutzanforderungen entweder nach dem Medizinproduktegesetz (MPG) oder alternativ bis zum 13. Juni 1998 nach dem EMVG zu gewährleisten waren; bei ihnen konnte der Hersteller also entscheiden, ob er während der im MPG verankerten Übergangszeit für das Inverkehrbringen die Vorschriften zur elektromagnetischen Verträglichkeit aus dem MPG oder dem EMVG anwenden wollte.

3.2 Prüfumfang

Die mit der Wahrnehmung der Prüfaufgaben befassten Kräfte der Reg TP führen ihre Kontrollen sowohl bei den Herstellern, Bevollmächtigten und Importeuren als auch bei Händlern durch. Da viele der betroffenen Unternehmen noch nicht mit den gesetzlichen Regelungen vertraut sind, liegt ein zusätzlicher Schwerpunkt der Tätigkeiten auch noch in der Information. Es gilt der Grundsatz: Aufklärung statt Sanktion.

Die Überprüfung von Geräten geschieht zunächst durch Inaugenscheinnahme vor Ort. Stellt sich heraus, dass das Gerät nicht oder nicht richtig gekennzeichnet ist, oder bestehen Zweifel an der Korrektheit der Kennzeichnung, erfolgt eine Aufnahme des Geräts in eine Datenbank, die unter anderem folgende Angaben enthält:

- die Geräteart und der Gerätetyp
- Baujahr, Serien- und Gerätenummer
- Name des Inverkehrbringers
- Name des Herstellers
- Art der Kennzeichnung und Bezeichnung der Stelle an der die Kennzeichnung erfolgte
- Grundlage, nach der die Kennzeichnung durchgeführt wurde
- Plausibilität der Kennzeichnung
- evtl. vorhandene Konformitätsunterlagen
- bereits durchgeführte orientierende Messungen vor Ort oder in der Reg TP-Außenstelle
- Ergebnisse von bereits durchgeführten Messungen.

In einem weiteren Schritt - falls nicht bereits schon erfolgt - wird eine orientierende messtechnische Prüfung durchgeführt. In der Regel findet diese Prüfung in der Reg TP -Außenstelle statt. Hierzu ist es erforderlich, eine normgerechte Stückzahl des zu prüfenden Gerätetyps zu entnehmen, da nur bei einer der Norm entsprechenden Stichprobengröße eine Aussage über das Produkt getroffen werden kann und Zufallsergebnisse aufgrund von Defekten vermieden werden.

Der Händler, Hersteller oder Importeur erhält einen Beleg über die entnommenen Produkte.

Im Rahmen der messtechnischen Prüfungen der EMV-Schutzanforderungen erfolgt entsprechend des zu prüfenden Gerätetyps in den meisten Fällen bereits in der jeweiligen Außenstelle der Reg TP die Prüfung bezüglich der Störemissionen: der Störspannung und der Störleistung

Je nach angewandtem Konformitätsbewertungsverfahren werden zu dieser Prüfung entweder die Normen herangezogen, auf die der Hersteller in seiner EG-Konformitätserklärung Bezug nahm, oder es wird eine Messmethode anhand des von der zuständigen Stelle ausgestellten Berichts oder der Bescheinigung angewandt und dabei kontrolliert, ob die Eigenschaften der vom Markt genommenen Geräte mit den Eigenschaften des der Bescheinigung zugrundeliegenden Geräts übereinstimmen.

Werden in dieser Emissionsprüfung keine unzulässigen Schutzanforderungsverletzungen festgestellt, erfolgen weitere **orientierende Prüfungen**, insbesondere bezüglich der Störfeldstärke und der Störimmunität.

Während für die Störemissionsprüfungen nahezu in jeder Reg TP-Außenstelle die erforderlichen messgerätetechnischen Ausstattungen vorhanden sind, kann die Störimmunitätsmessung sowie die Störfeldstärkemessung wegen des dafür erforderlichen zusätzlichen Messgeräteaufwandes nur in einem zentralen Labor der Reg TP, welches auch über eine Absorberhalle verfügt, stattfinden.

Das der Prüfung zugrundeliegende Strategiekonzept der Reg TP sieht vor, dass die Geräte hinsichtlich ihres Marktanteils, der in den Normen festgelegten Produktgruppen und hinsichtlich der bei der Reg TP vorhandenen Erfahrungen über das Störpotential so entnommen werden, dass eine dem Wettbewerb gerechte und einzelne Inverkehrbringer nicht benachteiligende Art und Weise entnommen werden. Das Prüfverfahren ist so konzipiert, dass die in Verkehr gebrachten Produktgruppen in Abhängigkeit ihres Vorkommens am Markt etwa gleichmäßig berücksichtigt werden.

Bei Prüfungen von Produkten, deren Inverkehrbringer sich in einem der Mitgliedstaaten des Europäischen Wirtschaftsraums befinden, wird bei Beanstandungen die jeweilige zuständige Behörde des Nachbarstaates eingeschaltet. Entsprechende Vereinbarungen über die europaweite Zusammenarbeit zur Gewährleistung einer einheitlichen Vorgehensweise werden in einer eigens dazu gegründeten Co-Ordinationsgruppe von Vertretern der in den Mitgliedstaaten zuständigen Behörden und der EG-Kommission DG III, die mehrmals im Jahr zusammentritt, getroffen.

4 Bisherige Ergebnisse

Nach den bisher vorliegenden Erkenntnissen über die Menge der auf dem deutschen Markt in Verkehr gebrachten Geräte (rund 30% Marktanteil des gesamten EWR-Marktvolumens der unter die EMV-Richtlinie fallenden Geräte und Baugruppen), beträgt die Stichprobenrate der zu prüfenden Gerätetypen etwa 2%.

Eine Überprüfung aller Geräte am Markt ist bei etwa 200 Mio. jährlich in Verkehr gebrachten Geräten, 50 Mio. Bauteilen und einem geschätzten Zugang von 65.000 neuen Gerätetypen pro Jahr bei 50.000 Inverkehrbringern sowie 100.000 Anbietern und Händlern unmöglich und auch nicht beabsichtigt. Daher werden nach einem Schlüssel, der sich an Produktnormen orientiert und dem Marktvolumen der Geräte entspricht, rund 40.000 Geräte/Jahr (0,02 % der Geräte am Markt) in Augenschein genommen und 9.600 Geräte, das sind rund 2 % der jährlich neu auf den Markt kommenden Gerätetypen messtechnisch überprüft.

Im laufenden Jahr 1997 wurde beim BAPT (heute: Reg TP) für die Marktkontrolle ein neues Strategiekonzept eingeführt. Im Rahmen dieses Konzepts erhalten die Reg TP-Außenstellen ihre Prüfmengenvorgaben von einer zentralen Lenkungsstelle. Diese Koordinationsstelle sorgt dafür, dass die Zielvorgaben für die zu prüfenden Gerätetypen erfüllt werden und eine gleichmäßige Auslastung der Laborkapazität - sowohl bei den regionalen als auch im zentralen Prüflabor - gewährleistet wird. Darüber hinaus werden von den Außenstellen an diese Zentrale Steuerstelle(ZLS) die Prüfergebnisse berichtet und dort aufbereitet.

Bei festgestellten Verstößen gegen das EMVG werden dem Inverkehrbringer **in jedem Fall** die Kosten (Gebühren und Auslagen) für Amtshandlungen in Rechnung gestellt, die in der Kostenverordnung zum EMVG (EMVKostV) festgelegt sind.. Daneben können Zwangsgelder bis zur Höhe von 1 Mio. DM angedroht und Bußgelder für Ordnungswidrigkeiten bei Verstößen gegen das EMVG und FTEG deren Höhe sich an Art und Schwere des Verstoßes orientiert, bis zu DM 10.000 bzw. DM 100.000 verhängt werden. Dies kann außerdem mit der **Aufforderung, Geräte aus dem Markt zu nehmen** oder nachzubessern, begleitet werden. Diese Maßnahmen sind immer mit in Betracht zu ziehen, da sie in der Regel für den Inverkehrbringer eine strengere Sanktion bedeuten als die Verhängung einer einmaligen Bußgeldzahlung. Ein Verkauf des beanstandeten Geräts innerhalb des europäischen Wirtschaftsraums scheidet damit ebenfalls aus, da die EG-Kommission sowie die zuständigen Behörden der übrigen Mitgliedstaaten im Rahmen des in der EMV-Richtlinie und der R&TTE-Richtlinie beschriebenen Schutzklauselverfahrens über die von der Reg TP vorgenommene Maßnahme unterrichtet werden.

Bezüglich der Handhabung von Marktkontrollen steht die Reg TP mit allen Mitgliedstaaten des europäischen Wirtschaftsraumes (EWR) in regelmäßigem Kontakt, eine Maßnahme, die von der Europäischen Kommission unterstützt wird.

Die Kontrollen der Regulierungsbehörde für Telekommunikation und Post, die seit 1996 durchgeführt werden, sollen dazu beitragen, die mangelnde Qualität der Konformitätserklärung und Sorgfalt einiger Inverkehrbringer durch die angedrohten Folgemaßnahmen nachhaltig zu beeinflussen.

Aus den im Anhang befindlichen Tabellen über die Prüfungen während des Zeitraums vom 1. Januar bis zum 31.12.2000 können die Ergebnisse der Marktaufsicht entnommen werden.

Man sollte jedoch nicht anhand der vorstehenden Ergebnisse schlussfolgern, dass der Prozentsatz mängelbehafteter Geräte für die Gesamtheit der jeweiligen Gerätegruppe gilt, da bereits bei der Sichtprüfung überwiegend solche Geräte zur messtechnischen Prüfung ausgewählt wurden, bei denen die Prüfer einen messtechnischen Mangel vermuteten.

EG-Konformitätserklärung

Serien-Nr.:......................(Vorderseite)

Der Unterzeichner, der den nachstehenden Hersteller vertritt

Hersteller:
Anschrift:

oder der den vom Hersteller nachstehend benannten Bevollmächtigten vertritt, der innerhalb der Gemeinschaft (oder des EWR) niedergelassen ist (falls zutreffend)

Bevollmächtigter:
Anschrift:

erklärt hiermit, dass das Produkt

Produktkennzeichnung:

in Übereinstimmung ist mit den Bestimmungen der nachstehenden EG-Richtlinie(n) (einschließlich aller zutreffenden Änderungen)

Referenz-Nr	Titel

und dass die Normen und/oder technischen Spezifikationen, auf die auf der Umseite Bezug genommen wird, zur Anwendung gelangt sind.

Die letzten beiden Ziffern des Jahres in dem die CE-Kennzeichnung angebracht wurde:
(nur einzutragen, wenn die Übereinstimmung mit den Bestimmungen der Niederspannungsrichtlinie 73/23/EWG erklärt wird)

(Ort).............................(Datum)...........................

(Unterschrift)..

(Name und Funktion der vom Hersteller oder seinem Bevollmächtigten zur Unterschrift berechtigten Person)

EG-Konformitätserklärung

Serien-Nr.:.........................(Rückseite)

Bezugnahme auf Normen und/oder technische Spezifikationen oder Teile von diesen, die für diese Konformitätserklärung zur Anwendung gelangt sind:

- harmonisierte Normen :

Nr.	Ausgabe	Titel	Teile(1)

- oder andere Normen und/oder technische Spezifikationen:

Nr.	Ausgabe	Titel	Teile(1)

- andere technische Lösungen, deren Details in den technischen Unterlagen oder in der technischen Dokumentation enthalten sind:

....
....
....
....

Andere Dokumente oder Informationen, auf die Bezug genommen wurde und die von den anzuwendenden EG-Richtlinien gefordert werden: (2)

....
....
....
....

(1) Wo zutreffend, muss Bezug genommen werden auf die angewandten Teile oder Abschnitte der Norm oder der technischen Spezifikationen
(2) z.B. Technischer Bericht oder Bescheinigung einer zuständigen Stelle oder Baumusterbescheinigung